数据分析与挖掘——R 语言

蔡银英　韦鹏程　著

電子工業出版社
Publishing House of Electronics Industry
北京·BEIJING

内容简介

本书以 R 语言简介、数据挖掘基础为开篇，旨在让读者对所用工具及数据挖掘方法有所了解。随后的章节借助实际案例（数据挖掘网站用户行为分析及网页智能推荐、生活服务点评网站客户分群、水冷中央空调系统的优化控制策略、电商评价文本的主题特征词分析、均线投资策略等），从数据预处理、模型选择、算法介绍、R 语言实现、结论分析及评价等方面进行详尽的论述，希望读者既可以了解数据分析与挖掘的一般流程及方法，又能对常用的算法及模型有所了解。每个案例分析都是一篇完整的论文，初学者通过它们可以了解数据分析与挖掘的一般流程及方法，有一定基础的读者可以思考算法的优劣与选择。

不管是对数据分析与挖掘感兴趣的入门者，还是希望获得实践经验的初学者，都可以从本书中获得支持。

图书在版编目（CIP）数据

数据分析与挖掘：R 语言 / 蔡银英，韦鹏程著. —北京：电子工业出版社，2021.7

ISBN 978-7-121-41538-8

Ⅰ. ①数… Ⅱ. ①蔡… ②韦… Ⅲ. ①程序语言－程序设计 Ⅳ. ①TP312

中国版本图书馆 CIP 数据核字（2021）第 132812 号

责任编辑：康　静　　　　特约编辑：田学清
印　　刷：北京七彩京通数码快印有限公司
装　　订：北京七彩京通数码快印有限公司
出版发行：电子工业出版社
　　　　　北京市海淀区万寿路 173 信箱　　　邮编：100036
开　　本：787×1092　1/16　印张：12.5　字数：320 千字
版　　次：2021 年 7 月第 1 版
印　　次：2021 年 7 月第 1 次印刷
定　　价：52.00 元

凡所购买电子工业出版社图书有缺损问题，请向购买书店调换。若书店售缺，请与本社发行部联系，联系及邮购电话：（010）88254888，88258888。

质量投诉请发邮件至 zlts@phei.com.cn，盗版侵权举报请发邮件至 dbqq@phei.com.cn。

本书咨询联系方式：（010）88254609，hzh@phei.com.cn。

前　　言

随着移动互联网、物联网、云计算等信息技术产业的快速发展，信息传输、存储、处理能力快速上升，使得可存留数据量呈指数级递增。这些数据具有量大、多样、真实等特点，比传统的实验室数据更具有说服力，更有价值，而要从这些数据中获取信息，必将遇到数据难理解、难处理和难组织等问题，1998 年美国科学家约翰·马西（John Mashey）用“大数据”（Big Data）描述了这些挑战，引发了广泛的关注与思考。

大数据的出现改变了传统数据收集、存储、处理的方式，数据采集方式更加多样化，数据来源更加广泛，数据分析也从发现简单因果关系的传统模式演变为寻找丰富联系的相关关系。要从大数据中发现、挖掘出隐藏的、预先没有设定的、未知的、有潜在价值的关系、模式或趋势，需要解决两个方面的问题：一是处理数据的技术与工具；二是处理数据所需要的方法与模型。

常用的数据分析与挖掘工具有 MATLAB、SAS、SPSS、Python、R 语言等。MATLAB 具有强大的科学与工程计算能力，以矩阵计算为基础，有丰富的可视化功能，但是不能提供专门的数据分析环境。SAS、SPSS 都是非常知名的统计分析软件，SAS 具有强大的数据管理及绘图功能，但是对程序的编译能力有较高要求；SPSS 的界面非常友好，多数操作都可以通过拖曳鼠标、单击按钮来完成，但是稳健性不够。Python、R 语言均是近几年知名度较高的开源软件，都具有强大的数据分析及可视化功能，相对来说，R 语言能够为使用者提供更灵活的统计分析方法，所以本书选择 R 语言作为实现数据分析与挖掘的工具。

数据分析与挖掘以统计学为基础，实现描述性、预测性、指导性三个层次的分析目标与应用。常用的实现方法及模型有聚类分析、回归分析、决策树（分类算法）、关联规则分析、人工神经网络、遗传算法、可视化等。本书在第 2 章中简单介绍了分类与预测的部分模型，力图采用简明扼要的语言使读者能够对模型有所了解。

第 3 章到第 7 章，分别采用数据挖掘网站的用户脱敏数据、生活服务点评网站数据、水冷中央空调系统运行数据、电商网站的评价文本、单只股票数据介绍大数据分析与挖掘的一般方法，试着用简单易懂的模型、完整的分析流程、详尽的代码将分析工具 R 语言与分析模型融合在一起，让读者能够体会数据分析与挖掘的全貌。

本书的每一章节都是独立的，读者可以根据自己的需要选择阅读。第 1 章介绍 R 语言的简单用法，第 2 章对数据挖掘流程及方法进行简单介绍，第 3 章阐述采用混合推荐算法对网站用户进行网页智能推荐，第 4 章阐述采用聚类分析对网站客户进行分群，第 5 章阐述采用回归分析对水冷中央空调系统进行优化，第 6 章阐述采用 LDA 主题模型对评价文本进行分析，第 7 章阐述采用量化投资策略对股票的波段投资进行分析。

为了使分析过程容易理解并能实现分析目的，本书未详细比较与评价分析结果，同时在模型的选择上没有过多考虑适用性，这是本书的缺陷，读者在阅读的过程中如果有这方面的思考或需要相关的数据、完整的源代码，欢迎与我们联系（caiyy@cque.edu.cn）。

著 者

2021 年 5 月

目　录

第 1 章　R 语言简介

R 语言是集统计计算和绘图功能于一体的语言环境，是由来自新西兰奥克兰大学的 Ross Ihaka 和 Robert Gentleman 于 1993 年开发的，其前身是贝尔实验室（Bell Laboratory）所创的 S 语言。作为一个共享的开源平台，R 由一个庞大且活跃的全球性研究型社区维护。R 具有下列优势。

（1）可进行统计分析。R 不仅拥有几乎所有的经典统计方法，而且拥有众多前沿的现代统计模型、数据挖掘算法等，几乎任何数据分析过程都可以在 R 中完成。与 SPSS、MATLAB 等数据分析软件相比，它显得简单很多。

（2）具有强大的绘图功能。尤其对于复杂数据的可视化问题，R 的优势更加明显。一方面，通过 R 中各种绘图函数和绘图参数的综合使用，可以得到各式各样的图形结果；另一方面，从进行数值计算到得到图形结果的过程很灵活，一旦写好程序，如果需要修改数据或调整图形，只需要修改几个参数或直接替换原始数据即可，不用重复劳动。

（3）作为一个免费的数据分析软件，R 已发展成可运行于 Windows、mac OS 和 Linux 等操作系统，支持交互式数据探索和分析实践，支撑统计理论研究和探讨的强大平台。

（4）R 可以轻松地从多个数据源导入数据，包括文本文件、数据库、其他统计软件等，它同样可以将数据输出并写到这些系统中。

（5）具有较高的开放性。R 不仅提供功能丰富的内置函数供用户调用，而且提供平台让用户将自己所写的包放在 R 的主页上与他人共享，以开发者的身份参与其中。

R 是一个体系庞大的应用软件，主要包括核心的 R 标准包和各专业领域的其他包。本章主要对 R 的安装，一些与数据分析和挖掘相关的包，以及常用函数的使用进行简单介绍。

1.1　获取 R

选择安装 64 位或 32 位版本 R 取决于计算机是否支持 64 位版本（大部分新计算机都支持），64 位版本能处理比较大的内存数据（RAM），可通过 https://www.r-project.org/网站下载应用程序 R-3.4.3-win.exe，并通过以下 6 个步骤完成安装。

运行 R-3.4.3-win. exe，弹出的对话框中提供了语言选项，默认的是“中文（简体）”，选择适合的语言后单击“确定”按钮，如图 1-1 所示。

图 1-1　选择语言

在打开的安装向导界面中单击“下一步”按钮，如图 1-2 所示。

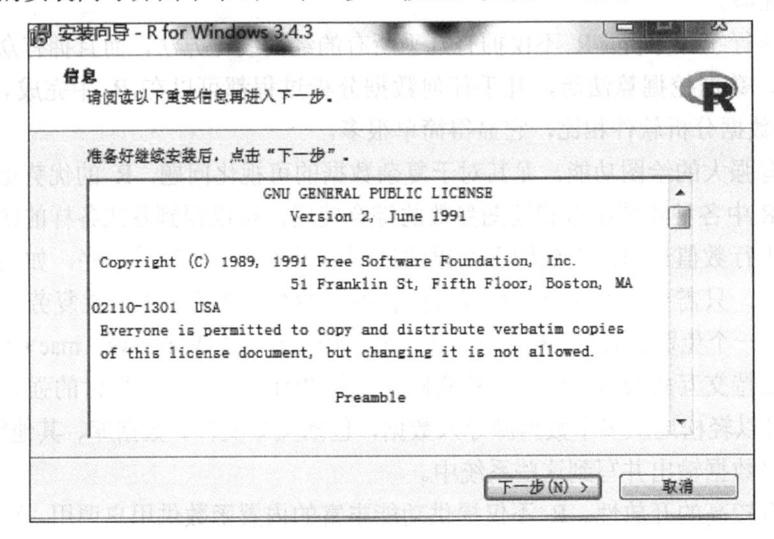

图 1-2　单击“下一步”按钮

在打开的界面中选择安装位置，然后单击“下一步”按钮，如图 1-3 所示。

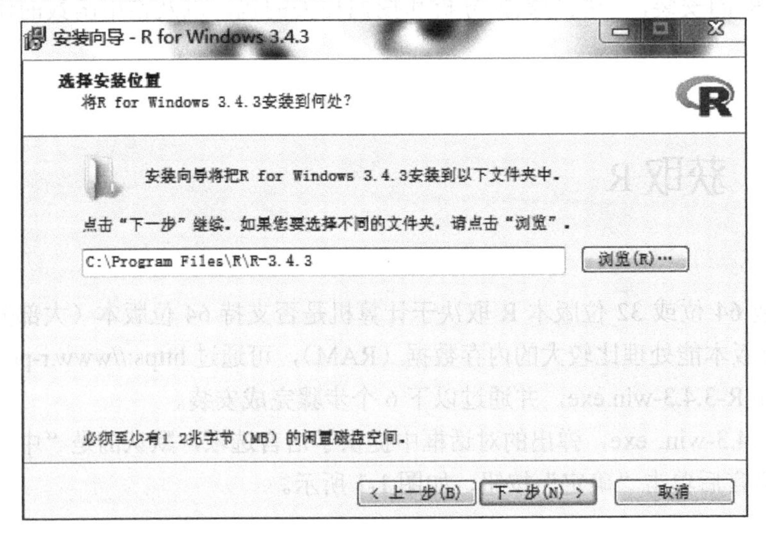

图 1-3　选择安装位置

在安装选项中勾选需要的选项，可以勾选“32-bit Files”，但建议勾选全部选项，然后单击“下一步”按钮，如图 1-4 所示。

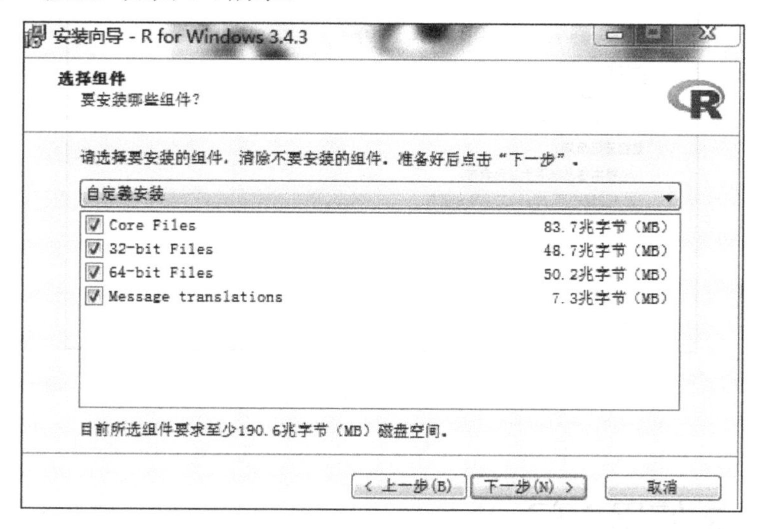

图 1-4 选择组件

在默认情况下保留启动选项，即单击“No（接受默认选项）”单选按钮，然后单击“下一步”按钮，如图 1-5 所示。

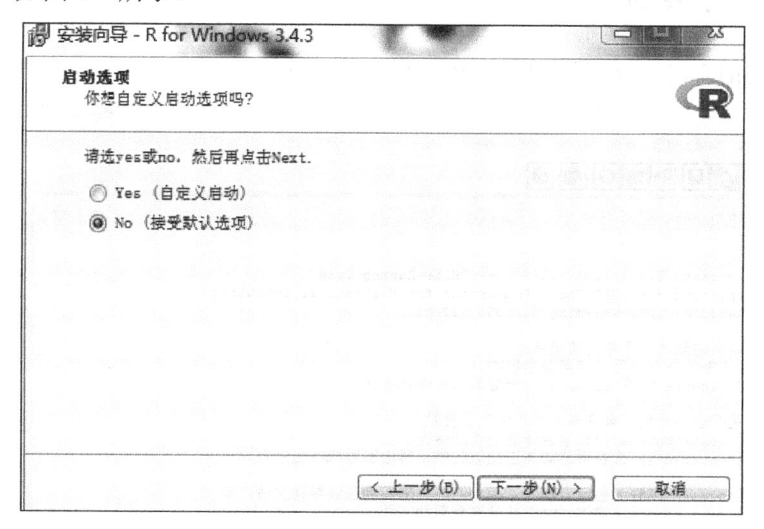

图 1-5 启动选项

在打开的界面中选择是否完成一些额外任务，如创建桌面快捷方式等，如图 1-6 所示。

最后单击“下一步”按钮，开始安装。安装好 R 后，单击计算机桌面上的快捷图标启动 R。

为了方便使用 R，可下载安装免费的图形界面编辑器 RStudio，可通过 http://www.rstudio.com/products/rstudio/download/网站，根据计算机的操作系统选择系统支持版本自行下载安装。安装 RStudio 后，可以选择从安装目录或“开始”菜单栏中启动它。

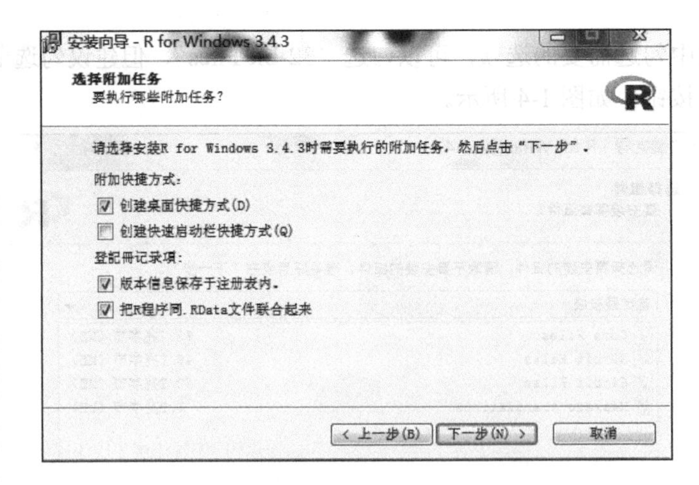

图 1-6　选择附加任务

1.2　R 使用入门

1.2.1　R 操作界面

RGui(32-bit)窗口即 R 的主窗口，由窗口菜单和快捷按钮组成，如图 1-7 所示。

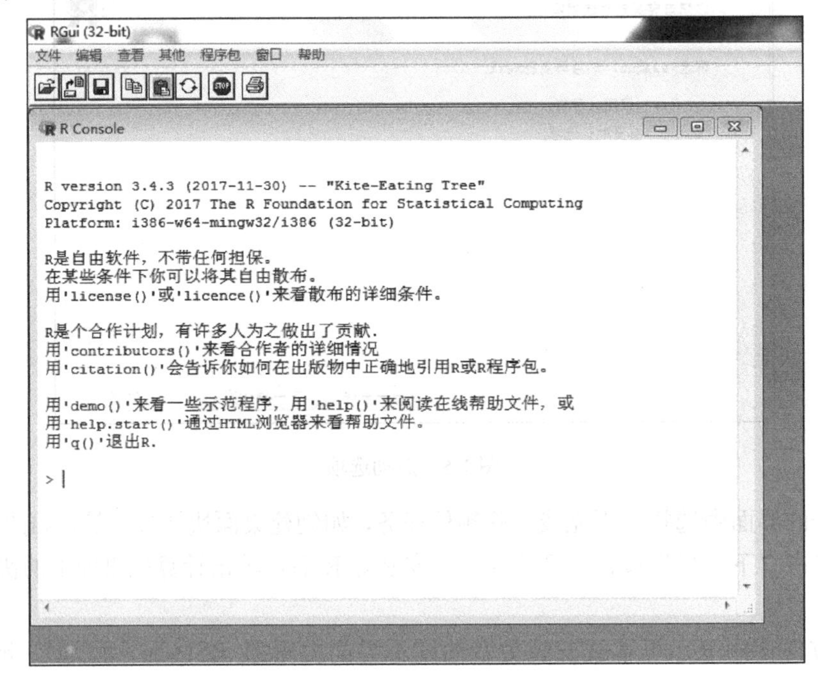

图 1-7　RGui(32-bit)窗口

名为 R Console 的窗口就是 R 的控制台窗口，是命令输入窗口，也是部分运算结果的输出窗口。控制台窗口中上方的一些文字是刚运行 R 时出现的一些说明和指引文字，文字下方的“>”符号便是 R 的命令提示符，意味着当前 R 已成功启动，且处于就绪状态。R 一般采用交互式工作方式，在命令提示符后输入命令，按 Enter 键后便会输出计算结果。当然也可将所有的命令建成一个文件，运行这个文件中的全部或部分内容来执行相应的命令，从而得到相应的结果。需要注意的是，R 程序的编写是严格区分英文字母大小写的；利用键盘上的上下箭头键，可重复显示以往的书写内容。

位于主窗口最上方的是菜单栏，菜单栏中包括以下内容。

文件（File）菜单，主要用于 R 程序文件的新建、打开、打印和保存，以及 R 的工作空间的管理等。

编辑（Edit）菜单，主要服务于 R 程序的编写，以及 R 控制台的清空管理。

查看（View）菜单，可以指定在主窗口中是否显示状态栏，以及是否显示工具栏。

其他（Misc）菜单，可以实现终止当前或所有运算，显示或删除工作空间中包含的 R 对象，缓冲输出及列出目标对象等功能。

程序包（Packages）菜单，用于加载已下载的包。在联网条件下，可指定镜像地址、下载安装其他包、对已下载安装的包进行更新等。

窗口（Windows）菜单，主要用于指定主窗口中所包含的其他窗口的排列形式，如左右排列、上下排列等。

帮助（Help）菜单，提供 R 的常见问答和帮助途径。

菜单栏的下方是工具栏，工具栏中的快捷按钮的功能从左至右依次为打开程序脚本、载入映像、保存映像、复制、粘贴、复制和粘贴、终止当前运算及打印。当打开 R 程序文件或一个编写好的 R 函数时，工具栏会发生相应的变化，此时快捷按钮的功能从左至右依次为打开程序脚本、保存映像、运行当前行代码或所选代码、返回主界面及打印。

1.2.2 RStudio 窗口介绍

RStudio 可通过 https://www.rstudio.com/products/rstudio/download/网站下载安装，其窗口由命令控制台窗口、资源栏和其他栏组合而成，如图 1-8 所示。

如图 1-8 所示，左边的窗口是命令控制台窗口，可看成标准的 R 控制台窗口。代码运行后，命令控制台窗口中会显示相应的代码或返回结果。也可以在命令控制台窗口中单独输入命令，和 R 的命令模式相同。右上方的窗口包含工作区的信息和历史命令，右下方的窗口展示当前文件夹、平面图、软件包信息和帮助信息等，可以在 Packages 目录下进行 R 包的安装及加载（包安装好后，并不可以直接使用，如果需要使用包，必须在每次使用前将包加载到内存中，可以直接选择包或在命令控制台窗口中输入 library(package_name) 命令）。在 Help 目录下有关于 R 函数或命令的帮助。在 Plots 目录下有显示图形相关方面的描述。

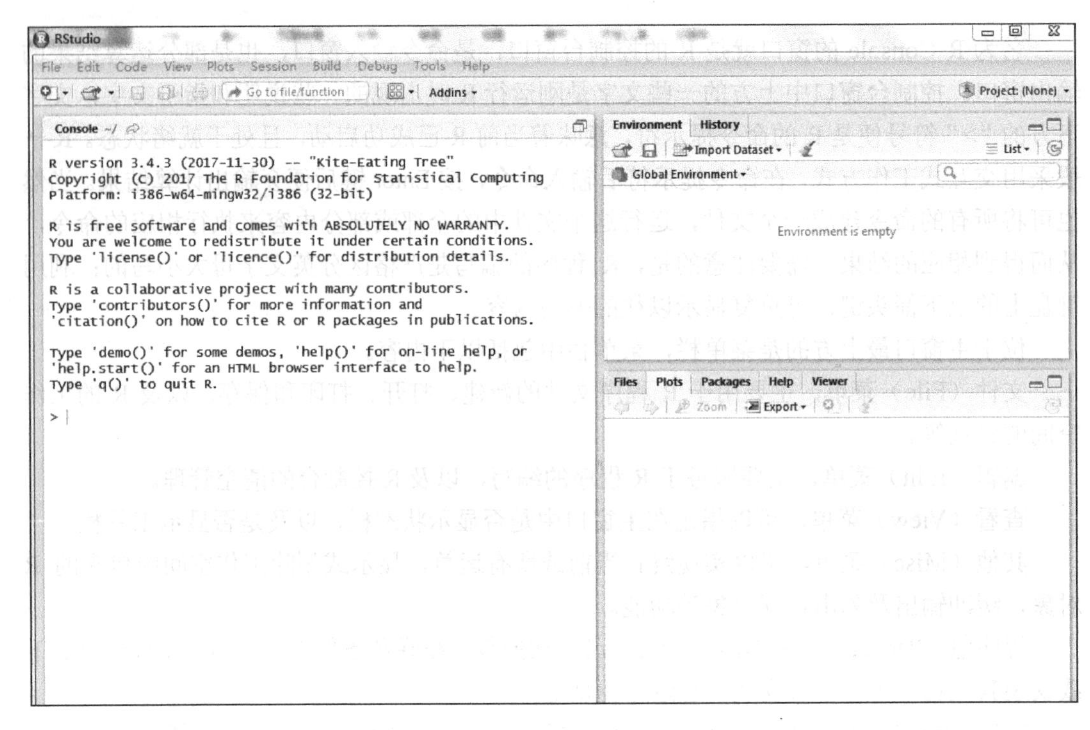

图 1-8 RStudio 窗口

1.2.3 R 的常用操作

获取 R 的帮助：在命令提示符“>”后输入 help(函数名)或?函数名，按 Enter 键执行，或者在 R 的 Help 菜单下的 Search Help 弹出框中输入函数名，都可打开帮助浏览器。例如，要了解 plot 函数，可以在命令提示符“>”后输入 help(plot)或?plot，按 Enter 键执行，或者在 R 的 Help 菜单下的 Search Help 弹出框中输入 plot，即可获得 plot 函数的使用帮助。

函数的使用帮助文档中主要包括 6 部分内容：Description（函数说明）部分描述函数的主要功能；Usage（用法）部分给出函数的调用方法；Arguments（参数）部分给出输入参数的详细解释，包括输入参数的取值范围、数据格式等；Details（详情）部分给出和该函数相关的信息；See Also（其他）部分提供与该函数相关的其他函数的链接；Examples（例子）部分给出该函数的常用例子，用户可以直接运行示例程序得到结果，从而得到对该函数的直观印象。有些函数的使用帮助文档中还包括以下内容：Value（输出参数）部分给出输出参数的详细描述，类似输入参数；References（参考文献）部分给出有关学者对该函数的研究文献。

清屏（清除命令控制台窗口中显示的所有内容）：Ctrl+L。清除 R 的工作空间中的内存变量：rm(list=ls())。

下载和安装包：install.packages("包的名称")。加载包（不仅可以显示库中有哪些包，还可以载入所下载的包，进而在会话中使用包）：library("包的名称")。

设置和获取当前工作目录：getwd()，setwd()。在 RStudio 中设置临时工作目录：setwd("E:/Rworks")。在 RStudio 中设置永久工作目录：在右下方的窗口中执行 File→more→set as working directory 命令。

保存和加载工作空间中的内容：save()，load()。save()可将 R 的工作空间中的指定对象保存到指定的文件中；load()可从磁盘文件中读取一个工作空间到当前会话中。

读取和保存文件：read.table，write.table，read. csv，write. csv。read.table 和 read.csv 可读取 Excel、TXT 或 CSV 文件到当前工作空间中；write.table 和 write.csv 可把当前工作空间中的数据写到 Excel、TXT 或 CSV 文件中。

odbcConnect 建立一个到 ODBC 数据库的连接；sqlFetch 读取 ODBC 数据库中的某个表到 R 的一个数据框中；sqlQuery 向 ODBC 数据库提交一个查询并返回结果。

对系统和数据库安装并配置合适的 ODBC 驱动，针对选择的数据库安装并配置好驱动，安装 RODBC 包。R 通过 RODBC 包访问数据库的示例如代码清单 1-1 所示。

代码清单 1-1　R 通过 RODBC 包访问数据库的示例

```
install.packages ("RODBC") #安装 RODBC 包
library (RODBC) #载入 RODBC 包
#通过数据源名称(mydsn)和用户名(user)及密码(rply)(如果没有设置，则可以直接忽略)建立一个到 ODBC 数据库的连接
mycon <- odbcConnect ("mydsn",uid = "user",pwd = "rply")
#将 R 自带的 USArrests 表写到数据库里
data(USArrests)
#将数据流保存，这时打开 SQL Server 就可以看到新建的 USArrests 表 rm(USArrests)
#清除 USArrests 变量
sqlSave (mycon, USArrests, rownames = "state", append = TRUE)
#输出 USArrests 表中的内容
sqlFetch (mycon, "USArrests" , rownames ="state")
#对 USArrests 表执行 SQL 语句 select,并将结果输出
sqlQuery (mycon, "select*from USArrests")
#删除 USArrests 表
sqlDrop (channel,"USArrests")
#关闭连接
close (mycon)
```

通过设置参数定制作图：plot。读取 Excel 文件中的时间序列数据，定制作图的示例如代码清单 1-2 所示。

代码清单 1-2　定制作图的示例

```
##设置工作空间
#把“数据及程序”文件夹复制到 F 盘下，再用 setwd 设置工作空间
#setwd ("F:/数据及程序/chapter2/示例程序")
#读入数据
data = read.csv ("./data/time-series.csv", header=T)
```

```
#定制作图
png (file ="./tmp/myplot .png") #图片输出为 PNG 文件
plot(data[ ,1] ,data[ ,2],type ="b",col = "red");#使用-o 连接，颜色为红色
title (main ="时间序列图" xlab = "time", ylab = "Response") dev.off ()
```

1.3 R的简单操作

R 是进行数学运算、数据处理和科学计算的强大工具。下面给出一些 R 的简单操作示例。

1.3.1 基本数学运算

从 1+1 开始示例：

```
> 1+1
[1] 2
```

运行后返回值为 2。下面是复杂一点的运算示例：

```
> 2*3*4
[1] 24
> 6/3
2
> 2*3+2
[1] 8
> (2*3)+2
[1] 8
> 2*(3+2)
[1] 10
```

由此可以看出，R 中的计算遵循数学运算的顺序，优先级从高到低依次为小括号、乘除、加减。

1.3.2 变量

变量是任何语言中都不可缺少的一部分，R 中不需要事先定义变量的类型，它可以存储任何类型的数据，也可以存储任何 R 对象，如函数、分析的结果及图形。单个变量在某一时刻取值为数字，而后可以被赋值为字符，也可再赋值为数字。

1.3.2.1 变量赋值

对变量进行赋值不受赋值类型的限制，有效的赋值操作符号是“<-”和“=”，建议用

前者，赋值符号“<-”是一个整体，中间不能有空格。例如：

```
> x <- 3
> y <- 4
> print(x+y)
[1] 7
```

以上示例创建了两个变量 x、y，分别赋值为 3、4，并计算了两个变量的和。

1.3.2.2 删除变量

用 rm 函数可以删除用户已定义的变量且删除后的变量无法找回，这一点在使用该命令时要特别注意。例如：

```
> j <- 4
> print(j)
[1] 4
> rm(j)
> print(j)
Warning message:
Error in print(j): 找不到对象'j'
```

以上示例说明 rm 删除变量命令会立即生效。

1.3.3 数据结构

R 可以处理各种类型的数据，包括向量、矩阵、数组、数据框和列表，不同类型的数据在创建方式、结构复杂度及调用个别元素的方法等方面有所不同。

1.3.3.1 创建数据对象

创建向量、矩阵、数组、数据框和列表的函数依次为 c()、matrix()、array()、data.frame() 和 list()。

创建向量示例：

```
> a <- c(1,2,3,4,5,6)
> b <- c("a","b","c","d")
> d <- c(1,2,"a")
> e <- c(a,b)
```

以上示例创建了 a、b、d、e 4 个向量。a 是由数字组成的一维向量，b 由字符串组成，d 由数字和字符串组成，e 由向量 a 和 b 合并而成。由 4 个变量的构成可以看出它们的数据类型互不相同。

在 R 中查看数据类型的函数为 mode，mode 函数可以查看变量定义的数据类型。例如：

```
> mode(a)
[1] "numeric"
> mode(b)
```

```
[1] "character"
> mode(d)
[1] "character"
> mode(e)
[1] "character"
```

由以上示例可以看出，在 R 中如果向量中包含多个数据类型则会进行格式转换。例如，向量中既有数字又有字符串，为了使向量中的数据类型统一会将所有数字项都转换成字符串，如向量 d 和 e。

创建数据框示例：

```
> data <- data.frame(a,b,d,e)## 以上例中向量的列向量组成数据框
Error in data.frame(a, b, d, e) : 参数值意味着不同的行数: 6, 4, 3, 10
```

运行结果报错，说明向量中的元素个数不同，所以数据框要求每一列元素的个数相同。例如：

```
##用各个向量的前三项组成数据框，a[1:3]是向量中元素的引用方法
> data <- data.frame(a[1:3],b[1:3],d[1:3],e[1:3])
> data
  a.1.3. b.1.3. d.1.3. e.1.3.
1      1      a      1      1
2      2      b      2      2
3      3      c      a      3
```

运行结果的第一行为默认的列名称，第一列为默认的行数。由运行结果可以看出，数据框中的列不同数据类型也可以不同，还可以通过 names()函数为每一列指定名称。例如：

```
> names(data)<-c("a","b","c","d")##指定数据框的列名称
> data
  a b c d
1 1 a 1 1
2 2 b 2 2
3 3 c a 3
```

创建列表示例：

```
> list <- list(a,b,d,e)##用各个向量组成列表
> list
[[1]]
[1] 1 2 3 4 5 6
[[2]]
[1] "a" "b" "c" "d"
[[3]]
[1] "1" "2" "a"
[[4]]
 [1] "1" "2" "3" "4" "5" "6" "a" "b" "c" "d"
```

列表不改变各子表的数据类型，允许每个子表中有不同的元素个数。

1.3.3.2　索引数据

R 允许访问或索引数据结构中的部分元素，下面以矩阵为例进行说明。创建矩阵的函数为 matrix(vector, nrow = number_of_rows, ncol = number_of_columns, byrow = logical_value, dimnames = list(char_vector_rownames, char_vector_colnames))，以 vector 为元素组成以 number_of_rows 乘 number_of_columns 的矩阵，元素的排列方式默认先按行排列，以 dimnames 列表中的第一个子表为行名称，第二个子表为列名称。

```
##用向量 b 和 d 中的元素及 1 组成新的向量，构成 2×4 的矩阵，矩阵元素按行排列
> matx <- matrix(c(b,d,1),nrow=2,byrow = T)
> matx
     [,1] [,2] [,3] [,4]
[1,] "a"  "b"  "c"  "d"
[2,] "1"  "2"  "a"  "1"
> matrix <- matrix(c(b,d,1),nrow=2,byrow = F)##矩阵元素按列排列
> matrix
     [,1] [,2] [,3] [,4]
[1,] "a"  "c"  "1"  "a"
[2,] "b"  "d"  "2"  "1"
```

因为矩阵是由向量生成的，所以矩阵中的数据类型也只能是相同的，是数值型就都是数值型，是字符型就都是字符型。例如：

```
> rownames(matrix) <- c("a1","a2")##为矩阵的行命名
> colnames(matrix) <- c("b1","b2","b3","b4")##为矩阵的列命名
> matrix
   b1  b2  b3  b4
a1 "a" "c" "1" "a"
a2 "b" "d" "2" "1"
> matrix[,1]##索引矩阵中第一列的元素
 a1  a2
"a" "b"
> matrix[2,]##索引矩阵中第二行的元素
 b1  b2  b3  b4
"b" "d" "2" "1"
> matrix[2,1]##索引矩阵中第二行与第一列交叉处的元素
[1] "b"
> matrix[2,c(1,2)]##索引矩阵中第二行与第一、三列交叉处的元素
 b1  b2
"b" "d"
```

向量、数据框、列表的索引及访问方式与矩阵类似，数据框、列表的访问还可以通过列名称进行。例如：

```
> data$a##访问数据框的 a 列
[1] 1 2 3
```

1.4 R数据分析包

R 为源代码开放的软件，所以有许多由用户贡献的可选模块，这些模块称为包（package），包可以提供横跨各个领域、数量惊人的新功能，包括地理数据分析、机器学习与统计学习、多元统计、药物动力学数据分析、计量经济、金融分析、并行计算、数据库访问等。仅机器学习与统计学习相关的包就可以实现分类、聚类、关联规则分析、时间序列分析等功能。所有的包都可以通过 http://cran.r-project.org/web/packages 网站下载安装并使用，包默认存储目录为库（library）。

分类、聚类、关联规则分析和时间序列分析在数据分析与挖掘中常常会被用到，相关的包如表 1-1 所示。

表 1-1 R 中和数据分析与挖掘相关的包

功　能	模型或方法	包	函　数
分类	BP 神经网络	nnet	nnet()
	随机森林	randomForest	randomForest()
	支持向量机	el071	svm()
	CRAT 决策树	tree	tree()
聚类	系统聚类	自带	hclust()
	动态聚类		kmeans()
关联规则分析	关联规则	arules	Apriori()
时间序列分析	时间序列	forecast、tseries	arima ()

R 中管理包的函数颇多，第一次安装包需要使用 install.packages()命令。不加任何参数的 install.packages()可以显示 CRAN 的镜像站点，选择其中一个站点，可以看到所有包的列表；也可以利用包的名称进行下载及安装。例如，如果需要用绘图包 ggplot2，则可以使用 install.packages("ggplot2 ")下载及安装。一个包只需要安装一次，不过像其他软件一样，包经常会被作者更新，可以使用 up.packages()对已经安装的包进行升级，还可以通过 installed.packages()查看已经安装的包的各种属性。函数 remove.packages()可以删除已经安装的包，但是需要指定包所在的位置，如移除 tree 包的命令为 remove.packages ("tree", lib=file.path("C:/R/Library"))。

在使用与包相关的函数时，首先要通过函数 library()加载包。例如，使用 ggplot2 包，需要先执行命令 library(ggplot2)，在一次会话中只需要加载一次包。

1.5 小结

本章对 R 语言进行了简单的介绍，主要讨论 R 软件的下载和安装、使用入门操作及数据分析包的调用。在使用 R 语言的过程中需要注意：区分英文字母大小写，括号和引号不能少，全角和半角有区别，路径名中用/。

参考文献

[1] 张良均，云伟标，王路，等．R 语言数据分析与挖掘实战[M]．北京：高等教育出版社，2015.

[2] 张良均，谢佳标，杨坦，等．R 语言与数据挖掘[M]．北京：高等教育出版社，2016.

[3] KABACOFF R I．R 语言实战[M]．王小宁等译．北京：人民邮电出版社，2017.

[4] ADLER J．R 语言核心技术手册[M]．刘思喆等译．北京：电子工业出版社，2014.

第 2 章　数据挖掘基础

2.1　数据挖掘的定义

数据挖掘（Data Mining）是近几年的热门话题，学术界对数据挖掘的定义尚未统一，有一些学者认为数据挖掘就是从数据库中进行知识发现，又称为 Knowledge Discovery in Database，即 KDD；还有一些学者认为数据挖掘只是 KDD 的一部分。韩家炜教授认为数据挖掘就是从大量有噪声的数据中抽取有意义的（非平凡的、隐含的、以前未知的并且有潜在价值的）信息或模式的过程。本书后面内容中的数据挖掘都是指韩家炜教授定义的数据挖掘。数据挖掘的模型主要包括预测模型和描述模型，此类模型涵盖了统计学中的回归分析、判别分析、聚类分析等技术，机器学习中的决策树、神经网络等技术，以及数据库中的关联规则分析、时间序列分析等技术，所以数据挖掘是统计学、机器学习、数据库等多个学科相互交叉的重要领域。

数据挖掘通过成熟的统计分析方法可以实现分类、预测、关联规则分析、智能推荐、聚类等功能。分类是指在已有类标记的数据集上，构造一个分类模型，输入样本的属性值，输出对应的类别，将每个样本映射到预先定义好的类别中，所以分类属于有监督的学习。预测是指建立两种或两种以上变量间相互依赖的数学模型，然后对其中的一个变量或多个变量进行预测或控制。关联规则分析是从大量的数据中挖掘出项目间有意义的联系，进行关联规则分析最初是为了发现超市销售数据库中不同商品销售数据之间的关联关系，以便对货架上的物品进行分组与设计，关联规则分析是数据挖掘中最活跃的研究方法之一，目的是在一个数据集中找出各项之间的关联关系，而这种关系并没有在数据中直接表示出来。与分类不同，聚类是在没有给定划分类别的情况下，根据数据相似度进行样本分组的一种方法。与分类模型需要使用由有类标记的样本构成的训练数据不同，聚类模型可以建立在无类标记的数据基础上，是一种无监督的学习。

数据挖掘的最终目标是帮助企业提取数据中蕴含的商业价值，提高企业的竞争力，数据挖掘的基本流程如图 2-1 所示。

在进行数据挖掘之前，首先要针对企业需求了解行业，熟悉背景知识，明确挖掘目标，也就是要清楚企业希望解决的问题及想达到的效果；依据目标与专业人士沟通，选取或采集所需数据；对数据进行简单的分析与整理，主要检测数据与问题的相关程度，数据的缺失及异常情况，尽量避免在数据信息损失的情况下对数据进行预处理；选择合适的方法或模型对问题进行分析，采用科学的方法对模型进行评价，如果可能的话对模型进行优化；最后结合行业背景对模型结果进行解释，并解决行业相关的其他问题。

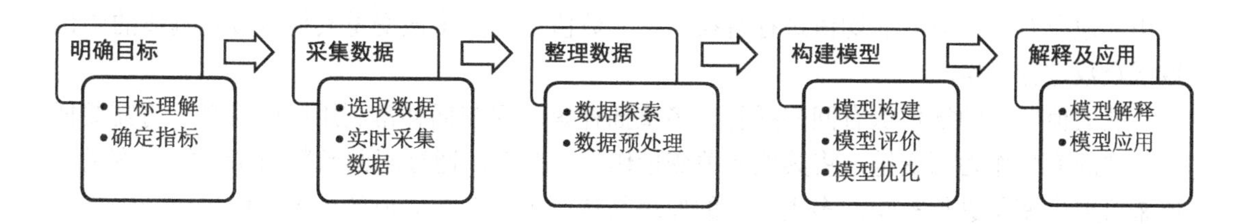

图 2-1　数据挖掘的基本流程

2.2　数据探索及预处理

一般来说，需要抽取完整的、准确的、与挖掘目标相关的、有效的样本数据集来完成分析。检测数据的完整性、准确性可以通过脏数据分析来完成；检测数据的相关性、有效性可以通过数据特征分析来完成。

2.2.1　脏数据分析

脏数据一般是指不符合要求、不能直接参与分析的数据，主要有缺失值、异常值、重复数据等。

2.2.1.1　缺失值分析

缺失值主要是指缺失的某条记录或记录中的某个字段信息，数据缺失可能会大大降低分析结果的可靠性。产生数据缺失的原因可能是人为的，如数据输入时的遗漏、理解错误等；也可能是非人为的，如数据采集过程中设备故障、存储故障等；还可能是一些对象不存在某些属性值，如婴儿的阅读量、退休教师的工作量等。

缺失值分析包括缺失值识别及缺失值处理两个步骤。缺失值识别可以使用简单的描述统计分析法，得到含有缺失值的属性的个数，以及每个属性的未缺失数、缺失数与缺失率等。在 R 语言中缺失值通常用 NA 表示，一般使用函数 is.na()进行判断；函数 complete.cases()可识别样本数据是否完整；判断后需要对缺失值进行处理，常用的方法有删除法、替换法、插值法等。

缺失值处理最简单的方法是删除法，删除含缺失值的观测样本或删除含缺失值的变量。删除观测样本又称行删除，在 R 中可通过 na.omit()函数删除所有含缺失值的行，若缺失值所占比例较小，删除这些行不影响数据的完整性，则可采用此方法；删除变量就是删除整个数据列，在 R 中可通过 data[,-p]来实现，其中 data 为目标数据集，p 为缺失变量的列数，此方法适用于变量有较多缺失且删除列变量对研究目标影响不大的情况。

替换法，顾名思义就是用某个变量的取值替换缺失值，一般的处理办法为将数值型变量用其他所有对象取值的均值进行替换；将非数值型变量用该变量其他有效观测值的中位数或众数进行替换。

缺失值常用的插值法有回归插补、多重插补等。回归插补常利用回归模型，将需要插值补缺的变量作为因变量，将其他相关变量作为自变量，通过回归函数 lm()预测因变量的值来对缺失变量进行补缺；多重插补的原理是从一个包含缺失值的数据集中生成一组完整的数据，如此进行多次，从而产生缺失值的一个随机样本，R 中的 mice 函数包可以用来进行多重插补。

代码清单 2-1 以某钢厂的生产数据为例，说明缺失值的处理。

代码清单 2-1　缺失值处理示例程序

```
rm(list=ls())##清除变量
library(data.table)
library(Hmisc)##加载需要的包
###读取数据
orgindata <- read.csv("C:/Users/anna/Desktop/R语言/scall.csv")
orgindata <- orgindata[,c(2:5)]###选取 2~5 列作为样本集
describe(orgindata)###使用描述统计分析法识别缺失值
###找到存在缺失值的行
num.na.w <- which(is.na(inputdata$转炉终点温度))
num.na.c <- which(is.na(inputdata$转炉终点C))
num.na.z <- which(is.na(inputdata$钢水净重))
num.na <- c(num.na.w,num.na.c,num.na.z)
##将数据集分解为不含缺失值的子集及含有缺失值的子集
nona <- inputdata[-num.na,]
datana <- inputdata[num.na,]
##共有1000多行，含有缺失值的仅有18行，采用删除法处理缺失值
resultdata <- nona
##采用均值替换法处理缺失值
avg <- colMeans(nona)##求不含缺失值的所有列的均值
datana[which(is.na(datana$转炉终点温度)),1]<-avg[1]
datana[which(is.na(datana$转炉终点C)),2]<-avg[2]
datana[which(is.na(datana$钢水净重)),3]<-avg[3]###采用均值替换缺失值
resultdata <- rbind(nona,datana)
##采用插值法处理缺失值
library(lattice)
library(MASS)
library(nnet)
library(mice)##加载要用到的包
input <- mice(inputdata,m=4)##采用函数默认的线性回归模型对多变量的缺失值进行插补
resultdata <- complete(input)##输出插补后的数据集
input$method##查看插补方法
input$predictorMatrix##查看缺失值参与插值模型的变量
```

使用描述统计分析法识别缺失值的运行结果显示，3 个变量转炉终点温度、转炉终点 C、钢水净重的缺失值分别为 6、5、7，连铸正样 C 没有缺失值，如图 2-2 所示。采用插值法对多重变量的缺失值进行插补，示例中采用的模型是函数默认的线性回归模型，如果有需要可以改变每个变量的插值模型，也可以改变缺失值参与插值模型的变量。

```
 4  Variables      1378  Observations
--------------------------------------------------------------------------------
转炉终点温度
       n  missing  distinct      Info      Mean       Gmd       .05       .10       .25       .50       .75       .90
    1372        6       124     0.999 -0.000758    0.5062   -4.3090    0.1452    0.1833    0.2214    0.2567    0.2921
     .95
  0.3247

lowest : -4.308977016 -0.113095686 -0.036955260 -0.017920154 -0.009762251
highest:  0.585764652  0.591203254  0.593922555  0.596641856  0.604799759
--------------------------------------------------------------------------------
转炉终点C
       n  missing distinct     Info     Mean      Gmd      .05      .10      .25      .50      .75      .90      .95
    1373        5      119        1 0.001434    1.111  -1.7176  -1.2950  -0.6847   0.0664   0.5359   1.2401   1.6626

lowest : -3.032045 -2.750369 -2.609530 -2.421746 -2.327853, highest:  3.446521  3.540413  3.587359  3.634305  4.761012
--------------------------------------------------------------------------------
钢水净重
       n    missing   distinct       Info       Mean        Gmd        .05        .10        .25        .50
    1371          7        265          1 -3.484e-06      1.092   -1.84497   -1.25297   -0.53908    0.05292
     .75        .90        .95
 0.62751    1.16727    1.44586

lowest : -4.247796 -3.916972 -3.551324 -3.272736 -3.185677, highest:  2.769158  2.803982  2.856217  3.430806  4.632220
--------------------------------------------------------------------------------
连铸正样C
       n    missing   distinct       Info       Mean        Gmd
    1378          0          9      0.783 -2.518e-10       1.02

Value        -2.2569135 -1.7663730 -1.2758325 -0.7852920  0.1957890  0.6863295  1.1768700  1.6674105  2.1579510
Frequency             2          3          3        815         18        111        279        146          1
Proportion        0.001      0.002      0.002      0.591      0.013      0.081      0.202      0.106      0.001
--------------------------------------------------------------------------------
```

图 2-2　使用描述统计分析法识别缺失值的运行结果

2.2.1.2　异常值分析

异常值通俗来讲是指不合常理的数据，从统计意义上来讲是指明显偏离其他数据的个别数据。异常值常常含有特殊的意义，如某家的电视机连续播放某个节目或频道超过 48 小时，就可以怀疑该家庭成员全部外出忘记关电视，或者该家庭成员出现意外无法关闭电视或更换节目，不管是哪种情况都需要社区工作人员提供帮助。同时异常值也会干扰分析结果，如要分析人们每天观看电视的时间长短，那么某些家庭连续播放电视 48 小时显然会影响分析结果。所以异常值分析在数据分析与挖掘中是非常重要的一个环节。异常值分析包含异常值识别及异常值处理两个步骤。

异常值会明显偏离其他数据，因此异常值又称为离群点，识别异常值的方法有描述统计分析法、3σ 原则、箱线图分析法等。通过描述统计分析法可以得到变量的极差、取值范围，由此可以判断变量取值区间的合理性，如人的身高变量最大值取 4 米显然是不合理的，也就是说该取值为异常值；3σ 原则依据切比雪夫不等式的结论识别异常值，切比雪夫不等式说明随机变量的取值落在以均值为中心，以 3 倍均方差为半径的邻域内的概率至少为 8/9，也就是说可以将以均值为中心，以 3 倍均方差为半径的邻域外的取值看作异常值，当然也可以根据实际问题，选择合适均方差的倍数；箱线图分析法可以通过四分位数来识别异常值，Q_1、Q_2、Q_3 依次为下四分位数、中位数、上四分位数，Q_3-Q_1 为四分位数间距，记为 IQ，则小于 Q_1-1.5IQ 或大于 Q_3+1.5IQ 的值为异常值。代码清单 2-2 以某钢厂的生产数据为例，说明异常值的识别。散点图运行结果如图 2-3 所示，箱线图运行结果如图 2-4 所示，不管是从散点图中还是从箱线图中都可以清晰地看到一些离群点。

异常值的处理首先需要结合实际背景分析异常值可能的产生原因，如果有必要可以将异常值视为缺失值进行处理。

代码清单 2-2　异常值识别示例程序

```
##代码接代码清单 2-1
##绘制散点图
par(mfrow=c(2,2),bg="white")##将画布分区
dotchart(inputdata$转炉终点温度,main="转炉终点温度")
dotchart(inputdata$转炉终点C,main="转炉终点C")
dotchart(inputdata$钢水净重,main="钢水净重")
dotchart(inputdata$连铸正样C,main = "连铸正样C")
##绘制箱线图
par(mfrow=c(2,2),bg="white")
boxplot(inputdata$转炉终点温度,main="转炉终点温度")
boxplot(inputdata$转炉终点C,main="转炉终点C")
boxplot(inputdata$钢水净重,main="钢水净重")
boxplot(inputdata$连铸正样C,main = "连铸正样C")
```

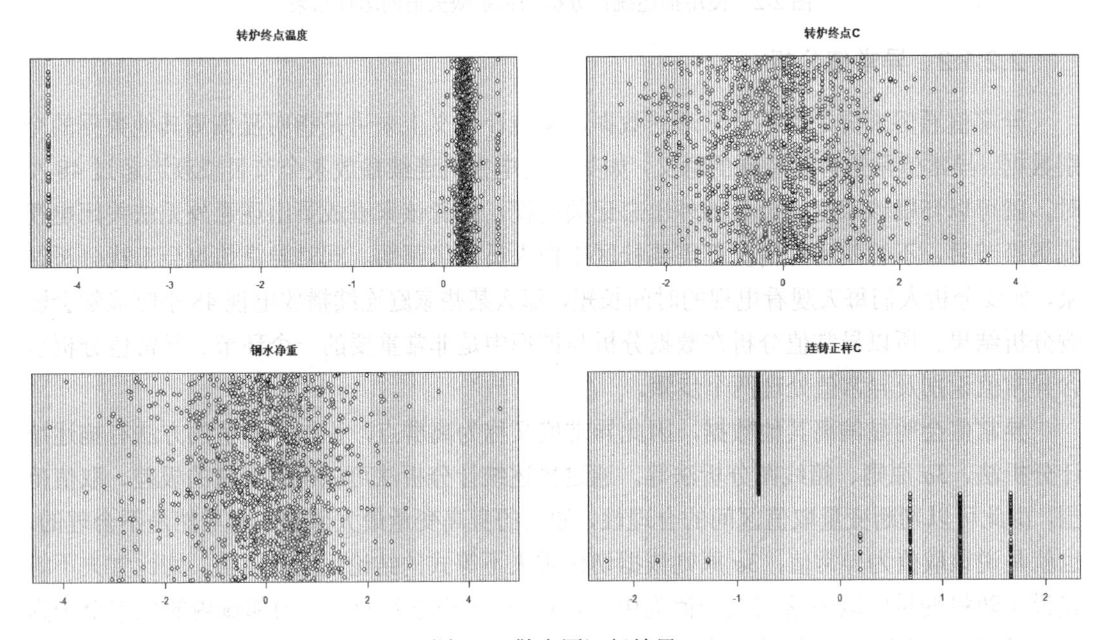

图 2-3　散点图运行结果

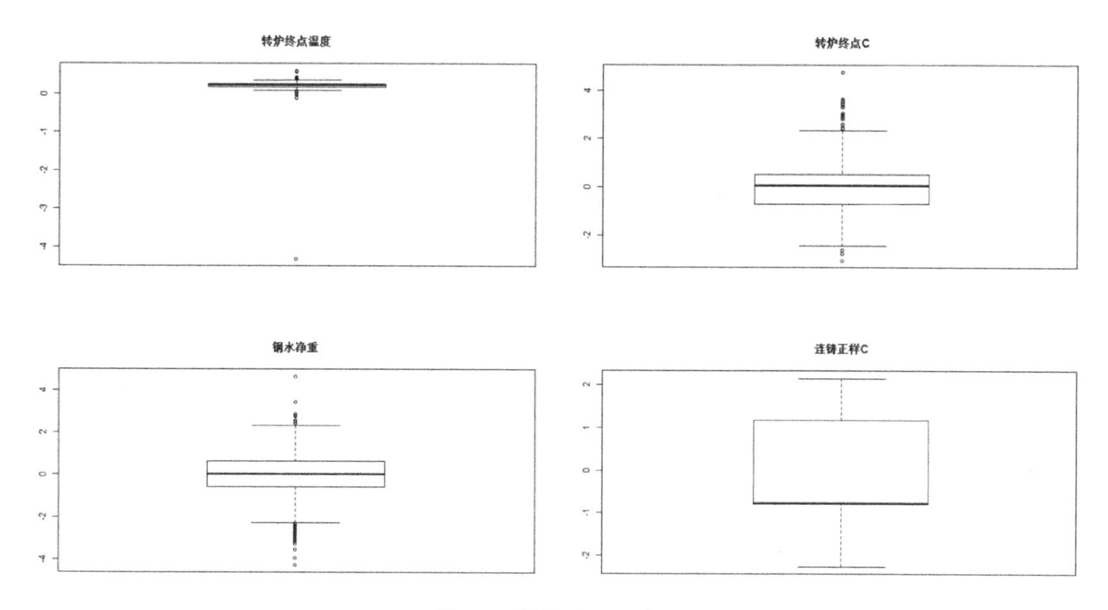

图 2-4　箱线图运行结果

2.2.2　数据特征分析

在对数据的完整性、准确性进行讨论之后，还需要通过图表、特征值等方法从总体上了解数据，即对数据进行特征分析，数据特征分析可以从分布趋势、特征值、周期性、相关性等方面进行。

2.2.2.1　分布趋势

数据的分布趋势可通过频率分布表、直方图、茎叶图进行直观分析，也可用饼图和条形图显示。R 中绘制简单条形图的函数为 barplot()，绘制饼图的函数为 pie()，绘制二维条形直方图的函数为 hist()，绘制线性二维图、折线图、散点图的函数为 plot()。代码清单 2-3 以某钢厂数据为例，给出条形图、直方图绘制示例，直方图绘制结果如图 2-5 所示，由此可以了解变量的大致分布趋势。

代码清单 2-3　条形图、直方图绘制示例程序

```
##代码接代码清单 2-1
##绘制条形图
cou<- table(inputdata$钢水净重)
barplot(cou,width =10)
##绘制直方图
hist(inputdata$钢水净重,probability=T,ylim=range(0,0.5),main="钢水净重直方图",xlab="")
lines(density(inputdata$钢水净重),col="red")
```

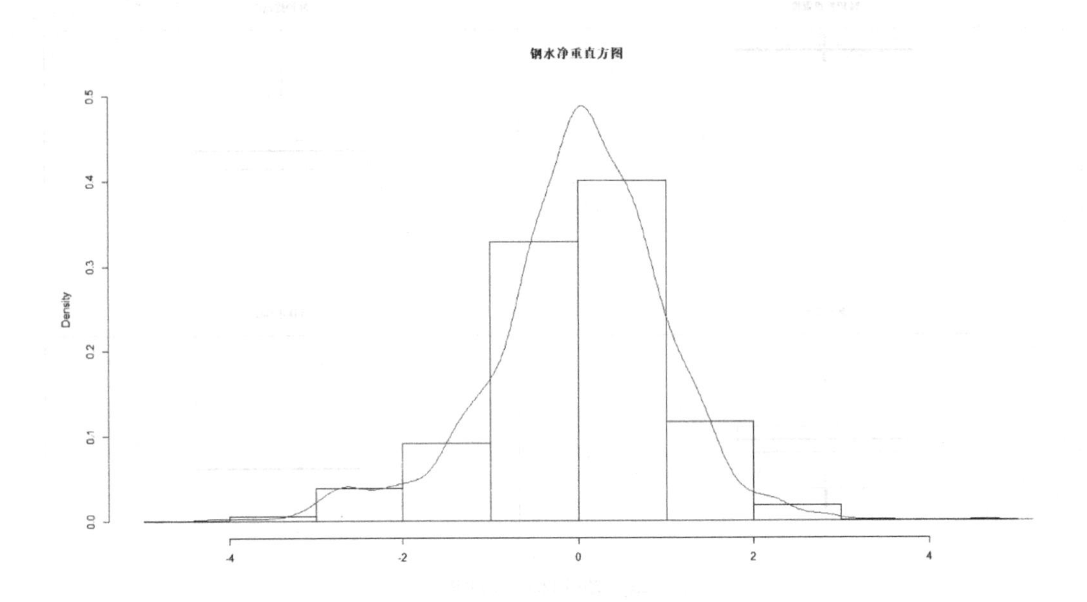

图 2-5　直方图绘制结果

2.2.2.2　特征值分析

数据特征分析中常用反映集中程度及分散趋势的特征值，反映集中程度的特征值主要有均值、中位数、众数，反映分散趋势的特征值主要有极差、方差、四分位数间距。表 2-1 给出了 R 中主要的特征值函数。众数可以通过自定义函数或函数 names(which.max(table()))进行计算，names(which.max(table()))函数的返回结果为字符串；四分位数间距可以通过函数 diff(quantile(变量名,probs=c(0.25,0.75)))进行计算。

表 2-1　R 中主要的特征值函数

函　数　名	函 数 功 能
mean()	计算数据样本的均值
var()	计算数据样本的方差
sd()	计算数据样本的标准差
cor()	计算数据样本的相关系数矩阵
cov()	计算数据样本的协方差矩阵
moment()	计算数据样本的指定阶中心矩
summary()	计算数据样本的均值、最大值、最小值、中位数、四分位数
max()-min()	计算数据样本的极差
median()	计算数据样本的中位数
quantile()	计算数据样本的四分位数

2.2.2.3　周期性分析

周期性分析是指探索变量随时间变化的规律，变量随时间变化可能以小时、天、周、月为周期，也可能以年或更长的时间为周期。一般来说，先以时序图进行观测，再结合业务数据进行分析。R 中的函数 plot()可以绘制简单的时序图，以 R 中的 AirPassengers 数据为例，该数据是 Box&Jenkins 航空公司 1949—1961 年每月国际航行的乘客人数，执行命令 plot(AirPassengers,las=2,xlab="", ylab="",main="AirPassengers",at=c(1949:1961))，运行结果如图 2-6 所示。从图 2-6 中可以看出，总体上来看这 12 年乘客人数呈不断增加的趋势，从一年中来看乘客人数具有一定的周期性，每年年中是出行高峰期，年末出行人数较少。

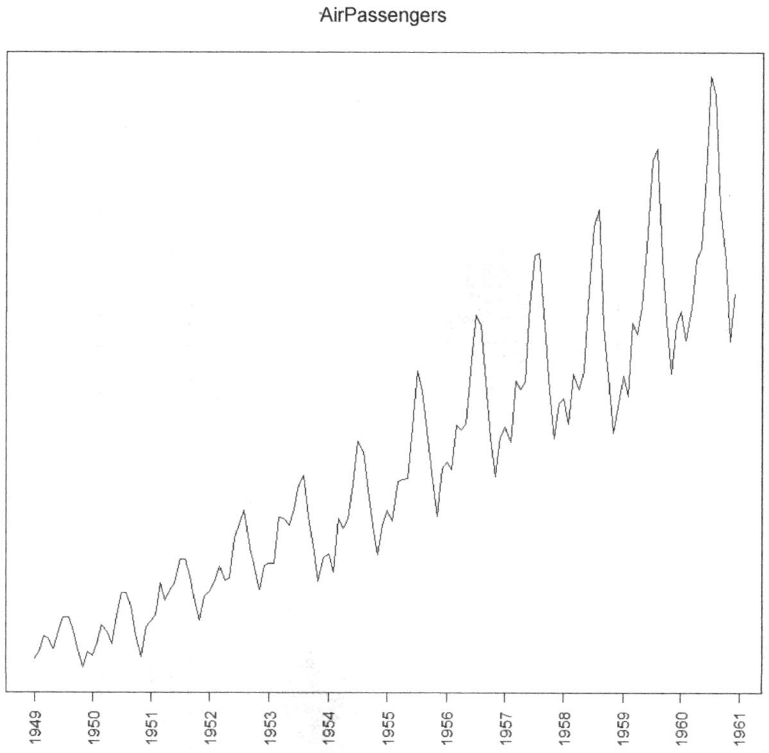

图 2-6　AirPassengers 时序图

2.2.2.4　相关性分析

相关性分析是指分析变量之间线性相关的程度，可以通过绘制散点图、计算相关系数进行分析。R 中绘制成对数据比较散点图的函数为 pair()，相关系数矩阵函数为 cor()。

采用函数 pair()绘制前面钢厂数据的成对数据比较散点图，如图 2-7 所示，显然这 4 组变量之间没有明显的线性关系。

通过由函数 cor()计算出的相关系数矩阵（见表 2-2）也可以看出这 4 组变量之间的线性关系非常弱，cor()函数默认求解的是 pearson 相关系数，通过 method 参数可以求解 spearman 及 kendall 相关系数。

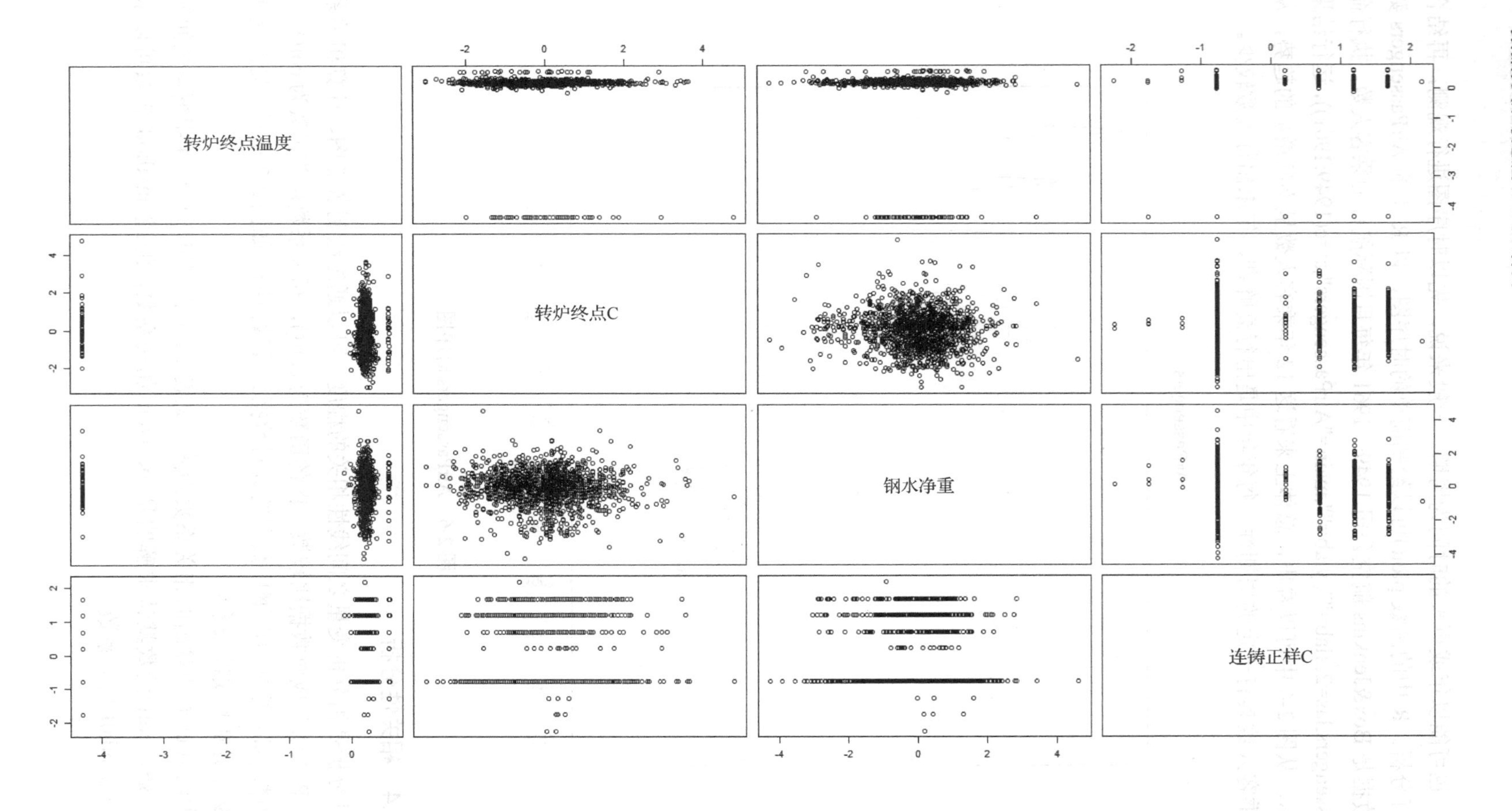

图 2-7 成对数据比较散点图

表 2-2 相关系数矩阵

	转炉终点温度	转炉终点 C	钢 水 净 重	连铸正样 C
转炉终点温度	1	−0.040 171 94	0.000 100 371	−0.010 832 73
转炉终点 C	−0.040 171 94	1	−0.060 648 903	0.091 603 21
钢水净重	0.000 100 371	−0.060 648 903	1	−0.011 645 64
连铸正样 C	−0.010 832 73	0.091 603 21	−0.011 645 64	1

2.2.3 数据预处理

一般来说，待处理的原始数据中都存在着大量不完整、不一致、异常的数据，这不仅会影响数据分析与挖掘的效率，还会导致分析结果产生偏差，因此在进行建模分析之前必须对数据进行预处理，数据预处理是相当复杂的过程，工作量占整个分析过程工作量的60%～80%，主要包括数据清洗、数据集成、数据变换、数据规约这 4 个方面。

数据清洗主要是指删除原始数据中的无关数据、重复数据，处理噪声数据，也就是处理缺失值、异常值等，相关内容在脏数据分析中已经介绍过，这里不再赘述。

2.2.3.1 数据集成

数据集成是指将多个数据源结合在一起形成一个新的数据集合，这就涉及实体识别及冗余问题。

实体识别问题就是识别来自不同数据源的现实世界中的实体能否相互匹配，如识别数据源 A 中的 customer 与数据源 B 中的 ID 是否为同一实体。实体识别中需要注意属性名相同但实体不同、属性名不同但实体相同、属性名及实体相同但单位不统一这 3 个问题。

在数据集成的过程中，往往会造成多个属性重复出现，或者一个属性可以由其他属性进行推演的问题，这就是冗余问题，如一条数据中既包含年龄又包含身份证号，显然由身份证号可以推演出年龄。当然与目前的挖掘任务没有关系的属性也是冗余属性，如挖掘目标为预测学生的学习成绩，学生的上网账号就为冗余属性。冗余问题可以通过关联性检测进行处理，常用的方法为相关性检测，识别出冗余属性后将其删除即可。

在数据集成过程中还需要注意数据冲突、不一致的情况，如 2016 年收集的某条数据中身份证号为“***19660809***”，但年龄填写的是 18 岁，这就是数据冲突，此时需要查找元数据并对数据进行处理。

R 中常用的集成数据函数为 merge()，merge()函数可以通过关键字，即关键属性将两个数据框中的数据以行为单位进行合并；对属性的检测可以参考前面的散点图、与相关系数相关的函数。

2.2.3.2 数据变换

数据变换是指将数据变换成适合算法或模型需要的类型，常用的方法有简单函数变换、数据的无量纲化、连续变量离散化等。

简单函数变换可以将呈非正态分布的数据变换为呈正态分布的数据，可以将非平稳序列变换为平稳序列，也可以对原始数据进行压缩，如传输文件的字节数取值区间为 10 到 10^8，可以采用取对数的方法压缩取值区间。简单函数变换常用的运算包括平方、开方、取对数、差分等。

数据的无量纲化是为了消除量纲及取值范围对分析的影响。常用的方法有最大-最小标准化、零-均值标准化、小数定标标准化等。假设 X 是一个列数据，即变量，X^* 为标准化后的变量，最大-最小标准化用到的公式为

$$X^*=\frac{X-\min(X)}{\max(X)-\min(X)}$$

零-均值标准化的公式为

$$X^*=\frac{X-\bar{X}}{\sigma}$$

式中，$\bar{X}$ 表示变量的均值；σ 表示变量的均方差。

小数定标标准化通过移动小数点的位置使变量取值范围为[−1,1]，其公式为

$$X^*=\frac{X}{10^k}$$

连续变量离散化是将连续变量变换为离散的分类变量，也就是将数据的取值区间划分为若干个离散的区间，再用不同的符号或取值代表落在各个小区间中的数据，常用的方法有等宽法、等频法、聚类、熵。等宽法是将变量的值域分成长度相等的区间，落在同一区间中的变量值相等，该方法对利群点比较敏感；等频法是将变量分成数量相同的多个区间，各个区间的取值不同，为了使每个区间中有相同的变量值，可能会使同一个变量值对应于不同的离散值；聚类是将变量用聚类算法聚合成多个簇，不同的簇取值不同；基于熵的连续变量离散化方法是以每个区间熵最小为目标对变量值进行划分。以上几种连续变量离散化的方法都需要人为确定离散变量的取值个数，在使用时需要注意各方法的特点。代码清单 2-4 给出了以某钢厂的生产数据为例的数据变换示例。数据变换结果如表 2-3 所示，连续变量离散化结果如图 2-8 所示。

代码清单 2-4 数据变换示例程序

```
##代码接代码清单 2-1
##读取部分原始数据
orig <- read.csv("C:/R 语言/orgin.csv")
orig <- orig[-1,]
head(orig)
##对转炉终点温度进行零-均值标准化
orig$转炉终点温度 <- scale(as.numeric(orig$转炉终点温度))
##对转炉终点 C 进行最大-最小标准化
orig$转炉终点 C <- (as.numeric(orig$转炉终点 C)-min(as.numeric(orig$转炉终点
C)))/(max(as.numeric(orig$转炉终点 C))-min(as.numeric(orig$转炉终点 C)))
##对钢水净重进行小数定标标准化
orig$钢水净重  <-  as.numeric(orig$钢水净重)/10^ceiling(log((max(abs(as.
```

```
numeric(orig$钢水净重)))),10))
    head(orig)
    ##用聚类法对转炉终点温度进行离散化
    kc <- kmeans(orig$转炉终点温度,6)
    orig$kc <- kc$cluster
    plot(orig$kc,xlab = "",ylab = "")
```

表 2-3　数据变换结果

数据说明	炉号	钢号	转炉终点温度	转炉终点 C	钢水净重	连铸正样 C
原始数据	7A06878	HRB400B	1644	0.000 65	744 00	0.0023
	7A06877	HRB400B	1543	0.000 77	742 00	0.0023
	7A06876	HRB400B	1684	0.000 35	782 50	0.0023
	7A06875	HRB400B	1674	0.000 48	736 00	0.0022
	7A06874	HRB400B	1800	0.000 36	724 00	0.0024
	7A06873	HRB400B	1660	0.000 22	703 50	0.0023
数据变换结果	7A06878	HRB400B	−0.8308	0.447 154	0.204	0.0023
	7A06877	HRB400B	−2.456 08	0.544 715	0.2	0.0023
	7A06876	HRB400B	0.754 842	0.203 252	0.271	0.0023
	7A06875	HRB400B	0.358 432	0.308 943	0.188	0.0022
	7A06874	HRB400B	2.419 762	0.211 382	0.164	0.0024
	7A06873	HRB400B	−0.196 54	0.097 561	0.123	0.0023

2.2.3.3　数据规约

数据规约是指在保证数据信息完整的条件下，尽量缩小数据规模，根据方式不同可分为维度规约和行规约。维度规约也称为属性规约、列规约，常用的方法有主成分分析、特征集规约等；行规约也称为数值规约，常用的方法有抽样、聚类、参数回归等。

主成分分析是指寻求原数据集的正交变换，使其映射到一个较低维度的空间中，只要信息损失量在可接受范围内（一般低于 15%），即可用低维度空间中的基变量替代原数据，以此达到减少数据量的目的。特征集规约是指定义最小属性集，并使新子集的概率分布尽可能接近原数据集的分布，基本步骤是选择子集、构造评价标准和停止准则、验证有效性。特征集规约常用的方法有向后删除、向前选择、决策树。向后删除以全数据集为初始子集，每次选择一个最差的属性删除，直到满足停止准则或无法删除时停止；向前选择以空集为初始子集，每次从原数据集中选择一个最优的属性添加进子集，直到无法选择为止；决策树对原数据进行分类，没有出现在决策树上的属性被认为是无关属性，将其删除。

抽样可分为有放回抽样、无放回抽样、分层抽样、聚类抽样。有放回抽样可用函数 D[sample(N,s,repace=T),]实现，其中 D 表示数据集，函数从 N 行中有放回地抽取 s 行；无放回抽样的实现函数为 D[sample(N,s,repace=F),]；分层抽样是指将数据集划分为互不相交的子集，即层，再对每一层进行简单随机抽样，由此得到分层样本；聚类抽样是指采用聚类算法将原数据分为互不相交的簇，再对每一簇进行简单随机抽样。

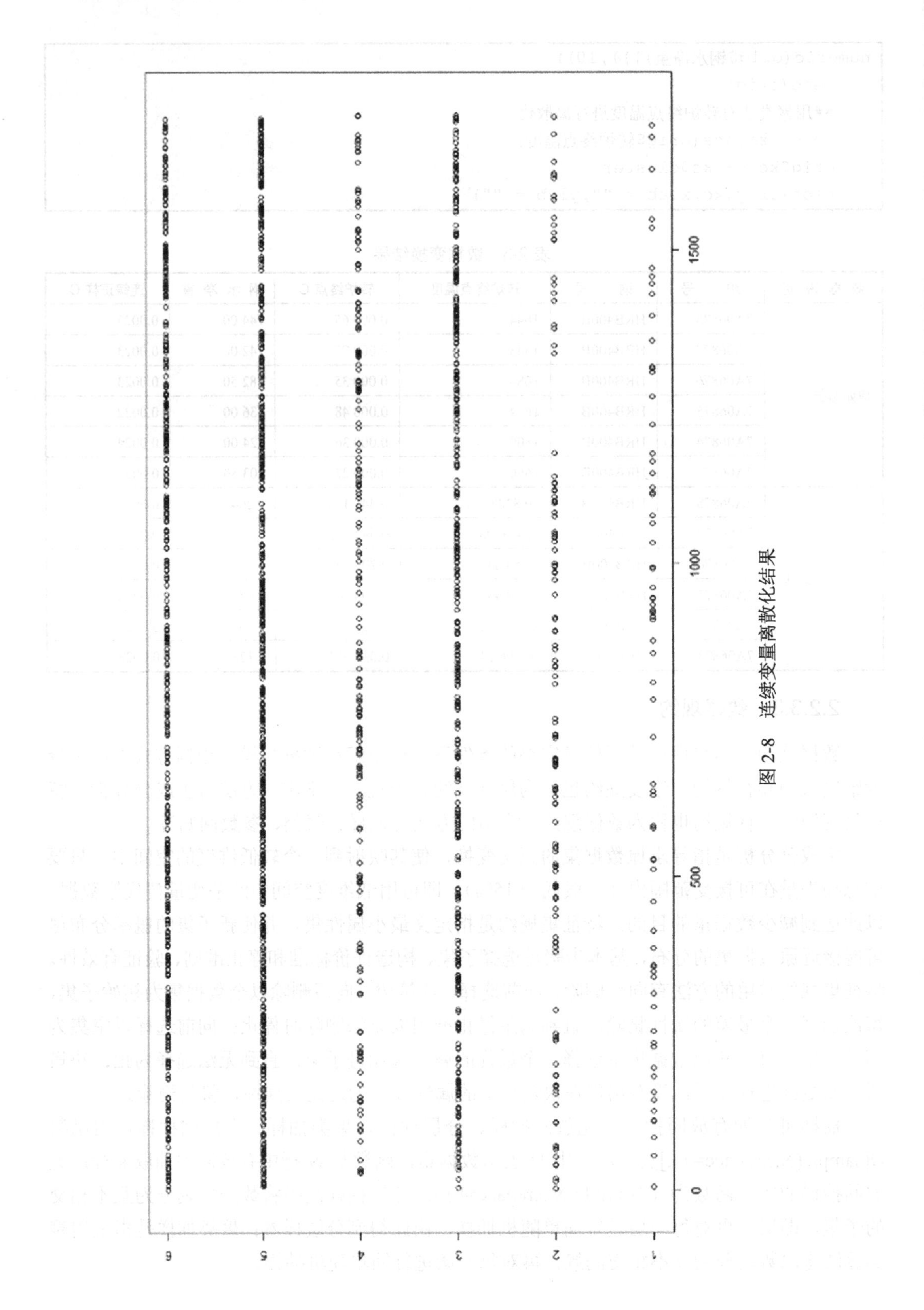

图 2-8 连续变量离散化结果

参数回归是指利用简单线性回归模型或对数线性回归模型，将多组数值用模型进行拟合，存储时即可用模型参数代替真实数据。R 中的拟合函数为 lm()，预测函数为 predict()。

2.3 模型简介

数据挖掘的主要目的是发现数据中蕴含的价值，帮助使用者做出正确的判断与决策，根据挖掘任务可以将模型分为分类模型和预测模型两大类。

分类模型是训练数据学习一个分类函数（分类器），通过该函数对测试数据或实际数据进行分类的模型。如果训练数据有分类类别，则为有监督的学习；如果训练数据没有分类类别，则为无监督的学习，该类模型常被称为聚类模型。常用的分类模型包括聚类模型、决策树、人工神经网络、关联规则分析模型、支持向量机、k 近邻分类器等。

预测模型是通过训练数据学习一个或多个变量间的函数关系，通过该函数对测试数据或实际数据进行预测或控制的模型。常用的预测模型包括回归模型、人工神经网络、因子分析模型、主成分分析模型等。

2.3.1 聚类模型

聚类分析是研究如何将研究对象（事物）按照特征综合分类的一种统计方法。聚类分析按照“物以类聚”的想法将对象分类，使得同一类对象的相似性高于该类对象与其他对象之间的相似性，也就是说聚类分析的基本思想是根据事物本身的特征研究个体的分类，使得同一类个体有较高的相似性，不同类个体的差异较大。根据聚类的方法不同可将聚类分为系统聚类法、动态聚类法、模糊聚类法、有序样本聚类法等，这里只介绍系统聚类法、动态聚类法中的 k 均值聚类法（也称为 k-means 聚类算法）。

系统聚类法又称为层次聚类法，其基本思想是距离近的变量（对象）先聚成一类，距离远的变量后聚成一类，重复此过程，每个变量都可以聚到合适的类中，主要步骤如下。假设共有 n 个变量，第一步，将 n 个变量各自看作一类，共有 n 类；第二步，计算各类间的距离，生成距离矩阵，将距离最小的两类合并为一个新类，共聚成 $n-1$ 类；第三步，计算新类与其他类之间的距离，生成新的距离矩阵，再将距离最小的两类合并为一个新类，共聚成 $n-2$ 类，重复以上步骤，每次减少一类，直到所有的变量合并为一类为止。最后绘制聚类图，根据聚类图进行分类并进行解释。

常用的变量之间的距离公式有欧氏距离公式、闵氏距离公式、切比雪夫距离公式、兰氏距离公式；在讨论变量之间的关系时也可用相似系数，常用的相似系数有夹角余弦、皮尔逊相关系数。

假设有 n 个变量，每个变量有 r 项指标，则观测数据为

$$X=\begin{bmatrix} x_{11} & x_{12} & \cdots & x_{1r} \\ x_{21} & x_{22} & \cdots & x_{2r} \\ \vdots & \vdots & & \vdots \\ x_{n1} & x_{n2} & \cdots & x_{nr} \end{bmatrix}$$

式中，x_{ij} 表示第 i 个变量第 j 项指标的观测值。

闵氏距离公式为

$$d_{ij}(q)=\left(\sum_{k=1}^{r}\left|x_{ik}-x_{jk}\right|^{q}\right)^{\frac{1}{q}}$$

当 $q=2$ 时，$d_{ij}(2)$ 为欧氏距离；当 $q=\infty$ 时，$d_{ij}(\infty)=\max\limits_{1\leqslant k\leqslant r}\left|x_{ik}-x_{jk}\right|$ 为切比雪夫距离公式。闵氏距离计算简便，但是该距离值与变量的量纲密切相关，各个变量在公式中的地位均等。

兰氏距离公式为

$$d_{ij}(L)=\frac{1}{r}\sum_{k=1}^{r}\frac{\left|x_{ik}-x_{jk}\right|}{x_{ik}+x_{jk}}$$

该公式只有在各项指标值非负时才有效，是对各分量标准化后得到的结果，对较大的奇异值不敏感，没有考虑各个变量间的相关性。

夹角余弦为

$$\cos\theta_{ij}=\frac{X_i'\cdot X_j}{\left|X_i\right|\left|X_j\right|}$$

式中，X_i 和 X_j 分别表示第 i 个和第 j 个变量的 r 项指标，$X_i'\cdot X_j=\sum\limits_{k=1}^{r}x_{ik}x_{jk}$，$\left|X_i\right|=\sqrt{\sum\limits_{j=1}^{r}x_{ij}^{2}}$。$\cos\theta_{ij}=1$，说明两个变量相似；$\cos\theta_{ij}$ 接近 1，说明两个变量高度相似；$\cos\theta_{ij}=0$，说明两个变量完全不一样。根据 $\cos\theta_{ij}$ 的取值，可以对变量进行分类。

皮尔逊相关系数为

$$r_{ij}=\frac{\sum\limits_{k=1}^{r}\left(x_{ik}-\overline{x_i}\right)\left(x_{jk}-\overline{x_j}\right)}{\sqrt{\sum\limits_{k=1}^{r}\left(x_{ik}-\overline{x_i}\right)^{2}\sum\limits_{k=1}^{r}\left(x_{jk}-\overline{x_j}\right)^{2}}}$$

式中，$\overline{x_i}=\frac{1}{r}\sum\limits_{k=1}^{r}x_{ik}$；$\overline{x_j}=\frac{1}{r}\sum\limits_{k=1}^{r}x_{jk}$。这里的 r_{ij} 实际上就是向量 $X_i-\overline{X_i}$ 和 $X_j-\overline{X_j}$ 的余弦相似系数，所以 $\left|r_{ij}\right|$ 的取值越接近 1，说明两个变量的相似性越好；$\left|r_{ij}\right|$ 的取值越接近 0，说明两个变量的相似性越差。

采用系统聚类法进行分析，除需要定义两个变量之间的距离以外，还需要定义两个类之间的距离，常用的类之间的距离有最短距离、最长距离、中间距离等。设 D_{ij} 表示类 G_i 与 G_j 之间的距离。

类 G_i 与 G_j 之间的最短距离就是指类 G_i 与 G_j 之间最近的两个变量之间的距离，即

$$D_{ij} = \min_{X_p \in G_i, X_q \in G_j} d_{pq}$$

类 G_i 与 G_j 之间的最长距离就是指类 G_i 与 G_j 之间最远的两个变量之间的距离，即

$$D_{ij} = \max_{X_p \in G_i, X_q \in G_j} d_{pq}$$

中间距离就是采用两个类之间的最短距离与最长距离之间的值作为两个类之间的距离。

采用系统聚类法对数据 2,3,3,4,5,9 进行聚类，第一步，运用切比雪夫距离公式计算各组数值之间的距离，距离矩阵如表 2-4 所示；第二步，将距离最小的 3,3 合并为一类；第三步，取最长距离计算新类与其他类的距离，新的距离矩阵如表 2-5 所示，将 2 并入 3,3 类，同时将 4,5 并为一类；第四步，重新计算各类的距离，将 2,3,3 类与 4,5 类并为一类；第五步，将所有变量并为一类，实现过程如图 2-8 所示。

表 2-4　距离矩阵

类　名	2	3	3	4	5	9
2	0	1	1	2	3	7
3	1	0	0	1	2	6
3	1	0	0	1	2	6
4	2	1	1	0	1	5
5	3	2	2	1	0	4
9	7	6	6	5	4	0

表 2-5　新的距离矩阵

类　名	2	3,3	4	5	9
2	0	1	2	3	7
3,3	1	0	1	2	6
4	2	1	0	1	5
5	3	2	1	0	4
9	7	6	5	4	0

当变量的个数很多时，采用系统聚类法计算量将会非常大，此时就需要采用动态聚类法，也称为逐步聚类法。常用的动态聚类法是 k-means 聚类算法。k-means 聚类算法的基本步骤：第一步，按照某种规则选择 k 个变量（样本）作为初始聚类中心，或者将所有变量分成 k 类，计算这些类的中心并将其作为初始聚类中心。第二步，计算每个变量到各个聚类中心的距离，将各个变量与距离最近的聚类中心分配到一类。第三步，重新计算各类的中心，如果聚类中心发生变化，则重复第二步；如果聚类中心没有变化，则结束聚类。

k-means 聚类算法的结果准确性依赖于初始聚类中心的选择，在实践中，可以采用不同的方法确定初始聚类中心，多次运行算法，以减小误差。

采用 k-means 聚类算法对重庆市各区县的消费及政府对公共事业的投入进行聚类，重庆市部分区的数据如表 2-6 所示。

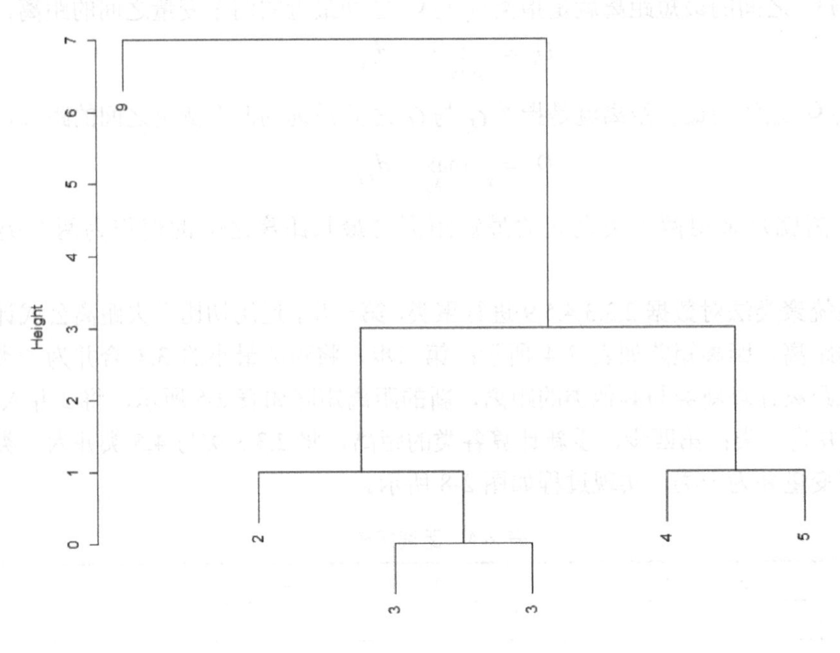

图 2-9 实现过程

表 2-6 重庆市部分区的数据

区	社会消费品零售总额/万元	居民人均可支配收入/元	居民人均生活消费支出/元	政府教育支出/元	政府医疗卫生和计划生育支出/万元	政府社会保障和就业支出/万元
万州区	3 588 806.868	26 405.5286	20 180.23	232 739	154 727	186 568
黔江区	1 031 748.12	19 824.499 86	14 080.26	115 506	59 991	52 825
涪陵区	2 953 455.621	26 715.041 03	21 423.31	171 015	135 485	125 319
渝中区	7 536 431.046	37 175.000 77	26 073.22	128 564	47 914	124 196
大渡口区	490 709.2465	34 590.515 24	25 096.73	62 473	23 748	33 110
江北区	5 244 440.833	35 884.059 61	24 264.49	138 522	55 885	79 495
沙坪坝区	3 828 937.239	34 719.8183	25 740.23	176 679	78 686	112 030

为了消除量纲对聚类的影响，先使各项指标标准化，再进行 k-means 聚类，实现代码如代码清单 2-5 所示，聚类结果如图 2-10 所示。由聚类结果可以看出，第一类是主城 9 个区，突出特点为社会消费品零售总额、居民人均可支配收入、居民人均生活消费支出较高，政府在社会保障和就业、医疗卫生和计划生育、教育方面的投入金额较低；第二类以合川区、永川区、江津区为代表，共 8 个区县，突出特点是政府在教育、医疗卫生和计划生育、社会保障和就业方面投入金额较高，社会消费品零售总额、居民人均生活消费支出低于第一类，居民人均可支配收入接近第三类；第三类是以潼南区、忠县、城口县为代表的较贫困区县，突出特点是政府在医疗卫生和计划生育方面提供了较好的保障，居民人均可支配收入、居民人均生活消费支出及政府教育支出、政府社会保障和就业支出都较低。

代码清单 2-5　重庆市各区县数据 k-means 聚类实现代码

```
##读取数据
citydata <- read.csv("../区县聚类.csv",header = T)
cer_citydata <- scale(citydata[,2:7])##使各项指标标准化
##聚为 3 类，随机选择初始聚类中心
km <- kmeans(cer_citydata,centers =3)
print(km)
##图形化展示聚类结果
max <- apply(km$centers,2,max)
min <- apply(km$centers,2,min)
kcen <- data.frame(rbind(max,min,km$centers))
library(fmsb)
radarchart(kcen)
```

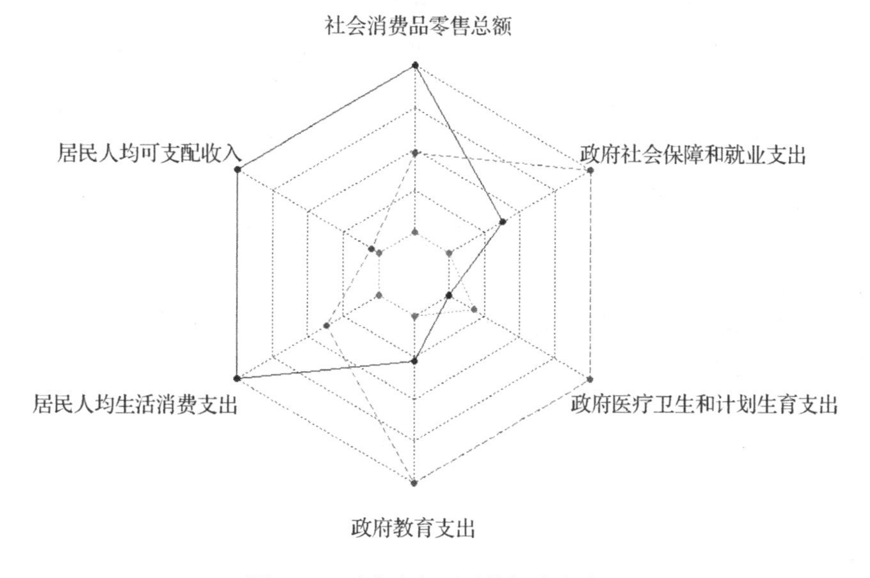

图 2-10　重庆市各区县数据聚类结果

2.3.2　回归模型

回归分析是研究因变量（目标变量）与自变量（解释变量）之间关系的定量技术，可分为一元回归分析和多元回归分析。一元回归分析是对两个变量之间的关系进行分析，如分析支出与收入之间的关系；多元回归分析是对三个或三个以上变量之间的关系分析，如分析支出与收入、商品价格之间的关系。根据选择的回归函数不同，又可将回归分析分为线性回归分析和非线性回归分析。线性回归是指两个或多个变量之间的关系可以通过线性组合进行描述；非线性回归是指两个或多个变量之间的关系不能通过线性组合进行描述，而表现为某种曲线模型。

一元线性回归模型可表示为

$$Y=\beta_0+\beta_1X+\varepsilon,\ \varepsilon\sim N\left(0,\sigma^2\right)$$

式中，X 为自变量；Y 为因变量；ε 为随机误差；β_0 和 β_1 为回归系数。根据样本对回归系数进行估计就是回归分析的主要任务，一般采用的方法为最小二乘法。

最小二乘法希望观测值 y 与估计值 $\hat{y}$ 之间的离差平方和达到最小，即 $\sum(y-\hat{y})^2=\sum\left(y-\hat{\beta}_0-\hat{\beta}_1x\right)^2$ 取到最小值，其中 $\hat{\beta}_0$ 和 $\hat{\beta}_1$ 为回归系数 β_0 和 β_1 的估计值。由此可以解得

$$\hat{\beta}_1=\frac{n\sum yx-\sum x\sum y}{n\sum x^2-\left(\sum x\right)^2}$$

$$\hat{\beta}_0=\frac{\sum y}{n}-\hat{\beta}_1\frac{\sum x}{n}$$

多元线性回归模型为

$$Y=\beta_0+\beta_1X_1+\beta_2X_2+\cdots+\beta_kX_k+\varepsilon\ ,\ \varepsilon\sim N(0,\sigma^2)$$

式中，$X_1,X_2,\cdots,X_k$ 为自变量；Y 为因变量；$\beta_1,\beta_2,\cdots,\beta_k$ 为待估计参数；ε 为随机误差。

只要有 n 组观测值，采用最小二乘法就可以得到待估计参数的估计值 $\hat{\beta}_1,\hat{\beta}_2,\cdots,\hat{\beta}_k$，记为 $\hat{\boldsymbol{\beta}}$。$\hat{\boldsymbol{\beta}}=(\boldsymbol{X'X})^{-1}\boldsymbol{X'Y}$，其中 $\boldsymbol{Y}$ 为因变量的观测值，$\boldsymbol{X}=[1,X_1,X_2,\cdots,X_k]$ 为 1 列单位向量与自变量观测值组成的矩阵。

不管是一元线性回归模型还是多元线性回归模型，在进行预测前都必须通过拟合优度检验、方程显著性检验、参数显著性检验。

在自变量的个数较多时，常常会用向前、向后、逐步回归法对变量进行选择；当变量之间或多或少存在一些相关性，即多重共线性时，可以通过剔除变量来消除多重共线性，也可以通过差分法减弱多重共线性，当然还可以采用岭回归改善多重共线性。

非线性回归模型是指不能通过变量代换转换为线性回归模型的模型，如 Holliday 模型：

$$Y=\left(\theta_1+\theta_2x+\theta_3x^2\right)^{-1}+\varepsilon$$

以及 Logistic 模型：

$$Y=\frac{\theta_1}{1+\exp\left(\theta_2-\theta_3^x\right)}+\varepsilon$$

对非线性回归模型感兴趣的读者可参考《近代非线性回归分析》（韦博成，东南大学出版社，1989）。

某化妆品公司想了解公司广告支出与销售额之间的关系，以便确定广告支出预算，其 2007—2016 年的广告支出与销售额数据如表 2-7 所示，数据的散点图如图 2-11 所示，由此可以看出广告支出与销售额有较好的线性关系，以销售额为因变量，以广告支出为自变量建立一元线性回归模型，可预测该公司广告支出对销售额的影响，代码清单 2-6 是该模型的实现代码。

表 2-7　某公司 2007—2016 年的广告支出与销售额数据

年份	2007	2008	2009	2010	2011	2012	2013	2014	2015	2016
销售额/万元	300	560	840	1020	1200	1050	1560	1800	2060	2080
广告支出/万元	10	30	40	60	80	50	100	120	150	130

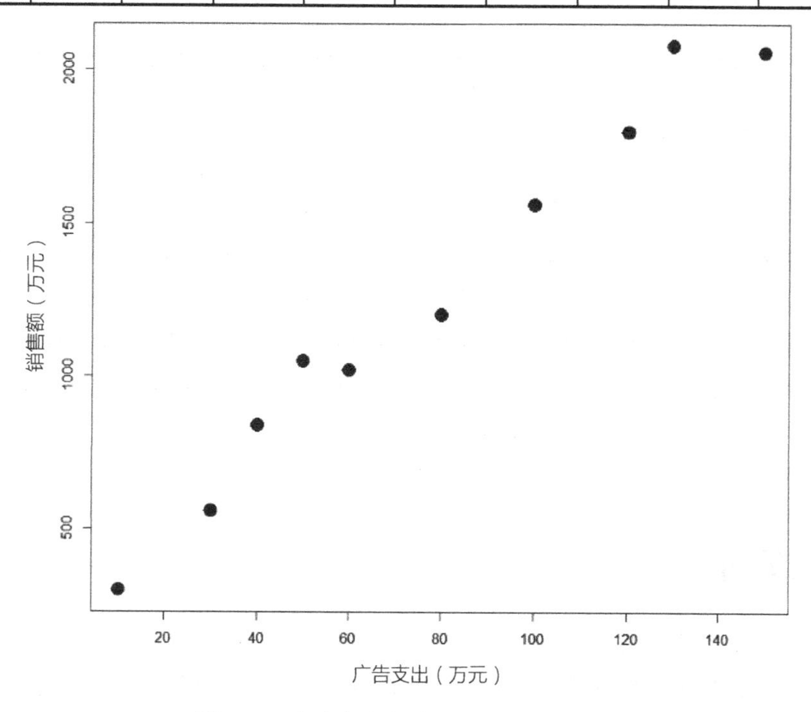

图 2-11　广告支出与销售额数据的散点图

代码清单 2-6　广告支出与销售额关系模型的实现代码

```
##录入数据
data <- matrix(c(300,560,840,1020,1200,1050,1560,1800,2060,2080,10,30,
40,60,80,50,100,120,150,130),nrow = 10,ncol = 2)
##绘制散点图
plot(data[,1]~data[,2],xlab="广告支出",ylab = "销售额",lwd=10)
##建立一元线性回归模型
lm <- lm(data[,1]~data[,2],data =as.data.frame(data))
##输出模型的统计信息
summary(lm)
coefficients(lm)
```

代码的运行结果如下：

```
Call:
lm(formula = data[, 1] ~ data[, 2], data = as.data.frame(data))

Residuals:
     Min       1Q   Median       3Q      Max
-133.692  -77.960   -5.589   58.304  153.146
```

```
Coefficients:
            Estimate  Std. Error  t value   Pr(>|t|)
(Intercept) 248.4345    66.3831     3.742   0.00569 **
广告支出     12.9684      0.7473    17.353   1.24e-07 ***
---
Signif. codes:  0 '***' 0.001 '**' 0.01 '*' 0.05 '.' 0.1 ' ' 1

Residual standard error: 104.7 on 8 degrees of freedom
Multiple R-squared:  0.9741,Adjusted R-squared:  0.9709
F-statistic: 301.1 on 1 and 8 DF,  p-value: 1.24e-07
```

由此可以看出，广告支出与销售额之间的一元线性回归模型为

$$\hat{y} = 248.4345 + 12.9684x$$

由该模型的决定系数 0.9741 及校正后的决定系数 0.9709 可以看出，该模型可以解释数据变动97.09%，说明该模型对数据的拟合程度很好；F 检验的 p 值远远小于 0.05，说明该模型显著；t 检验的 p 值小于 0.05，说明该模型的两个系数都是显著的，所以可以通过一元线性回归模型对公司的广告支出效应进行估计。

2.3.3 决策树

决策树是一种有监督的分类技术，这里所说的分类是指将变量对应分到预先给定的目标类中。决策树通过对含有类标记的训练数据集的学习，构建模型对未知数据进行分类，该模型是一种树形结构的判别树，树内部的非叶节点表示某个判别条件，每个分枝都是该判别条件的一个输出，每个叶节点就是一个类标记。信用卡还款情况可能的决策树如图 2-12 所示，其中男性、结婚、收入超过 3000 元都是判别条件。

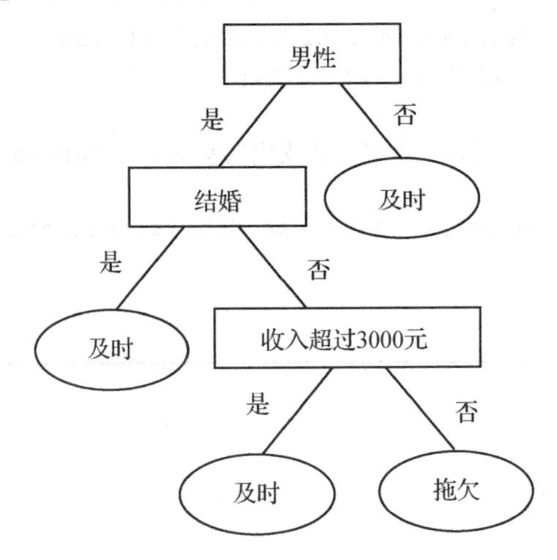

图 2-12　信用卡还款情况可能的决策树

决策树常采用贪心算法、深度优先递归算法构造判别条件，如有名的 ID3、C4.5 和 CART。设 D_t 是与节点 t 相关联的训练数据集，$y=\{y_1,y_2,\cdots,y_c\}$ 是类标记，如果 D_t 中所有的数据都属于同一类，则 t 为叶节点，标注为 y_t；如果 D_t 中包含多类数据，则选择一个判别条件（数据属性测试条件）将数据划分为较小的子集。对于判别条件的每个输出创建一个子女节点，并根据判别结果将 D_t 中的全部数据分到子女节点中，再对子女节点递归调用该算法。判别条件的选择、终止决策树生长的条件是决策树的两大要素。

ID3 是基于信息熵的决策树分类算法，以信息增益作为判别条件，以每个非叶节点都能获得最大信息增益为目标，使得系统的熵值最小，非叶节点到达各后代叶节点的平均路径最短，生成的决策树平均深度较小。

根据信息论中的信息熵理论，设 p_i 表示事件 $A=\{a_1,a_2,\cdots,a_n\}$ 中事件 $\{a_i\}$ 发生的概率，则事件 $\{a_i\}$ 与 A 的信息熵为

$$\mathrm{Inf}(a_i)=-\log_2 p_i$$

$$\mathrm{Entropy}(A)=-\sum p_i \log_2 p_i$$

设训练数据集 S 中包含 n 个样本数据，将样本数据划分成 r 个不同的类 C_i，C_i 中包含的样本数据个数为 n_i，则 S 的信息熵为 $E(S)=-\sum_{i=1}^{r} p_i \log_2 p_i$，其中 $p_i=\dfrac{n_i}{n}$。假设 B 为某属性，S_v 为由属性 B 划分为 v 类的数据子集，S_v 的信息熵为 $E(S_v)$，选择属性 B 后获取的信息熵记为 $E(S,B)$，令 $E(S,B)=\sum \dfrac{|S_v|}{|S|}E(S_v)$。属性 B 对训练数据集 S 的信息增益记为 $\mathrm{Gain}(S,B)$，$\mathrm{Gain}(S,B)=E(S)-E(S,B)$，$\mathrm{Gain}(S,B)$ 越大说明属性 B 对训练数据集提供的分类信息越多，分类效果就越好。

ID3 采用自上而下的搜索方式遍历所有的测试属性，也就是说从根节点开始，以信息增益为标准从各个节点选择测试属性。C4.5 是对 ID3 的改进，引入信息增益率以克服 ID3 中最大信息增益偏向于多值属性的特点。

CART 是基于最小 Gini 系数的决策树分类算法，当生成的决策树中某一非叶节点的子数据集大致属于一类时，采用多数表决的方式，将绝大多数数据所代表的类作为该节点的类标记，并将该节点变为叶节点。

2.3.4 人工神经网络

人工神经网络（Artificial Neural Network，ANN）是模拟人脑神经网络进行信息处理的一种数学模型。20 世纪 40 年代，神经解剖学、神经生理学及神经元的电生理过程等方向的研究取得突破性进展，人们在对人脑的结构、组成及基本工作单元的认识的基础上，采用数学和物理方法从信息处理的角度对人脑神经网络进行抽象并建立了简化模型，即人工神经网络。经过几十年的发展，人工神经网络理论已经广泛地应用于模式识别、自动控制、信号处理、辅助决策、人工智能等众多研究领域。

神经元是人工神经网络的基本工作单元，是一种多输入、单输出的基本信息处理单元。经典的 MeCulloch-Pitts 模型神经元结构示意图如图 2-13 所示，第 j 个神经元接收其他多个神经元的输入信号 X_i，W_{ij} 表示第 i 个神经元对第 j 个神经元的加权，利用运算 $\sum(X_1,X_2,\cdots,X_k)$ 将输入信号结合起来，得到的总效果称为“净输入”，常用 I_j 表示。I_j 将引发神经元 j 的状态变化，该变化的结果为神经元 j 的输出，记为 y_j，也就是说 y_j 为 I_j 的函数。

I_j 有多种表达形式，最简单的一种为线性加权求和，即 $I_j=\sum W_{ij}X_i$ 。MeCulloch-Pitts 模型中的输出函数为 $y_j=\text{sgn}(I_j-\theta_j)$，其中 θ_j 为阈值，sgn 为符号函数。神经元学习过程主要是调整 W_{ij} 的取值的过程。

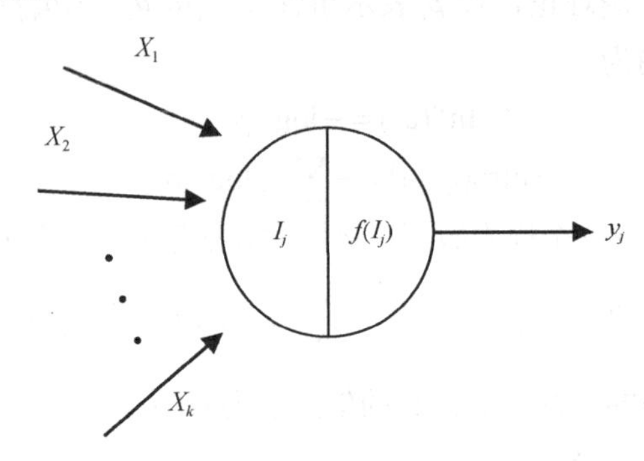

图 2-13　经典的 MeCulloch-Pitts 模型神经元结构示意图

人工神经网络由大量神经元相互连接组成，会显示出类似人脑的若干特征，具有初步的自适应与自组织能力。人工神经网络的学习能力主要体现在会根据数据环境调整各神经元 W_{ij} 的取值。

在人工神经网络的应用过程中，通常需要考虑 3 个方面的内容：神经元功能函数，神经元之间的连接形式，以及网络的学习。

神经元在输入信号作用下产生输出信号的规律由神经元功能函数给出，该函数也称为激活函数或转移函数，如 MeCulloch-Pitts 模型中的函数 $f(I_j)$。常用的激活函数有简单线性函数、对称硬限副函数、S 形函数等。

简单线性函数的表达式为 $f(x)=x$，其输出完全由净输入决定。

对称硬限副函数的表达式为 $f(x)=\text{sgn}(x-\theta)$，以阈值 θ 为强制分界点，净输入值超过阈值，输出值为+1；净输入值小于阈值，输出值为 -1。

S 形函数主要由双曲函数构成，单极性 S 形函数的表达式为 $f(x)=\frac{1}{1+\mathrm{e}^{-x}}$，其最大值、最小值分别为1、0。S 形函数及其导数都连续，在计算上具有一定的优势。

神经元之间的连接形式对人工神经网络的功能及性质有着非常重要的影响，典型的连接形式构成的网络有前向网络（前馈网络）、反馈网络两种。

一般来说，人工神经网络可以分为若干层，各层按信号传输的先后顺序依次排列，第

i 层神经元只接受第 $i-1$ 层神经元给出的信号，各神经元之间没有反馈，这样的人工神经网络为前向网络，其结构图如图 2-14 所示。从图 2-14 中可以看出，输入节点不具有计算功能，称为第 0 层。具有计算功能的节点称为计算节点，每个计算节点都有多个输入，但只有一个输出，可以将该输出送到下一层的多个节点作为输入。第 0 层后面的层依次称为第 1 层,第 2 层,…,第 n 层，由此构成 n 层网络。输入节点层与输出节点层称为可见层，中间层称为隐层，这些层的神经元称为隐节点。

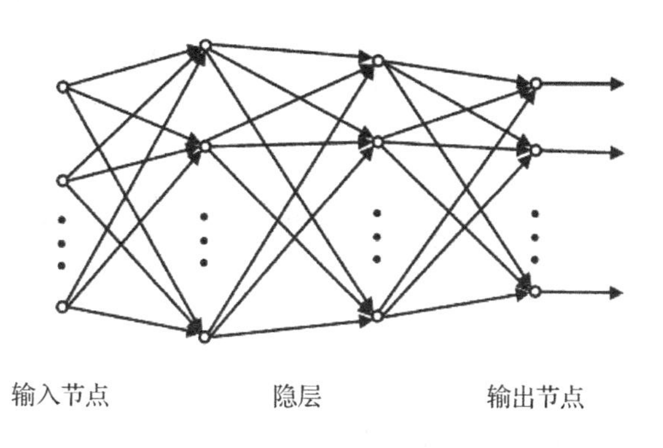

图 2-14 前向网络结构图

反馈网络的每个节点都是计算单元，都要接收外加输入和其他节点的反馈输入，也都会直接向外输出，如 Hopfield 网络。有些反馈网络中各节点除要接收外加输入及其他节点的反馈输入以外，还要接收自身反馈。一般来说第 i 个节点对第 j 个节点的反馈 W_{ij} 与第 j 个节点对第 i 个节点的反馈 W_{ji} 相等。

人工神经网络的学习也称为训练，是人工神经网络在外部环境的刺激下调整参数，适应外部环境的过程。最先被提出的一种学习规则为 Hebb 规则，在 Hebb 规则中，学习信号简单地等于神经元的输出，即 $y_j = f(I_j)$。权值的调整公式为

$$W_{ij}(t+1) = W_{ij}(t) + \eta y_j X_i \ \eta$$

式中，η 为学习效率。由调整公式可以看出，权值的调整量与输入、输出的乘积成正比，由此可知，Hebb 规则需要预先设置饱和值，以防止输入、输出符号一致时权值无限增加。

误差修正算法是一种常用的学习规则，其权值的调整随网络的输出误差变化而变化，主要包括 δ 学习规则、误差反向传播（Back Propagation，BP）学习规则、感知机学习规则等。

在给定样本的条件下，首先随机设置初始权值；假设 X_i 是对第 j 个神经元输入的第 i 个元素，W_{ij} 为对应的权值，期望输出 d_j，实际输出 y_j。δ 学习规则的权值调整公式为

$$W_{ij}(t+1) = W_{ij}(t) + \eta\left(d_j - y_j\right) f'(\boldsymbol{W}_j^{\mathrm{T}}\boldsymbol{X}) X_i$$

式中，$y_j = f(\boldsymbol{W}_j^{\mathrm{T}}\boldsymbol{X})$；$f'(\boldsymbol{W}_j^{\mathrm{T}}\boldsymbol{X})$ 为功能函数 $f(\boldsymbol{W}_j^{\mathrm{T}}\boldsymbol{X})$ 的导数。由此可以看出，δ 学习规则只对连续且可导的功能函数适用。

BP 神经网络是目前应用最为广泛的一种人工神经网络，是多层网络的“逆推”学习算法，由信号的正向传播与误差的反向传播两个过程组成。其结构与前向网络结构类似，X_i 表示网络输入，W_{ijk} 表示第 i 层第 j 个神经元到第 $i+1$ 层第 k 个神经元的权值；O_{ij} 表示第 i 层第 j 个神经元的输出；θ_{ij} 表示第 i 层第 j 个神经元的阈值；I_{ij} 表示第 i 层第 j 个神经元的总输入，N_i 表示第 i 层神经元的节点个数。

BP 神经网络向前传播算法：$I_{ij}=\sum_{k=1}^{N_{i-1}} O_{(i-1)k}W_{(i-1)jk}$，$O_{ij}=f\left(I_{ij}\right)=\frac{1}{1+\mathrm{e}^{-(I_{ij}-\theta_{ij})}}$；BP 神经网络的后退算法以最小平方误差为目标，即目标函数为 $E=\frac{1}{2}\sum_j(d_j-y_j)^2$。权值沿 E 函数梯度下降的方向修正：

$$W_{ijk}(t+1)=W_{ijk}(t)-\eta\frac{\partial E}{\partial W_{ijk}} \text{ 或者 } \Delta W_{ijk}=-\eta\frac{\partial E}{\partial W_{ijk}}\text{，} \quad 0<\eta<1$$

经计算可得，$\Delta W_{ijk}=\eta\delta_{ik}O_{ij}$，其中，

$$\delta_{ik}=\begin{cases}(d_k-y_k)y_k(1-y_k), & \text{第}i+1\text{层为输出层}\\ O_{(i+1)k}\left(1-O_{(i+1)k}\right)\sum_{h=1}^{N_{i+1}}\delta_{(i+1)h}W_{(i+1)kh}, & \text{第}i+1\text{层为隐层}\end{cases}$$

BP 神经网络的功能函数及误差调整目标使得该网络存在收敛速度慢、容易陷入局部极小值等缺陷，所以在实际应用时，常常会采用添加动量项、设置可变学习速度的方法进行改进。

2.3.5 关联规则分析模型

关联规则分析的目的是从大量的数据中挖掘出项目间有意义的联系或模式，帮助管理者明确事物属性之间的联系程度。关联规则分析是对潜在规则的挖掘，有助于管理者清楚事物的运行规律，并将规律应用于具体的实践工作，以便提高工作效率和顾客满意度等。项目间的联系或模式可以用关联规则或频繁项集的形式表示，因此该算法的关键就是要发现频繁项集，建立关联规则。

设某数据项目集为 $I=\left\{I_k\middle|k=1,2,\cdots,N\right\}$，$I$ 的子集称为项集；数据库中全部项集为 $L=\left\{L_i\middle|i=1,2,\cdots,m\right\}$，任意的 L_i 都满足 $L_i\subset I$。项集 X_i 的频率可表示为 $P(X_i)$，$P(X_i)=\frac{\|X\|}{\|L\|}$，其中 $\|X\|$ 表示 $X=\left\{L_k\middle|X_i\subset L_k\right\}$ 中元素的个数，$\|L\|$ 表示 L 中元素的个数，$P(X_i)$ 也称为项集 X_i 的支持度，即 Support(X_i)。

关联规则是指形如 $X_i\to Y_j$ 的蕴含表达式，其中 $X_i\subset I$，$Y_j\subset I$，$X_i\cap Y_j=\varnothing$，X_i 称为关联规则的前件，Y_j 称为关联规则的后件，此蕴含表达式表示 Y_j 随着 X_i 的出现而出现。通常采用支持度与置信度对关联规则进行筛选。

关联规则 $X_i \to Y_j$ 的支持度是指项集 $Z=\left\{Z_k \middle| X_i \subset Z_k, Y_j \subset Z_k\right\}$ 在 L 中所占的比例，记为 $\text{Support}\left(X_i \to Y_j\right)$，$\text{Support}\left(X_i \to Y_j\right)=\dfrac{\|Z\|}{\|L\|}=P(X_iY_j)$。关联规则 $X_i \to Y_j$ 的支持度越高，说明该规则出现得越频繁，若事先设定支持度的最小阈值为 min_sup，则称 $\text{Support}\left(X_i \to Y_j\right) \geqslant \text{min\_sup}$ 的规则 $X_i \to Y_j$ 为频繁项集，否则称其为非频繁项集。

关联规则 $X_i \to Y_j$ 的置信度是指 $Z=\left\{Z_k \middle| X_i \subset Z_k, Y_j \subset Z_k\right\}$ 在 $X=\left\{L_k \middle| X_i \subset L_k\right\}$ 中所占的比例，记为 $\text{Confident}\left(X_i \to Y_j\right)$，$\text{Confident}\left(X_i \to Y_j\right)=\dfrac{\|Z\|}{\|X\|}=\dfrac{P(X_iY_j)}{P(X_i)}=P(Y_j|X_i)$。关联规则 $X_i \to Y_j$ 的置信度越高，说明该规则的可信度越高，也就是说 X_i 的出现越容易引发 Y_j 的出现。若事先设定置信度的最小阈值为 min_conf，则称 $\text{Support}\left(X_i \to Y_j\right) \geqslant \text{min\_sup}$ 且 $\text{Support}\left(X_i \to Y_j\right) \geqslant \text{min\_conf}$ 的关联规则 $X_i \to Y_j$ 为强关联规则，否则称为弱关联规则。

关联规则分析的目的是找到所有的强关联规则，并对其进行合理的应用。找出强关联规则一般来说需要两个步骤：第一步，找到所有的频繁项集；第二步，从频繁项集中筛选出强关联规则。第一步需要遍历数据集中的全部项集，并且计算其支持度，进行大量的连接与计数，较为复杂，关联规则的挖掘算法多是对这一步骤的改造和完善，其中最为经典的是 Apriori 算法。

Apriori 算法是由 Agrawal 和 Srikant 等人于 1994 年提出的一种发现布尔型关联规则的算法，该算法处理的数据集是由多个二元属性构成的，也就是说每个属性只有两个取值，可以用“0”或“1”表示。Apriori 算法通过逐层搜索迭代的方法挖掘频繁项集，有连接步和剪枝步两个重要的步骤。连接步与剪枝步交替进行，以频繁项集的子集仍为频繁项集，非频繁项集的超集仍为非频繁项集为依据进行连接，以最小支持度阈值为依据进行剪枝。

连接步首先计算数据集中所有 1 项集（N 项集是指项集有 N 个项目）的支持度，剪枝步剪去支持度小于最小支持度阈值的项集，留下的全部 1 项集组成的频繁集记为 L_1；连接步将 L_1 中的任意两个元素 l_i、l_j 连接组成 2 项集，计算 2 项集的支持度，剪枝步剪去支持度小于最小支持度阈值的项集，留下的全部 2 项集组成的频繁集记为 L_2。对于全部频繁 k 项集组成的频繁集 L_k 中任意两个元素 l_i、l_j，若 $l_i - l_j=\{l\}$ 为 1 项集，则 l_i、l_j 可连接，连接后组成 $k+1$ 项集 l_{ij}，若存在 $k-1$ 项集 $l_{(i-1)i}$，$l_{(i-1)i} \subset l_i$ 且 $l_{(i-1)i} \cup \{l\} \notin L_k$，则剪去 $k+1$ 项集 l_{ij}，否则计算 l_{ij} 的支持度。若 $\text{Support}(l_{ij}) \geqslant \text{min\_sup}$，则 $l_{ij} \in L_{k+1}$，L_{k+1} 表示频繁 $k+1$ 项集组成的集合；若 $\text{Support}(l_{ij}) < \text{min\_sup}$，则剪去 $k+1$ 项集 l_{ij}。重复上述过程，直到不再有新的频繁项集为止。

某早餐店出售包子、馒头、油条、鸡蛋、豆浆、稀饭这 6 种商品，这 6 种商品记为 6 个项目，依次将各商品编号为 1、2、3、4、5、6。9 位客人的购买情况如表 2-8 所示，其中 T01,T02,…,T09 依次为 9 位客人的编号，每位客人的购买记录为一个项目集。

表 2-8　9 位客人的购买情况

顾 客 编 号	购买商品编号
T01	1、2、3、6
T02	1、2、6
T03	1、2
T04	1、4、6
T05	2、4、6
T06	4
T07	1、2、6
T08	1、4、6
T09	1、4、5

因为支持度的分母为项目集的总个数，所以可用各项目集的计数表示各项目集的支持度。设最小支持度阈值的计数为 1，采用 Apriori 算法挖掘频繁项集的步骤如下。

第一步，计算所有 1 项集的支持度，剪去计数小于或等于 0 的非频繁项集，得到频繁集 L_1，结果如图 2-15 所示。

1项集	计数
{1}	7
{2}	5
{3}	1
{4}	5
{5}	1
{6}	6

剪枝 →

1项集	计数
{1}	7
{2}	5
{4}	5
{6}	6

图 2-15　L_1 生成示意图

第二步，由 L_1 中的元素连接成 2 项集并计数，剪去计数小于或等于 0 的非频繁项集，得到频繁集 L_2，结果如图 2-16 所示。

第三步，由 L_2 中满足条件的元素连接成 3 项集并计数，如 L_2 中的元素 $\{1,2\}$ 和 $\{1,4\}$，因 $\{1,2\}-\{1,4\}=\{2\}$，$\{2\}$ 为单点集，可连接为 3 项集 $\{1,2,4\}$；但对元素 $\{1,2\}$ 和 $\{4,6\}$，因 $\{1,2\}-\{4,6\}=\varnothing$，所以 $\{1,2\}$ 和 $\{4,6\}$ 不可连接。连接步得到的 3 项集中 $\{1,2,4\}$ 和 $\{2,4,6\}$ 的子集 2 项集 $\{2,4\}\notin L_2$，需要删除，对剩余的 3 项集计数并剪枝，得到频繁集 L_3，结果如图 2-17 所示。

第四步，连接 L_3 中的元素得到 4 项集 $\{1,2,4,6\}$，因 $\{1,2,4\}\notin L_3$，故 $\{1,2,4,6\}$ 为非频繁项集，即 L_4 为空集，不可能再增加频繁项集，算法结束。

2项集	计数
{1,2}	7
{1,4}	3
{1,6}	5
{2,4}	1
{2,6}	4
{4,6}	3

剪枝 →

2项集	计数
{1,2}	4
{1,4}	3
{1,6}	5
{2,5}	4
{4,6}	3

图 2-16　L_2 生成示意图

L_2
{1,2}
{1,4}
{1,6}
{2,6}
{4,6}

连接 →

3项集
{1,2,4}
{1,2,6}
{1,4,6}
{2,4,6}

剪枝 → 计数

3项集	计数
{1,2,4}	3
{1,4,6}	2

图 2-17　L_3 生成示意图

$L_2 \cup L_3 \cup L_4$ 为早餐店的全部频繁项集，由此可得关联规则表，如表 2-9 所示，若设置最小置信度为 3/4，则可得强关联规则有 $2 \to 1$；$6 \to 1$；$2 \to 6$；$1,2 \to 6$；$2,6 \to 1$。这就表明买馒头的人有极大的可能性会买包子、稀饭，买稀饭的人也有极大的可能性会买包子，买包子、馒头的人有 3/4 的可能性买稀饭，买馒头、稀饭的人有 3/4 的可能性买包子。店主可以将这 3 类食品放在一起便于顾客选择，也可以为购买前件中食品的人推荐后件中的食品，达到提高销量的作用。

表 2-9　某早餐店的关联规则表

频繁项集	关联规则	置信度
{1,2}	$1 \to 2$	$\frac{4}{7}$
	$2 \to 1$	$\frac{4}{5}$
{1,4}	$1 \to 4$	$\frac{3}{7}$
	$4 \to 1$	$\frac{3}{5}$
{1,6}	$1 \to 6$	$\frac{5}{7}$
	$6 \to 1$	$\frac{5}{6}$

续表

频繁项集	关联规则	置信度
{2,6}	$2 \to 6$	$\frac{4}{5}$
	$6 \to 2$	$\frac{4}{6}$
{4,6}	$4 \to 6$	$\frac{3}{5}$
	$6 \to 4$	$\frac{3}{6}$
{1,2,6}	$1,2 \to 6$	$\frac{3}{4}$
	$1,6 \to 2$	$\frac{3}{5}$
	$2,6 \to 1$	$\frac{3}{4}$
{1,4,6}	$1,4 \to 6$	$\frac{2}{3}$
	$1,6 \to 4$	$\frac{2}{5}$
	$4,6 \to 1$	$\frac{2}{3}$

2.4 小结

本章简单介绍了数据挖掘流程、数据探索、数据预处理及几个常用模型，关于模型主要介绍了用于分类的聚类模型、决策树、人工神经网络，可进行预测的回归模型，发现潜在规则的关联规则模型。

参考文献

[1] 张良均，云伟标，王路，等．R 语言数据分析与挖掘实战[M]．北京：高等教育出版社，2015．

[2] 张良均，谢佳标，杨坦，等．R 语言与数据挖掘[M]．北京：高等教育出版社，2016．

[3] KABACOFF R I．R 语言实战[M]．王小宁等译．北京：人民邮电出版社，2017．

[4] ADLER J．R 语言核心技术手册[M]．刘思喆等译．北京：电子工业出版社，2014．

[5] 吴军．数学之美[M]．北京：人民邮电出版社，2014．

[6] TAN P N，STEINBACH M，KUMAR V．数据挖掘导论[M]．范明等译．北京：人民邮电出版社，2011．

[7] 李卫东．应用多元统计分析[M]．北京：北京大学出版社，2015．

[8] 符想花．多元统计分析方法与实证研究[M]．北京：经济管理出版社，2017.

[9] 杨红梅．决策树分类算法及其应用研究[D]．西安：西安理工大学，2016.

[10] 胡明明．决策树算法在学生课程成绩分析中的应用研究[D]．哈尔滨：哈尔滨师范大学，2019.

[11] 吴蓓．基于决策树算法的成绩预测模型研究及应用[D]．西安：西安理工大学，2019.

[12] 齐峰．人工神经网络模型的优化研究与应用[D]．济南：山东师范大学，2011.

[13] 覃光华．人工神经网络技术及其应用[D]．成都：四川大学，2003.

[14] 任祥旭．基于人工神经网络的高考分数线预测研究[D]．南昌：江西财经大学，2018.

[15] 牛志娟．基于人工神经网络预测与分类的应用研究[D]．太原：中北大学，2016.

[16] 胡艳翠．基于关联规则的数据挖掘算法研究[D]．大连：大连海事大学，2009.

[17] 吉祥．数据挖掘中关联规则的算法研究[D]．镇江：江苏科技大学，2019.

[18] 蔡银英．电子商务网站的个性化“混合”推荐服务[J]．重庆第二师范学院学报，2017，30（4）：122-126.

第 3 章　数据挖掘网站用户行为分析及网页智能推荐

3.1　背景与挖掘目标

全国大学生数据挖掘竞赛网站（www.tipdm.org）是一个致力于为高校师生提供各类数据挖掘资源、资讯和竞赛活动开展信息的综合性网站，高校师生可通过该网站获取所需的竞赛通知、教学资源、项目需求、培训课程等信息。此外，作为该网站的技术支持方，TipDM公司也希望能通过该网站及时知道访问者当前最关心什么、关注什么，以便对新推出的产品和服务快速做出调整和响应。

用户进入网站主页查找资源一般按不同类别栏目进入，再从细分栏目下寻找目标资源，但用户感兴趣的资源可能是跨类别的，自行寻找相对比较困难，此时需要网站提供推荐功能，推荐用户可能感兴趣的页面，便于用户快速找到所需资源。同时访问网站的用户很多，但不同用户群体感兴趣的内容不一样，适合推荐的服务也不一样，有的用户对数据挖掘领域不太熟悉，对相关的技术也不太熟悉，此时就需要提供相应的培训资源；有的用户寻求的是企业级的数据挖掘服务，希望找到数据挖掘在企业方面的应用，此时就需要提供相应的企业应用服务资源。对于网站而言，可结合用户访问网站的行为，挖掘出不同用户群体，推荐匹配的服务，提高用户留存率。

目前，网站上已有基于浏览热点的网页推荐，存在的问题是个性化不足。例如，在访问竞赛组织的导航页时，左侧有“看了又看”的网页推荐，如图 3-1 所示。

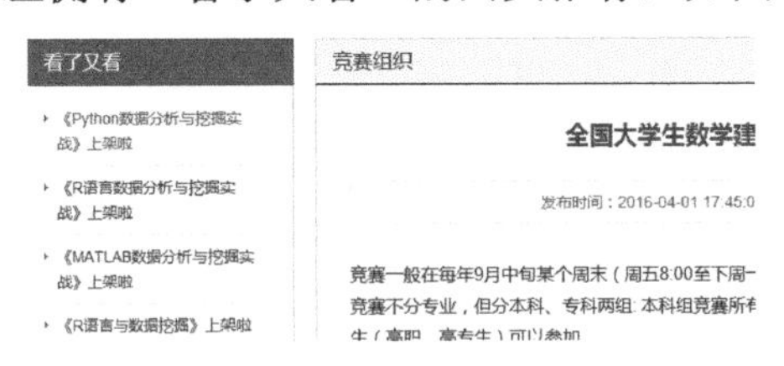

图 3-1　基于浏览热点推荐网页

当用户访问网站页面时，系统会记录用户访问网站的日志，部分用户访问网站的记录数据如图 3-2 所示。本案例选取 2016 年 7 月 14 日到 8 月 17 日的数据进行分析（数据详见./数据文件/ jc_content_viewlog.sql)。

图 3-2 中记录了用户 id、用户访问时域 id、用户 IP 地址、访问日期等多项属性，部分属性说明如表 3-1 所示。

id	content_id	page_path	userid	sessionid	ip	country	date_time
1	NA	/zytj/index.jhtml	NA	DE80E709835F8AB1A38196185B05FDBC	218.28.23.137	河南省郑州市	2016/7/14 18:33
2	NA	/zytj/index.jhtml	NA	ED095CA37DB28D1404124B4988CAFB9F	218.28.23.137	河南省郑州市	2016/7/14 18:33
3	NA	/xtxm/index.jhtml	NA	773F9B491EF1027B76698C489DEB9DB9	188.165.225.224	英国	2016/7/14 18:34
4	614	/notice/614.jhtml	NA	E32144406C1DEAB298FE4677846A449D	180.153.214.152	上海市	2016/7/14 18:35
5	626	/stpj/626.jhtml	NA	FBD4EB0F3E6390A493997B22B0DE51AD	180.153.206.20	上海市	2016/7/14 18:35
6	NA	/thirdtipdm/index.jhtml	NA	0430EF0B7E5CD8A3831E78290DD2CED3	111.206.36.19	北京市	2016/7/14 18:35
7	NA	/zytj/index.jhtml	NA	CDAFE54767E2AAEFEE513F48B161CCA4	218.28.23.137	河南省郑州市	2016/7/14 18:36
8	NA	/zytj/index.jhtml	NA	CDAFE54767E2AAEFEE513F48B161CCA4	218.28.23.137	河南省郑州市	2016/7/14 18:36
9	667	/jxsp/667.jhtml	NA	CDAFE54767E2AAEFEE513F48B161CCA4	218.28.23.137	河南省郑州市	2016/7/14 18:36
10	667	/jxsp/667.jhtml	NA	CDAFE54767E2AAEFEE513F48B161CCA4	218.28.23.137	河南省郑州市	2016/7/14 18:36
11	NA	/	NA	D934F705D6F30C2F4C9CF50C4AB4B19B	218.19.20.148	广东省广州市越秀区	2016/7/14 18:36
12	758	/notice/758.jhtml	NA	D934F705D6F30C2F4C9CF50C4AB4B19B	218.19.20.148	广东省广州市越秀区	2016/7/14 18:37
13	758	/notice/758.jhtml	NA	D934F705D6F30C2F4C9CF50C4AB4B19B	218.19.20.148	广东省广州市越秀区	2016/7/14 18:38
14	NA	/jszz/index.jhtml	NA	D934F705D6F30C2F4C9CF50C4AB4B19B	218.19.20.148	广东省广州市越秀区	2016/7/14 18:38
15	NA	/	NA	DCD646D8C7EC4A6B04A4C56B81BB1903	222.223.153.175	河北省衡水市	2016/7/14 18:44
16	758	/notice/758.jhtml	NA	DCD646D8C7EC4A6B04A4C56B81BB1903	222.223.153.175	河北省衡水市	2016/7/14 18:44
17	NA	/index.jhtml	NA	CDAFE54767E2AAEFEE513F48B161CCA4	218.28.23.137	河南省郑州市	2016/7/14 18:44
18	NA	/zytj/index.jhtml	NA	CDAFE54767E2AAEFEE513F48B161CCA4	218.28.23.137	河南省郑州市	2016/7/14 18:44

图 3-2　部分用户访问网站的记录数据

66	NA	/ts/index.jhtml	8738	CDAFE54767E2AAEFEE513F48B161CCA4	218.28.23.137	河南省郑州市	2016/7/14 19:08
67	NA	/zytj/index.jhtml	NA	DFDFF2464D61345CF23A1EA98FDBC3D8	120.199.254.65	浙江省	2016/7/14 19:08
68	578	/ts/578.jhtml	8738	CDAFE54767E2AAEFEE513F48B161CCA4	218.28.23.137	河南省郑州市	2016/7/14 19:08
69	661	/ts/661.jhtml	NA	DFDFF2464D61345CF23A1EA98FDBC3D8	120.199.254.65	浙江省	2016/7/14 19:08
70	NA	/index.jhtml	8763	E86837F86844EA4CD0E66A94F8415E2B	123.139.126.45	陕西省西安市	2016/7/14 19:08
71	769	/notice/769.jhtml	NA	47900F7212E716E9AFF46D18D485C440	116.17.127.15	广东省惠州市	2016/7/14 19:09
72	638	/sj/638.jhtml	NA	47900F7212E716E9AFF46D18D485C440	116.17.127.15	广东省惠州市	2016/7/14 19:09
73	757	/notice/757.jhtml	NA	74DAB38F4994EF953C032A1292E83739	183.202.170.250	中国	2016/7/14 19:09
74	NA	/zytj/index.jhtml	8763	E86837F86844EA4CD0E66A94F8415E2B	123.139.126.45	陕西省西安市	2016/7/14 19:09
75	747	/ts/747.jhtml	8763	E86837F86844EA4CD0E66A94F8415E2B	123.139.126.45	陕西省西安市	2016/7/14 19:09
76	NA	/zytj/index.jhtml	NA	E26F9ED7CE6047C63DECFA85B0D3DA3D	123.139.126.45	陕西省西安市	2016/7/14 19:09
77	747	/ts/747.jhtml	NA	E26F9ED7CE6047C63DECFA85B0D3DA3D	123.139.126.45	陕西省西安市	2016/7/14 19:09
78	693	/thirdtipdm/693.j html	NA	47900F7212E716E9AFF46D18D485C440	116.17.127.15	广东省惠州市	2016/7/14 19:10
79	641	/ts/641.jhtml	NA	5D6F1738402457F23250F294A2B9A418	42.156.254.3	美国	2016/7/14 19:10
80	574	/jmgj/574.jhtml	NA	139C1353A72034AC55FA0CC5B946196B	66.249.65.50	美国	2016/7/14 19:10
81	NA	/stpj/index.jhtml	NA	47900F7212E716E9AFF46D18D485C440	116.17.127.15	广东省惠州市	2016/7/14 19:10
82	769	/notice/769.jhtml	NA	47900F7212E716E9AFF46D18D485C440	116.17.127.15	广东省惠州市	2016/7/14 19:11

图 3-2　部分用户访问网站的记录数据（续）

表 3-1 部分属性说明

属性名称	属性说明	属性名称	属性说明
id	记录序号	browser_type	用户浏览器类型
content_id	浏览内容页序号	browser_version	用户浏览器版本
page_path	去掉 http://www.tipdm.org 后的网页链接	platform_type	用户计算机系统
username	用户名（注册用户）	platform_series	用户计算机系统版本系列号
userid	用户 id（注册用户）	platform_version	用户计算机系统版本
sessionid	用户访问时域 id	date_time	访问日期
ip	用户 IP 地址	mobile_type	用户的手机类型
country	用户所在国家及地区	agent	用户手机接入代理
area	网络服务商	uniqueVisitorId	用户识别码

依据上述原始数据，希望进行如下分析。

（1）总结用户访问网页的类别特征，将用户划分为不同群体；找到有培训需求的用户，以便公司拓展培训业务。

（2）挖掘用户的访问行为习惯，识别出用户在访问某些页面资源时可能感兴趣的其他资源，并进行智能推荐。

3.2 用户分群

3.2.1 用户分群的分析方法

选出 6 万多条记录数据，希望用这些数据分析关心网站的人群类别，以便为用户提供有针对性的个性化服务。对用户进行分群的方法有两种：一是根据网站网页的内容设置先给出用户的访问特征，再对用户进行分群；二是直接利用模型对用户进行分群，再总结出不同类型用户的浏览特征。

不管是哪种用户分群方法，都要先完成对用户的识别。数据中虽然有用户的 IP 记录，但是对 IP 记录进行统计分析后发现，访问量最大的 IP 记录 106.38.241.143 是来自美国加利福尼亚州玛瑞娜戴尔瑞市 IANA 的用户，并且在同一分钟内有 6 个不同的 sessionid，由此可以判断，IP 记录并不是用户的访问记录，不能用来识别用户。sessionid 是服务器对某一用户在连续时间段内访问网站所生成的识别码；uniqueVisitorId 是服务器根据用户的访问信息，自动生成的用户识别码，可以识别部分用户在不同时间段的访问，比 sessionid 的辨识度高；当然，对注册用户最好的识别码就是 userid。根据以上 3 个属性构造用户识别变量 user_id，若 userid 的值不为空就用 userid 作为用户的识别码；若 uniqueVisitorId 的值不为空就用 uniqueVisitorId 作为用户的识别码；若 userid、uniqueVisitorId 的值都为空就用 sessionid 作为用户的识别码。用户识别属性 user_id 的构造结果如表 3-2 所示。

表 3-2　用户识别属性 user_id 的构造结果

userid	sessionid	uniqueVisitorId	user_id
NA	CDAFE54767E2AAEFEE513F48B161CCA4	NA	8738
NA	CDAFE54767E2AAEFEE513F48B161CCA4	NA	8738
8738	CDAFE54767E2AAEFEE513F48B161CCA4	NA	8738
8738	CDAFE54767E2AAEFEE513F48B161CCA4	NA	8738
8738	CDAFE54767E2AAEFEE513F48B161CCA4	NA	8738
NA	E26F9ED7CE6047C63DECFA85B0D3DA3D	NA	E26F9ED7CE6047C63DECFA85B0D3DA3D
NA	A8B5EEA8BF816A49A6C1B9B29B8723F6	5ac38081-a18e-3a39-7db6-d9e2ebc0dcb3	5ac38081-a18e-3a39-7db6-d9e2ebc0dcb3
NA	A8B5EEA8BF816A49A6C1B9B29B8723F6	5ac38081-a18e-3a39-7db6-d9e2ebc0dcb3	5ac38081-a18e-3a39-7db6-d9e2ebc0dcb3
NA	408B953C9012E49AFBDFF0B89F91D16E	5ac38081-a18e-3a39-7db6-d9e2ebc0dcb3	5ac38081-a18e-3a39-7db6-d9e2ebc0dcb3

第一种用户分群方法是在与技术人员充分沟通后确定各个网页的分群属性，依此构造用户访问的特征，再对历史用户进行分群。第二种分群方法是在对数据进行必要的规约后，利用模型对用户进行分群，再分析用户的访问特征。

用户分群的总体流程如图 3-3 所示。

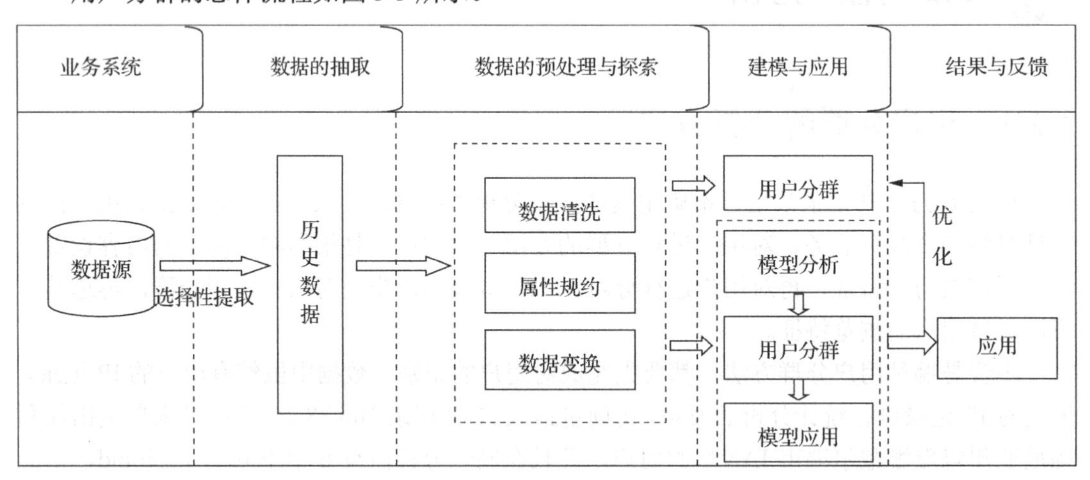

图 3-3　用户分群的总体流程

3.2.2　数据的抽取

选取 2016 年 7 月 14 日到 8 月 17 日的数据作为观测数据，共有 60 991 条记录数据，其中含有 id、content_id、page_path、username、userid、sessionid、ip、country、area、browser_type、browser_version、platform_type、platform_series、platform_version、date_time、mobile_type、 agent、uniqueVisitorId 共 18 个属性。考虑到本次挖掘的目标与 username、browser_type、browser_version、platform_type、platform_series、platform_version、mobile_type、agent 属性的关联性较低，故只抽取这 60 991 条记录数据中的 id、content_id、page_path、userid、sessionid、ip、country、area、data_time、uniqueVisitorId 这 10 个属性的记录数据形成历史数据。

原始数据通过用 MySQL-Front 软件将远程数据库中的数据读入本地数据库而获得，并保持文件名不变，仍为 jc_content_viewlog.sql。再采用 R 读取数据库的形式来进行数据的抽取，获得历史数据，操作代码如代码清单 3-1 所示。

代码清单 3-1 R 访问 MySQL 数据库的操作代码

```
rm(list=ls())
setwd("F:/timdp 数据挖掘")#设置工作空间
##访问 MySQL 数据库中的 jc_content_viewlog
#####加载 RMySQL 包
library(DBI)
require(RMySQL)
####建立 R 与 MySQL 数据库的连接
con <- dbConnect(MySQL(),host="127.0.0.1",port=3306,dbname = "caiyy",user=
"root",password="")
###修改此连接的编码为中文，只针对此连接有效
dbSendQuery(con,"set character_set_results= gbk")
dbSendQuery(con,"set character_set_connection= gbk")
dbSendQuery(con,"set character_set_database= gbk")
dbSendQuery(con,"set character_set_client= gbk")
##R 通过连接读取 id,content_id,page_path,userid,sessionid,ip,country,area,
date_time,uniqueVisitorId
con_query <- dbSendQuery(con,"select id,content_id,page_path,userid,
sessionid,ip,country,area,date_time,uniqueVisitorId from jc_ content_viewlog")
####提取查询到的数据，n=-1 代表提取所有数据，n=100 代表提取前 100 行数据
data <- dbFetch(con_query,n=-1)
##将提取的数据写入 data_origin.csv 文件
write.csv(data,"./data_origin.csv",row.names = F)
####关闭连接
dbDisconnect(con)
```

3.2.3 数据的预处理与探索分析

本节内容包括对历史数据的属性进行分析，删除冗余属性，构造用户的识别属性；分析网页类型、点击次数的统计规律，对数据进行必要的清洗。

3.2.3.1 数据规约

对用户分群的主要依据是用户浏览的网页内容（也就是用户的兴趣点）。围绕这一主题，发现 page_path 中已经含有 content_id 的相关信息，即 content_id 属性为冗余属性；ip 属性

中虽含有用户的登录信息，但同一个局域网的 IP 记录都相同，不能作为用户的识别属性；country、area 属性为无关属性，所以对这 4 条属性做删除处理。

3.2.3.2 属性构造

对用户分群必然要依赖用户的识别属性，原始数据中的属性都不能单独作为用户的识别属性，注册用户可用 userid 来识别，该属性的值只有在注册用户登录时才不为空；uniqueVisitorId 只能识别部分用户的反复登录；sessionid 可用于对任一用户一段连续时间内的登录进行记录。利用这 3 条属性，构造用户的识别属性 user_id。构造方法为：当 uniqueVisitorId 的值不为空时，就用 uniqueVisitorId 作为同一个 sessionid 用户的识别属性，若 uniqueVisitorId 的值为空，就用 sessionid 作为用户的识别属性；若 userid 的值不为空，就将同一个 sessionid 或 uniqueVisitorId 对应的用户识别属性值全部替换为 userid 的值，即用 userid 作为这部分用户的识别属性。

数据规约及属性构造的操作代码如代码清单 3-2 所示。

代码清单 3-2　数据规约及属性构造的操作代码

```
setwd("F:/timdp 数据挖掘")#设置工作空间
##利用 R 对数据进行预处理
##加载需要的包“plyr”
require(plyr)
#读取历史数据
data <- read.csv("data_origin.csv",header = T,stringsAsFactors = F)
##去掉 content_id，因为 content_id 与 path_page 中有重复的信息
data <- data[,-2]
####******说明 ip 地址不可作为用户身份的识别*********####
nip <- as.data.frame(table(data$ip))
max_ip <- nip[which.max(nip$Freq),]$Var1
data_max_ip_index <- which(data$ip==as.character(max_ip))
data_max_ip <- data[data_max_ip_index,]
n <- nrow(data_max_ip)
###end###占比最大的 IP 地址应该是美国客户的访问掩码
##删除无关属性、冗余属性
data <- data[,c("id","page_path","userid","sessionid","uniqueVisitorId")]
##构造用户识别属性 user_id
####当 uniqueVisitorId 的值不为空时，对同一个 sessionid 用户用 uniqueVisitorId 识别
data$user_id <-"NA"
data$tran <-"NA"#构造临时转换属性
#提取 uniqueVisitorId 的值不为空的行号
uniquevisitorid_index <- which(!data$uniqueVisitorId=="NA")
##提取 uniqueVisitorId 的值不为空的有相同 sessionid 值的所有数据
unique_sessionid <- data$sessionid[uniquevisitorid_index]
unique_sessionid_data <- data[which(data$sessionid%in%unique_sessionid),]
##对提取数据中的 sessionid 进行统计并将数据转换为数据框
```

```
unique_sessionid_table  <- as.data.frame(table(unique_sessionid_data
$sessionid))
##令同一个 sessionid 用户的 tran 值为 uniqueVisitorId 的值
for (i in 1:nrow(unique_sessionid_table)) {
  unique_index1 <- which(data$sessionid==unique_sessionid_table$Var1[i])
  unique_index2 <- which(!data$uniqueVisitorId[unique_index1]=="NA")
  value_user <- data$uniqueVisitorId[unique_index1][unique_index2]
  data$tran[unique_index1] <- value_user
}
##其余用户的 tran 值用 sessionid 的值来代替
NA_tran <- which(data$tran=="NA")
data$tran[NA_tran]<-data$sessionid[NA_tran]
##将 tran 与 useid 合并作为用户的识别属性（非注册用户用 tran 识别，注册用户用 userid
识别），具体操作方法与前面相同
unna_index <- which(!data$userid=="NA")
ses_trans <- data$tran[unna_index]
ses_trans_all_index <- which(data$tran%in%ses_trans)
ses_trans_data <- data[ses_trans_all_index,]
ses_trans_table <- as.data.frame(table(ses_trans_data$tran))
for (i in 1:nrow(ses_trans_table)) {
  index1 <-  which(data$tran==ses_trans_table$Var1[i])
  index2 <- which(!data$userid[index1]=="NA")
  use <- data$userid[index1][index2]
  data$user_id[index1] <- use
}
NA_user <- which(data$user_id=="NA")
data$user_id[NA_user] <- data$tran[NA_user]
##删除冗余属性
data <- data[,c("id","user_id","page_path")]
##将数据保存为 data.csv 文件
write.csv(data,"data.csv",row.names = F)
```

3.2.3.3　数据清洗

通过对数据进行探索分析，发现数据中存在 31 927 条记录数据的 user_id 只登录过一次，并且只浏览了一个页面的情况，这类用户可能是从其他的网站或搜索引擎转接到数据挖掘网站的，由于没有找到自己所关心或感兴趣的问题而直接退出（因为数据挖掘网站并不是一个知识性的咨询网站，所以基本不存在一个页面即可解决用户问题的情况）。这些用户可以看成是随意浏览网站的“闲逛人员”。对基于浏览内容的用户分群有一定的干扰作用，所以将这部分数据提取，作为“闲逛人员”类数据单独保存，也就是说在后期的用户分群数据中对这部分数据做删除处理。

通过对网页访问量的分析，发现访问量居前的 5 个网页的访问量占总访问量的 35.87%。特别是前两个网页，其访问量占总访问量的 23.92%（见表 3-3），通过网页链接发现两者都为数据挖掘网站的首页。这部分数据对用户分群及网页推荐都没有作用，做删除处理。

表 3-3 访问量居前的 5 个网页统计分析

访问量排名	网 页 链 接	网 页 类 型	占 比	访问量/条
1	www.tipdm.org/	网站首页	19.78%	12 066
2	www.tipdm.org/index.jhtml	网站首页，与访问量排名第 1 的为同一页面	4.14%	2527
3	www.tipdm.org/zytj/index.jhtml	资源栏目首页	4.05%	2469
4	www.tipdm.org/yxzp/index.jhtml	优秀作品首页	3.50%	2123
5	www.tipdm.org/ts/661.jhtml	网页：《Python 数据分析与挖掘实战》——图书配套资料下载	3.40%	2075
总数			35.87%	21 260

通过对网站页面的分析发现，网站的内容页面多以.jhtml 为后缀。对数据进行处理后发现，不以.jhtml 为后缀的页面只有 99 条记录，通过进一步的分析发现此类页面多为登录、注册、密码遗失、无效链接网页（见表 3-4），做删除处理。以.jhtml 为后缀的页面链接中部分含有“%”，如“/%E6%8F%90%E7%A4%BA%E3%80%81661.jhtml”形式的网页，为无效链接，同样需要删除。

表 3-4 不以.jhtml 为后缀的网页

id	user_id	page_path
1992	523D8E21543EBA2118C1651D31B8DB88	/stssys.htm
16946	E33C8883F450AECB5C55D557A47D5E48	/;locale=zh_CN
19043	8A86947FDD72C9EAD6165AFB5DBAF9BC	/;locale=zh_CN
24383	9185	/regist.jspx
24388	1D565B003660AB8BA590680F8D9CA890	/regist.jspx

3.2.3.4 数据变换

用户在访问网页的过程中可能存在翻页的情况，不同的网址属于同一类型的网页，如表 3-5 所示。在数据处理的过程中为了保留原始数据的特征，对翻页网址进行还原。

表 3-5 翻页网页

id	user_id	page_path
126	F7775D8CC3F5C93E01A505D726D72BBF	/stpj/index_3.jhtml
257	165699BD455F56B8784F9CBB5CC76482	/stpj/index_2.jhtml
279	2654	/yxzp/index_2.jhtml
361	2654	/stpj/index_2.jhtml
373	17E0B16B5CCDC7326EDD4918575A394D	/yxzp/index_4.jhtml

数据清洗与数据变换的操作代码如代码清单 3-3 所示。

代码清单 3-3　数据清洗与数据变换的操作代码

```
##数据清洗
data <- read.csv("./data.csv",header = T,stringsAsFactors = F)
#**如果user_id只登录过一次，则这类用户可认为是"闲逛人员"
#提取user_id只登录过一次的数据
sessionid_table <- as.data.frame(table(data$user_id))
sessionid_one <- sessionid_table[which(sessionid_table$Freq==1),]$Var1
###“闲逛人员”的数据
sessionid_one_data <- subset(data,(user_id%in%sessionid_one))
#删除user_id只登录过一次的数据
data_class <-subset(data,!(user_id%in%sessionid_one))
#将数据写入data_class.csv文件
write.csv(data_class,file="data_class.csv",row.names = F)
#***对网页的访问量进行分析***#
data <- read.csv("./data.csv",header = T,stringsAsFactors = F)
npage_path <- as.data.frame(table(data$page_path))#统计网页的访问量
sort_npage_path <- sort(npage_path$Freq,decreasing = T)#将访问量按降序排列
###说明访问量居前的5个网页的访问量占总访问量的35.87%
sum(sort_npage_path[1:5])/nrow(data)
length(sort_npage_path)
##获取访问量居前的5个网页的数据进行分析
headpage <-rep(0,5)
visitor_ratio <- rep(0,5)
page <- rep(0,5)
for (i in (1:5)) {
  visitor_ratio[i] <-sort_npage_path[i]/nrow(data)
  page[i] <- as.character.factor(npage_path[which(npage_path$Freq==
sort_npage_path[i]),]$Var1)
  headpage[i] <-paste0("www.tipdm.org",page[i])
}
#访问量居前的5个网页及其访问量占比
headpage_ratio <- data.frame( headpage,visitor_ratio)
##删除访问量居第一位的网站首页数据
page_one_index <- which(data$page_path==page[1])
#从网页的角度分析user_id只登录过一次的“闲逛人员”的部分数据
#page_one_data <- data[page_one_index,]
#page_one_data_all <- data[data$user_id%in%page_one_data$user_id,]
#page_one_data_sessionid <- as.data.frame(table(page_one_data_all$user_id))
#page_one_index_new  <-  page_one_data_sessionid[which(page_one_data_
sessionid$Freq==1),]
#class1_data_page_one <- data[data$user_id%in%page_one_index_new$Var1,]
```

```
##不论哪种用户，网站首页对用户的分群都没有作用，所以在 data 中删除这部分数据
data_new1 <- data[-page_one_index,]
#***对访问量居第二位的网页进行同样的操作
page_two_index <- which(data_new1$page_path==page[2])
#page_two_data <- data_new1[page_two_index,]
#page_two_data_all <- data[data$user_id%in%page_two_data$user_id,]
#page_two_data_sessionid <- as.data.frame(table(page_two_data_all$user_id))
#page_two_index_new <- page_two_data_sessionid[which(page_two_data_
sessionid$Freq==1),]
#class1_data_page_two <- data[data$user_id%in%page_two_index_new$Var1,]
#class1_data <- merge(class1_data_page_one,class1_data_page_two,all=T)
#class1_data <- merge(class1_data,sessionid_one_data,all=T)
#write.csv(class1_data,file = "闲逛人员.csv",row.names = F)
##删除访问量居第二位的网页的数据
data_new2 <- data_new1[-page_two_index,]
##删除数据中的冗余数据
##***对以.jhtml 为后缀的网页进行主题分析
data_new3_index <- grep("/.+\\.jhtml",data_new2$page_path)
#**其他后缀的网页，数量很少，可直接删除
data_new3_undo <- data_new2[-data_new3_index,]
data_new3 <- data_new2[data_new3_index,]##.jhtml 为后缀的网页
##删除链接中含有“%”网页，这类页面链接为无效链接
data_new3 <- data_new3[-grep(".+%.+",data_new3$page_path),]
#####**处理同一主题网页的翻页问题
##说明下画线后面没有非数字
page_turn_index_unnum <- grep("_\\D",data_new3$page_path)
##说明不存在两个下画线的页面
page_turn_index_undub <- grep("_.+_",data_new3$page_path)
page_turn_index_jht <- grep("_\\d+.jhtml",data_new3$page_path)
page_turn_data <- data_new3[page_turn_index_jht,]
##这两行的代码运行结果相同，说明数据中只存在翻页这种类型带下画线的网页
page_turn_index <- grep("_\\d+",data_new3$page_path)
page_turn_data <- gsub("_\\d+",'',data_new3$page_path)
data_new3$page_path <- page_turn_data
write.csv(data_new3,file = "data_new3.csv",row.names = F)
```

预处理后的数据如表 3-6 所示。

表 3-6 预处理后的数据

id	user_id	page_path
1	DE80E709835F8AB1A38196185B05FDBC	/zytj/index.jhtml
2	ED095CA37DB28D1404124B4988CAFB9F	/zytj/index.jhtml

续表

id	user_id	page_path
3	773F9B491EF1027B76698C489DEB9DB9	/xtxm/index.jhtml
4	E32144406C1DEAB298FE4677846A449D	/notice/614.jhtml
5	FBD4EB0F3E6390A493997B22B0DE51AD	/stpj/626.jhtml
6	0430EF0B7E5CD8A3831E78290DD2CED3	/thirdtipdm/index.jhtml
7	8738	/zytj/index.jhtml
8	8738	/zytj/index.jhtml
9	8738	/jxsp/667.jhtml
10	8738	/jxsp/667.jhtml

3.2.3.5　用户特征的提取

在与网站技术人员进行充分交流及对网站进行实践操作后，了解到数据挖掘网站网页具有如表 3-7 所示的特点，该网站共有 7 类导航栏目，每个栏目中又有不同的相关内容页面，网页链接的具体形式为“www.tipdm.org /内容页符号/具体内容页面.jhtml”。

表 3-7　网站的相关信息

栏目名称	栏目符号	分项符号及说明	备　注
竞赛组织	jszz	sm（全国竞赛组织）	
		jingsa（竞赛通知）	与 notice 重复页面、与 jmg 含相同页面
		td（泰迪数模）	
竞赛与评奖	stpj	qk（赛题下载）	
		notice（公告与通知）	与 jingsa 含相同页面
优秀作品	yxzp	fourthtipdm（第四届）	
		thirdtipdm（第三届）	
		secondtipdm（第二届）	
		firsttipdm（第一届）	
新闻动态	notices	sj（培训信息：实践）	
		news（新闻与动态）	含有培训信息
教学资源	zytj	jxsp（教学视频）	与 dsjkf 含相同页面
		ts（教学资源）	
		jmgj（建模工具）	
		information（案例教程）	
项目与招聘	xtxm	zxns（招聘信息）	招贤纳士
		wjxq（项目需求）	
创新与合作	cgal	kjxm（创新科技）	
		zzszl（赞助商专栏）	
		qyal（企业应用）	

依据浏览内容对用户进行分群，关键信息是网站内容页面的分项符号。为了提取关键信息，也就是提取 page_path 中“/”后的第一栏信息，再次对数据进行变换，形成以每个 user_id 访问页面的统计数据（稀疏矩阵）。实现步骤如图 3-4 所示。

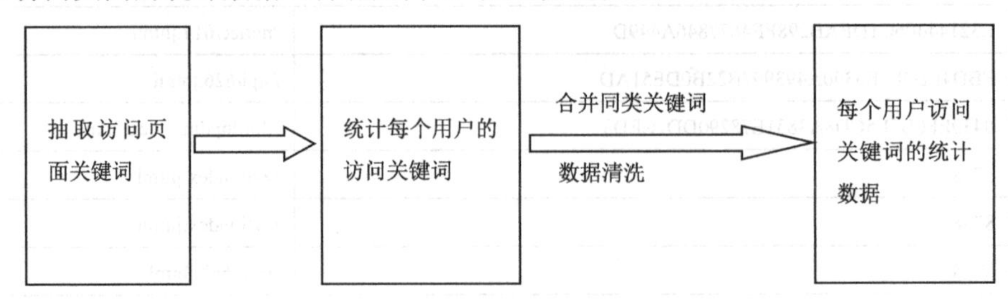

图 3-4　实现步骤

对关键词进行统计后发现，有 50 个数据没有被统计。这 50 个数据中有 15 个为空数据，11 个为“cookie.jhtml”或“611.jhtml”形式的无效链接数据，还有部分为网站测试数据。由历史数据进行分析发现，空数据实际上是网站首页的一种变形数据“www.tidpm.org//”，对用户分群与网页推荐都无影响，又因为数据量极小，所以对这部分数据做删除处理。

将提取用户特征后得到的数据保存为 keywords_data.csv 文件，如图 3-5 所示。

user_id	jszz	sm	td	stpj	qk	notice	yxzp	fourthtip
0007B3187	0	0	0	0	0	1	0	0
002FEB406	0	0	0	0	0	0	1	0
0098E213C	0	0	0	0	0	1	0	0
009989C65	0	0	0	0	0	3	1	0
00c0dcc4-	0	0	1	0	0	0	0	0
00c4f5d2-	0	0	0	0	2	0	2	3
00f45c72-	0	0	0	3	0	0	3	7
01143947-	0	0	0	0	0	24	0	0
01197756-	0	0	0	0	0	3	2	4
014ec3e4-	0	0	0	0	0	1	3	2
0192F51C9	0	0	1	0	0	0	0	0
01AE570B7	2	0	0	1	2	1	1	0
01B9ED7D7	0	1	0	0	0	1	0	0

图 3-5　提取用户特征后得到的数据

提取用户特征的实现代码如代码清单 3-4 所示。

代码清单 3-4　提取用户特征的实现代码

```
rm(list=ls())
setwd("F:/timdp 数据挖掘")
##读取网页清洗后的数据
data_class1 <- read.csv("data_new3.csv",header = T,stringsAsFactors = F)
##读取规约后的数据
data_class2 <- read.csv("data_class.csv",header = T,stringsAsFactors = F)
##选取两者都有的数据作为用户分群数据
```

```
data_class <- merge(data_class1,data_class2,all = F)
##提取网页中的关键词
sub_page <- strsplit(data_class$page_path,"/")
sub_page_keywords <- rep(0,length(sub_page))
for (i in 1:length(sub_page)) {
  sub_page_keywords[i] <- sub_page[[i]][2]
}
data_class$page_keywords <- sub_page_keywords
###用 user_id 统计网页的关键词，以便对用户分群
##统计 user_id 的访问页面
keywords_table <- tapply(data_class$page_keywords,data_class$user_id,table)
keywords_data <- matrix(0,length(keywords_table),30)
colnames(keywords_data) <- c('user_id',"jszz",'sm','td','stpj','qk','notice',
'yxzp','fourthtipdm',"thirdtipdm","secondtipdm","firsttipdm",'sj','news',
'zytj','jxsp','ts','jmgj','information','xtxm','zxns','wjxq','cgal','kjxm',
'qyal',"notices","jingsa","jmg","zzszl","dsjkf")
##对用户的访问关键词进行统计，并建立以各网页关键词为属性的数据框
keywords_data <- as.data.frame(keywords_data)
for (i in 1:length(keywords_table)) {
  keywords_data$user_id[i] <- names(keywords_table[i])
  for (j in 1:length(keywords_table[[i]])) {
  nam <- names(keywords_table[[i]][j])
  nam <- which(colnames(keywords_data)==nam)
  keywords_data[i,nam]<- keywords_table[[i]][[j]]
   }
}
#length(table(data_class$user_id))
##检查是否所有的用户关键词都被统计，没有统计的总数只有 50 个左右
##不再研究其网页特点，直接删除
subset(data_class$page_keywords,!data_class_new$page_keywords%in%colna
mes(keywords_data))
dim(keywords_data)
##通过对访问网页关键词的分析，注意到有重复信息的网页并对其进行合并处理
(colSums(keywords_data[2:30]))
keywords_data$notice <- keywords_data$notice+keywords_data$jingsa+keywords_
data$jmg
keywords_data$jxsp <- keywords_data$jxsp+keywords_data$dsjkf
keywords_data <- keywords_data[,-c(27,28,30)]
```

3.2.4　用户分群结果

3.2.4.1　先确定用户特征再分群

从数据挖掘网站网页的设置可以看出，该网站的主要服务群体为教师群体、学生群

体、培训人员、企业、同行人员。只需将用户群体分为以上 5 类即可使用户得到有针对性的服务。

有数据挖掘服务需求的企业相比其他群体更关注企业应用与创新科技，也就是创新与合作栏目的内容；同行人员更关注招聘信息与合作信息，即项目与招聘栏目的内容；培训人员对培训信息、教学资源、教学视频、案例教程等感兴趣，这一类用户往往希望更快捷地掌握相关的知识与技能，以便更好应用于工作与实践，应该更侧重于直接与培训者对话或接受培训，与教师、学生相比应该更关心相关的培训信息页面，即新闻动态栏目的内容；教师除关心学生所关心的内容以外，还要对整个赛事的进程有所了解与把握，所以会比学生更多地浏览全国竞赛组织、教学资源、建模工具、案例教程、培训信息、实践信息这些内容。

各类用户的特征如图 3-6 所示。

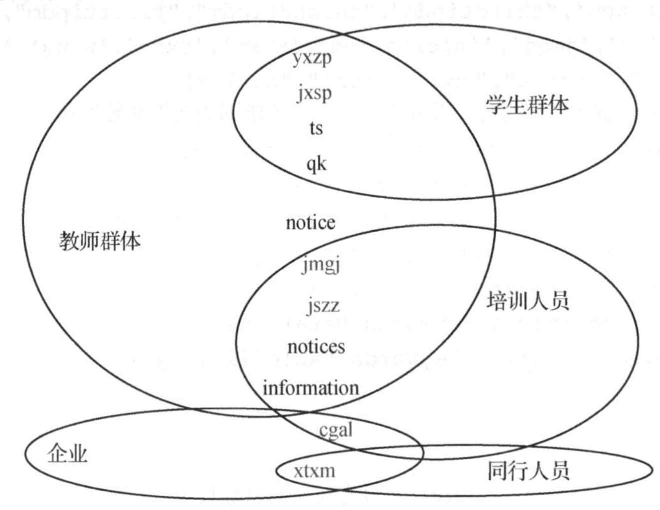

图 3-6 各类用户的特征

对数据进行分析后发现，访问 cgal 中 kjxm、qyal、zzszl 的只有 35 条记录。这 35 条记录中的用户对各类网页都有点击，极可能是网站的工作人员对网站进行维护与测试所产生的点击量，这说明网站对企业的宣传力度不够，寻求合作的企业极少，把这部分用户归类为“维护人员”，而不是之前计划的“企业”。

访问 cgal 的用户数远多于访问 cgal 各分支网页的用户数之和，这说明有部分用户对数据挖掘与企业合作是非常感兴趣的，但是 cgal 栏目的分支不能满足他们的需求。从网站的服务对象来看，这部分用户对数据挖掘感兴趣，但对相关企业不太了解，所以可认为这部分用户是需要数据挖掘相关培训的人员，即“培训人员”。

访问 xtxm 的用户多为与网站有合作意向的个人，可认为是“同行人员”。

分出以上三类用户后，其余的用户即可分为“教师群体”和“学生群体”。教师除关注学生关注的内容以外，还要对整个赛事的进程有所了解与把握，所以会比学生更多地浏览全国竞赛组织、教学资源、建模工具、案例教程、培训信息、实践信息等内容。由此构造区分教师群体与学生群体的属性 class_cor，class_cor 为 sm、td、notice、sj、news、ts、jmgj、information 访问量之和，对 class_cor 进行标准化后，大于零的数据就为“教师群体”；小于零的数据就为“学生群体”。

用户分群实现代码如代码清单 3-5 所示。

代码清单 3-5　用户分群实现代码

```
rm(list=ls())
setwd("F:/timdp 数据挖掘")
keywords_data <- read.csv("keywords_data.csv",header = T,stringsAsFactors = F)
##有部分网页的访问记录少于 35 条，这些记录可认为是网站的工作人员对网站进行维护与测试
##所产生的，所以把这部分用户归类为“维护人员”
kjxm_index <- which(!keywords_data$kjxm==0)
kjxm_data <- keywords_data[kjxm_index,]
qyal_index <- which(!keywords_data$qyal==0)
qyal_index_1 <- subset(qyal_index,!qyal_index%in%kjxm_index)
qyal_data <- keywords_data[qyal_index_1,]
zzszl_index <- which(!keywords_data$zzszl==0)
zzszl_index_1 <- subset(zzszl_index,!zzszl_index%in%kjxm_index)
zzszl_index_2 <- subset(zzszl_index_1,!zzszl_index_1%in%qyal_index_1)
zzszl_data <- keywords_data[zzszl_index_2,]
class2_data <- merge(kjxm_data,qyal_data,all = T)
class2_data <- merge(class2_data,zzszl_data,all=T)
write.csv(class2_data,"维护人员.csv",row.names = F)
##由上面代码可以看到维护人员对各个网页都有点击
#删除已分群的数据
keywords_data <- keywords_data[-kjxm_index,]
keywords_data <- keywords_data[-qyal_index_1,]
keywords_data <- keywords_data[-zzszl_index_2,]
keywords_data <- keywords_data[,-c(24,25,27)]
##有培训需求的“培训人员”
cgal_index <- which(!keywords_data$cgal==0)
cgal_data <- keywords_data[cgal_index,]
write.csv(cgal_data,"培训人员.csv",row.names = F)
keywords_data <- keywords_data[-cgal_index,-23]
##访问 xtxm 的人可认为是有合作意向的个人，将访问 xtxm,zxns,wjxq 的人归类为“同行人员”
xtxm_index <- which(!keywords_data$xtxm==0)
xtxm_data <- keywords_data[xtxm_index,]
zxns_index <- which(!keywords_data$zxns==0)
zxns_data <- keywords_data[zxns_index,]
wjxq_index <- which(!keywords_data$wjxq==0)
wjxq_data <- keywords_data[wjxq_index,]
class4_data <- merge(xtxm_data,zxns_data,all=T)
```

```
    class4_data <- merge(class4_data,wjxq_data,all=T)
    write.csv(class4_data,"同行人员.csv",row.names = F)
    ##删除已经分群的数据
    keywords_data_index <- subset(keywords_data$user_id,!keywords_data$user_
id%in%class4_data$user_id)
    keywords_data  <- keywords_data[keywords_data$user_id%in%keywords_data_
index,]
    keywords_data <- keywords_data[,c(-20,-21,-22)]
    ##构建教师与学生的分群指标
    keywords_data$class_cor  <-  keywords_data$sm+keywords_data$td+keywords_
data$notice+keywords_data$sj+keywords_data$news+keywords_data$ts+keywords_
data$jmgj+keywords_data$information
    #对 class_cor 进行标准化
    keywords_data$class_scale <- scale(keywords_data$class_cor)
    #class_scale 大于零认为是教师群体，小于零认为是学生群体
    class5_data <- keywords_data[which(keywords_data$class_scale>=0),]
    class6_data <- keywords_data[which(keywords_data$class_scale<0),]
    write.csv(class5_data,"教师群体.csv",row.names = F)
    write.csv(class6_data,"学生群体.csv",row.names = F)
```

3.2.4.2 先对用户分群再总结群类特征

用户数据中没有专家样本（训练样本），对用户分群需要采用聚类的方法来完成。根据网站面向的服务对象，采用 k-means 聚类算法将用户分成 5 类。对数据预进行处理后得到的 keywords_data.csv 属性过多，数据过于稀疏，聚类结果特征不明显。按照网站导航页面的设置，将 keywords_data.csv 属性按导航栏目进行变换，即将 jszz、sm、td、notice 合并为 jszz；将 stpj、qk 合并为 stpj；将 yxzp、fourthtipdm、thirdtipdm、secondtipdm、firsttipdm 合并为 yxzp；将 notices、news、sj 合并为 notices；将 zytj、jxsp、ts、jmgj、information 合并为 zytj；将 xtxm、zxns、wjxq 合并为 xtxm；将 cgal、kjxm、qyal、zzszl 合并为 cgal。

采用 k-means 聚类算法对用户进行分群的代码如代码清单 3-6 所示。

代码清单 3-6　采用 k-means 聚类算法对用户进行分群的代码

```
    rm(list = ls())
    setwd("F:/timdp 数据挖掘")
    #读取数据
    class_data <- read.csv("./keywords_data.csv",header=T,stringsAsFactors= F)
    #合并属性
    sumclass_data <-as.data.frame(matrix(0,nrow=3070))
    sumclass_data$jszz <- class_data$jszz+class_data$sm+class_data$td+
class_ data$notice
    sumclass_data$stpj <- class_data$stpj+class_data$qk
```

```
    sumclass_data$yxzp <- class_data$yxzp+class_data$fourthtipdm+
class_data$thirdtipdm+class_data$secondtipdm+class_data$firsttipdm
    sumclass_data$notices<- class_data$news+class_data$notices+class_data$sj
    sumclass_data$zytj <- class_data$zytj+class_data$jxsp+class_data$ts+
class_data$jmgj+class_data$information
    sumclass_data$xtxm <- class_data$xtxm+class_data$zxns+class_data$wjxq
    sumclass_data$cgal <- class_data$cgal+class_data$kjxm+class_data$qyal+
class_data$zzszl
    sumclass_data <- sumclass_data[,-1]
    #标准化数据
    cored_data <- scale(sumclass_data)
    #聚类分析
    result <- kmeans(cored_data,5)
    #查看聚类结果 result$size
    print(result)
```

k-means 聚类结果如表 3-8 所示。

表 3-8 k-means 聚类结果

聚类群号	聚类个数	聚类中心						
		竞赛组织	竞赛与评奖	优秀作品	新闻动态	教学资源	项目与招聘	创新与合作
1	84	0.90	2.43	3.63	0.11	0.09	−0.02	−0.04
2	2698	−0.12	−0.15	−0.14	−0.08	−0.15	−0.16	−0.12
3	3	18.85	13.05	4.34	23.53	14.63	10.47	22.57
4	9	6.79	5.66	3.23	5.56	5.65	8.45	3.93
5	276	0.51	0.39	0.14	0.32	1.05	1.15	0.86

第 3 类用户群的聚类只有 3 个，这 3 个用户对每个导航栏目都有较多的访问记录；第 4 类用户群的聚类只有 9 个，这 9 个用户对网站的访问次数虽然比第 3 类用户少，但对各个导航栏目有较均匀的访问记录，可以认为这两类用户实际上是网站的工作人员，即“维护人员”。这部分数据的存在对其他用户群的聚类有较大的影响，所以先删除这部分数据再对用户群进行 k-means 聚类。

如果用户群中用户数少于 15 个（因为第 1 次聚类的第 3 类用户群与第 4 类用户群的用户数之和为 12 个），则认为这部分数据为异常值，提取这部分数据单独进行分析；如果用户数少于 15 个的用户群数太多，则说明采用 k-means 聚类算法不合适，因此要将异常值控制在 60 个以下（用循环次数来限制）。优化 k-means 聚类算法的实现代码如代码清单 3-7 所示。

代码清单 3-7 优化 k-means 聚类算法的实现代码

```
    #将第 1 次聚类算法的聚类群号标注在数据中
    class_data$cluster <-  result$cluster
    k <- which.min(result$size)#最小用户群中的用户数
```

```
  i <- 1#聚类次数
  #最多进行 5 次聚类
  for (j in 1:4) {
  #如果最小用户群中的用户数少于 10 个，则进行聚类
  if (k< 10) {
   i <-i+1
  #属性归类
  class_data <- class_data[!(class_data$cluster==k),]
   sumclass_data <- as.data.frame(matrix(0,nrow=nrow(class_data)))
   sumclass_data$jszz <- class_data$jszz+class_data$sm+class_data$td +
class_data$notice
   sumclass_data$stpj <- class_data$stpj+class_data$qk
   sumclass_data$yxzp <- class_data$yxzp+class_data$fourthtipdm+
class_ data$thirdtipdm+class_data$secondtipdm+class_data$firsttipdm
   sumclass_data$notices<- class_data$news+class_data$notices+class_data$sj
   sumclass_data$zytj <- class_data$zytj+class_data$jxsp+class_data$ts+
class_data$jmgj+class_data$information
   sumclass_data$xtxm <- class_data$xtxm+class_data$zxns+class_data$wjxq
   sumclass_data$cgal <- class_data$cgal+class_data$kjxm+class_data$qyal+
class_data$zzszl
   sumclass_data <- sumclass_data[,-1]
   cored_data <- scale(sumclass_data)
   #聚类分析
   result <- kmeans(cored_data,5)
   class_data$cluster <-  result$cluster
   k <-  which.min(result$size)
   }
  print(i)#聚类次数
  result$size#用户群大小
  }
  #查看聚类结果 result$size
  print(result)
  #聚类结果图形化展示
  library(fmsb)
  max <- apply(result$centers,2,max)#计算最大值，"1" 为按行，"2" 为按列
  min <- apply(result$centers,2,min)
  dat <- data.frame(rbind(max,min,result$centers))  #rbind()数据按行合并
  #绘制雷达图
  radarchart(dat,seg = 5,vlcex=1,plwd=2,col=1:5,axistype = 4,axislabcol
=8)
  #添加图例
  legend('topright',c('用户群 1','用户群 2','用户群 3','用户群 4','用户群 5'),
```

```
    col = 1:5,lty=1:5,lwd=2,text.width=0.5,cex=0.7,box.col='white')
title(main = "网站用户分类特征")
```

对数据进行 4 次聚类后，得到的结果如表 3-9 所示。由表 3-9 可知，第 4 次聚类参加分群的数据共有 3047 条，也就是前 3 次聚类共删除了 23 条数据，这 23 条数据中含有第 1 次聚类后的“维护人员”，这些用户对网站的各个网页都有极高的点击量，可认为产生这 23 条数据的用户就是“维护人员”。

表 3-9　优化 k-means 聚类算法分群结果

聚类群号	聚类个数	聚类中心						
		竞赛组织	竞赛与评奖	优秀作品	新闻动态	教学资源	项目与招聘	创新与合作
1	750	0.85	0.15	−0.21	−0.24	−0.41	−0.04	−0.09
2	127	−0.16	−0.19	−0.02	0.16	3.41	0.33	0.15
3	1774	−0.47	−0.25	−0.14	−0.26	−0.08	−0.14	−0.18
4	227	−0.12	0.02	−0.04	2.38	−0.17	0.04	0.44
5	169	1.45	2.11	2.48	0.44	0.33	1.32	1.57

k-means 聚类与 4 次优化聚类的雷达比对结果如图 3-7 所示。

由 4 次优化聚类分群特征可以得出以下结论

用户群 1 对竞赛组织栏目有较高的点击量，同时非常关注竞赛与评奖、项目与招聘这两个栏目，这个群体应该是各个高校关注数据挖掘竞赛的教师。

用户群 2 对教学资源栏目有极高的点击量，同时关注项目与招聘、创新与合作这两个栏目，对竞赛组织、新闻动态也有一定的点击量。这个群体应该是关注数据挖掘的工作人员，希望能从网站上获取更多的相关资讯及知识，这是网站应该重点关注的可以开展培训业务的培训人员群体（重要客户）。

用户群 3 用户数高达 1774 个，但对各个栏目的点击量都不高，相对比较关注教学资源、优秀作品、项目与招聘这 3 个栏目，应该是网站的主要服务对象，即学生群体。

用户群 4 对新闻动态这个栏目有极高的点击量，同时关注创新与合作这个栏目，对竞赛组织、竞赛与评奖、项目与招聘也有一定的点击量。这部分用户应该是还没有开展数据挖掘竞赛相关实践课程的高校教师，需要较全面地了解数据挖掘竞赛的相关内容及实践课程。考虑到公司后期业务的开展，这部分用户也是网站应该重点关注的群体，即培训人员群体（重要客户）。

用户群 5 用户数有 169 个，对网站的各个栏目都关注较多，特别是对项目与招聘、创新与合作、竞赛组织、竞赛与评奖、优秀作品都有极高的点击量。这个群体对数据挖掘特别感兴趣，对新闻动态、教学视频的较低点击量说明用户对数据挖掘的相关资讯与知识比较熟悉，由此可将这部分用户看作同行人员群体。

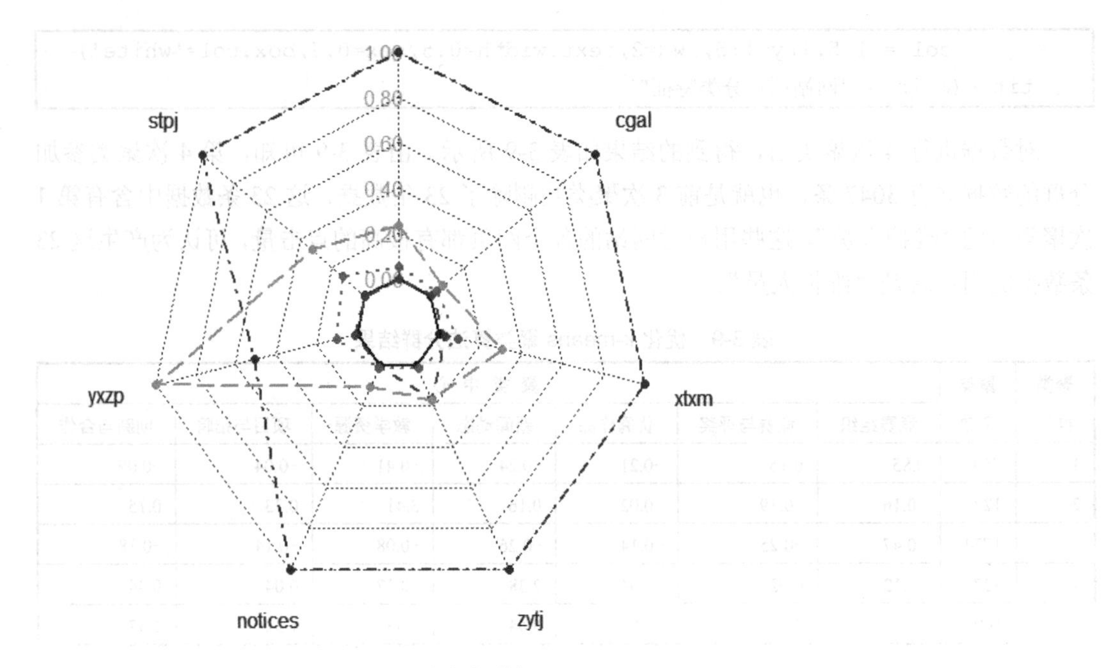

（a）k-means聚类分群特征

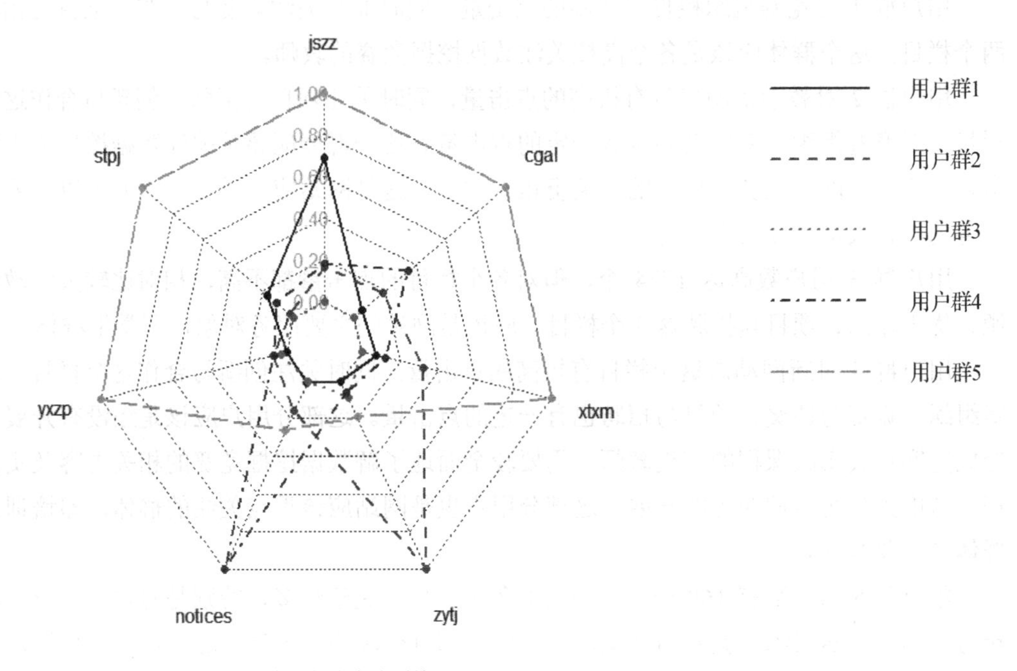

（b）4次优化聚类分群特征

图 3-7　k-means 聚类与 4 次优化聚类的雷达比对结果

3.2.4.3 两种分群方法的思考

第一种分群方法最初没有考虑到对教师群体分群，通过使用 k-means 聚类算法分群才注意到教师群体也需要分为两类：一类是对数据挖掘比较熟悉的用户；另一类是对数据挖掘感兴趣需要培训的用户。教师群体中的第二类用户是公司开展业务的重要客户。

通过 k-means 聚类算法每次得到的用户群体有部分差异，将其运行结果与第一种分群方法的结果结合，能得出更好的分群效果。

第一种分群方法中对教师群体继续分类，将两种分群方法结合生成重要客户的操作代码如代码清单 3-8 所示。两种分群方法都生成的重要客户是公司的优先服务对象，详细数据可查阅“最重要客户.csv”，其他用户为公司的重要客户，详细数据可查阅“大范围的重要客户.csv”。

代码清单 3-8 生成重要客户的操作代码

```
#读取教师群体数据
#第一种分群结果
teach_data <- read.csv("教师群体.csv",header = T,stringsAsFactors = F)
#读取分群数据
keywords_data <- read.csv("keywords_data.csv",header = T, stringsAsFactors
= F)
#提取 sj 属性不为零的用户
teacher_data <- subset(keywords_data,keywords_data$user_id%in%teach_
data$user_id)
redclass_data <-teacher_data[which(!teach_data$sj==0),]
redclass_data$cluster <- "教师培训"
redclass_data <- redclass_data[,c("user_id","cluster")]
#读取培训人员数据
#第一种分群结果
company_teach <- read.csv("培训人员.csv",header = T,stringsAsFactors = F)
company_teach$cluster <- "培训人员"
company_redclass <- company_teach[,c("user_id","cluster")]
#第一种分群方法得到的重要客户
redclass <- merge(redclass_data,company_redclass,all=T)
#读取 k-means 聚类算法的分群结果
Kclass_data <- read.csv("优化分群.csv",header = T,stringsAsFactors = F)
#提取教师群体中需要培训的用户数据
k_redclass <- Kclass_data[which(Kclass_data$cluster==4),]
#提取培训人员数据
k_company <- Kclass_data[which(Kclass_data$cluster==1),]
#简化数据
k_redclass <- k_redclass[,c("user_id","cluster")]
k_company <- k_company[,c("user_id","cluster")]
k_redclass$cluster <- "教师培训"
k_company$cluster <- "培训人员"
```

```
#k-means 聚类算法得到的重要客户
k_redclass <- merge(k_redclass,k_company,all=T)
colnames(k_redclass)[2] <-"k_cluster"
#两种分群方法得到的全部重要客户
red_data <- merge(redclass,k_redclass,all=T)
write.csv(red_data,'大范围的重要客户.csv',row.names = F)
#两种得到方法都分群的重要客户
red <- red_data[which(red_data$cluster==red_data$k_cluster),]
write.csv(red,"最重要客户.csv",row.names = F)
```

3.2.5 用户分群的应用

根据用户分群数据，可对用户群提供有针对性的、个性化的服务。为了促进公司培训业务的发展，需要加强与“最重要客户”群、“大范围的重要客户”群的联系，深入了解这部分客户的培训需求，开展相关业务。

从用户分群数据中可以看出，网站的多数用户为学生群体或对网站不太了解的用户，对各网页的点击量都不多，说明用户对数据挖掘相关内容感兴趣，但是在网站找不到或不想找自己感兴趣的内容。这说明网站的网页设置不够清晰，推荐不够合理。例如，网站首页大幅的广告栏占据了近二分之一的页面，还不能自动播放，需要用户点击才会更换广告；大面积的广告栏也使得首页没有任何有价值的推荐信息（这也许是导致一部分用户只登录了首页就退出的缘故）；首页有在线客服，但需要登录 QQ 才能进行交流，对关注数据挖掘的群体来说这并不是一个好的交流方式，最好能有一个真正的在线即时交流页面。

3.3 网页智能推荐

3.3.1 网页智能推荐的分析方法

本节的目标是挖掘用户的访问习惯，对其感兴趣的其他网页进行推荐，即以一定的方式将物品（网页）与用户建立联系。一般采用的方法有基于内容推荐、基于物的协同过滤推荐、基于关联规则推荐、基于知识推荐、基于效用推荐和组合推荐等。

对 6 万多条记录数据进行简单的分析后发现，网站的网页数明显少于用户数，所以首先想到的推荐方法是基于物的协同过滤推荐。然而网站注册用户的访问记录不到 1 万条，没有注册的用户的访问记录高达 5 万多条，只能将这 5 万多条记录的访问者作为新用户进行推荐。基于物的协同过滤推荐不能实现对新用户的推荐，由于原始数据有 6 万多条记录，所以对新用户基于关联规则进行推荐。还有部分用户只访问了网站的首页，没有进行其他点击，这些用户多是通过其他的搜索引擎进入网站的，没有在首页上找到自己感兴趣的内容而退出，所以网站首页的推荐链接对留住用户有非常重要的作用，首页的推荐采用热点推荐方法来实现。

根据上述分析方法，得到数据挖掘网站网页智能推荐的总体流程，如图 3-8 所示。分析过程主要包含以下内容。

- 获取用户访问网站的原始记录（网站用户分群已实现）。
- 对数据进行预处理，包括数据变换、属性规约、数据清洗等。
- 对比多种推荐方法，通过模型评价，选择较好的模型对注册用户进行预测，获得推荐结果；采用基于关联规则的推荐方法对新用户进行推荐；利用组合推荐方法给出网站首页、导航页面的推荐网页。

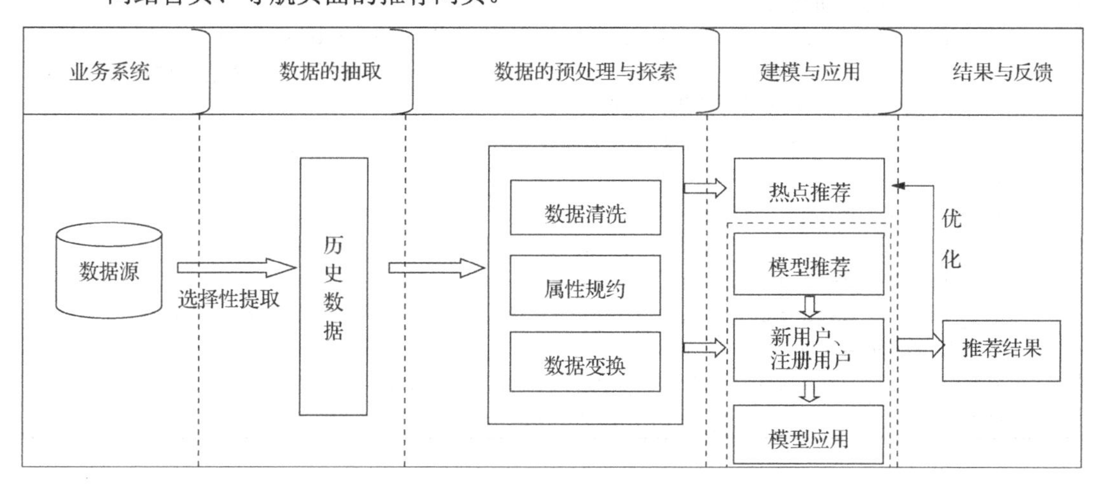

图 3-8　数据挖掘网站网页智能推荐的总体流程

3.3.2　数据的预处理

网页推荐的数据处理是在用户分群数据预处理的基础上进行的，用户分群数据预处理结果如图 3-9 所示。

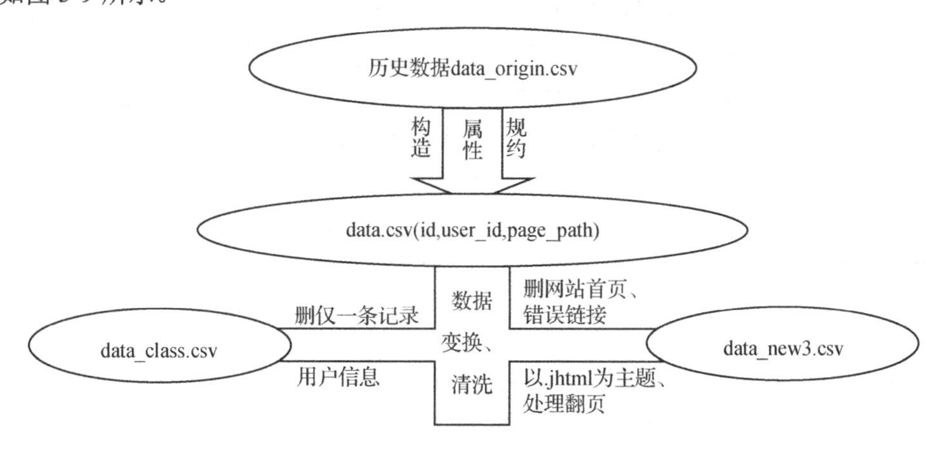

图 3-9　用户分群数据预处理结果

在用户分群数据中发现 data_new3.csv 中仍然有部分错误链接，继续对数据进行清洗。删除含//、/cookies.jhtml 及/后面是数字的网页，如/611.jhtml。

在对注册用户进行推荐时，数据中存在大量的导航页面（目录网页），在进入推荐系统时，这些信息的作用不大，还会影响推荐结果，所以删除这部分数据。

清洗过后的数据中存在重复数据，当进入推荐系统时，这些信息不仅作用不大，还会影响推荐进程，占用内存，所以对数据做去重处理。

数据清洗、数据去重的操作代码如代码清单 3-9 所示。

代码清单 3-9　数据清洗、数据去重的操作代码

```
##读取删除网站首页的数据
data_rec <- read.csv("data_new3.csv",stringsAsFactors = F)
data_rec <- data_rec[,c("user_id","page_path")]##提取与推荐有关的属性
##删除二级链接，即不会推荐给用户的页面
second_link_index <- grep(".*/index.jhtml",data_rec$page_path)
second_link_data <- data_rec[second_link_index,]
##删除“/661.jhtml”这样的网页
rub_index <- grep("^/[0-9]{1,}\\.jhtml",data_rec$page_path)
data_rec <- data_rec[-rub_index,]
data_rec <- data_rec[which(!data_rec$page_path=="/cookie.jhtml"),]
#删除含//的网站首页
data_rec <- data_rec[which(!data_rec$page_path=="//"),]
data_rec <- ddply(data_rec,.(user_id,page_path),tail,n=1)#数据去重
```

3.3.3　组合推荐模型

3.3.3.1　网站首页推荐

通过对网站页面访问量的分析发现，网站首页的访问量高达 14 000 多条，约占网站总访问量的 23.9%。其中，有 8600 多条记录用户只访问了网站首页，没有访问其他页面，这部分用户约占总用户量的 1/4。这部分用户应该是对数据挖掘感兴趣，通过其他的搜索引擎进入网站首页的，但在网站首页没有找到自己感兴趣的内容而退出。为了留住新用户，提高用户对网站的点击率，对网站首页的推荐选择就显得至关重要。考虑到新用户多通过搜索引擎进入网站，即通过相关热点问题点击进入网站，对网站首页的推荐采用热点推荐方法。网站首页推荐实现代码如代码清单 3-10 所示。

代码清单 3-10　网站首页推荐实现代码

```
#读取数据
data <- read.csv("data.csv",header = T,stringsAsFactors = F)
##网站首页访问量分析
data_frist <- data[which(data$page_path=="/"|
data$page_path=="/index.jhtml"|data$page_path=="//"),]
nrow(data_frist)/nrow(data)
```

```
#只访问网站首页的用户量占总用户量的比例
data_all <- subset(data,data$user_id%in%data_frist$user_id)
frist_table <- as.data.frame(table(data_all$user_id))
length(which(frist_table$Freq==1))/length(table(data$user_id))
#读取预处理后的数据
data <- read.csv("data_new3.csv",header = T,stringsAsFactors = F,nrows
= F)
##删除二级链接（导航页面）
second_link_index <- grep(".*/index.jhtml",data$page_path)
data <- data[-second_link_index,]
##删除“/661.jhtml”这样的网页
rub_index <- grep("^/[0-9]{1,}\\.jhtml",data$page_path)
data <- data[-rub_index,]
data <- data[which(!data$page_path=="/cookie.jhtml"),]#删除无效链接
data <- data[which(!data$page_path=="//"),]#删除含//的网站首页
##获取网站首页推荐页面（热点推荐）
npage_path <- as.data.frame(table(data$page_path))
sort_npage_path <- sort(npage_path$Freq,decreasing = T)
##获取访问量居前的30个网页作为首页推荐
headpage <- rep(0,30)
visitor_ratio <- rep(0,30)
page <- rep(0,30)
freq <- rep(0,30)
for (i in (1:30)) {
  visitor_ratio[i] <-sort_npage_path[i]/nrow(data)
  page[i]   <-   as.character.factor(npage_path[which(npage_path$Freq==
sort_npage_path[i]),]$Var1)
  freq[i]   <-   npage_path[which(npage_path$Freq==sort_npage_path[i]),]
$Freq
  headpage[i] <- paste0("www.tipdm.org",page[i])
}
headpage_ratio <- data.frame( headpage,freq,visitor_ratio)
```

网站首页推荐结果的前5位网页如下。

www.tipdm.org/ts/661.jhtml。

www.tipdm.org/notice/757.jhtml。

www.tipdm.org/qk/729.jhtml。

www.tipdm.org/ts/654.jhtml。

www.tipdm.org/ts/785.jhtml。

其他结果参见“首页及导航页面推荐结果.txt”。

3.3.3.2　新用户（含非注册用户）推荐

对新用户的推荐没有个性化的历史数据可供借鉴，考虑到新用户是通过其他网站或搜索引擎的关键词进入网站的，所以采用基于关联规则的推荐方法对用户进行推荐。由于用

户第一次点击网页具有随机性，打开的可能是网站导航页面，也可能是含有具体信息的内容页面，所以基于关联规则分别对网站导航页面、内容页面进行推荐。

在使用关联规则前，还需要对数据做必要的变换与清洗。因为要对网站导航页面进行推荐，在推荐系统中不能删除二级链接（导航页面），所以用 data_new3.csv 来进行分析，只删除数据中的无效链接、首页即可；删除只有一次访问记录的数据，这部分数据不能对关联规则的产生提供帮助，还会影响运算速度；对数据进行去重，避免重复数据对结果产生影响；最后以 user_id 属性将数据转换成列表格式。基于关联规则的数据处理结果如表 3-10 所示。

表 3-10　基于关联规则的数据处理结果

序　号	结 果 展 示
1	$'0007B31872E60CA96F6C1EA691D92860' [1] "/notice/758.jhtml"
2	$'002FEB406FE36952303C29A0E0A7D7D2' [1] "/ts/661.jhtml" "/yxzp/index.jhtml"
3	$'00c4f5d2-0c71-822f-cd9e-b1b4cbe98501' [1] "/fourthtipdm/776.jhtml" [2] "/fourthtipdm/777.jhtml" [3]"/fourthtipdm/index.jhtml" [4] "/qk/729.jhtml" "/yxzp/index.jhtml"
4	$'00c0dcc4-d551-ce9a-d94c-0a6f1e8ca480' [1] "/td/723.jhtml" "/ts/654.jhtml"
5	$'009989C6596FD893B3E6993A22410D95' [1] "/notice/656.jhtml" [2] "/notice/743.jhtml" [3] "/notice/757.jhtml" [4]"/yxzp/index.jhtml"

基于关联规则的数据处理实现代码如代码清单 3-11 所示。

代码清单 3-11　基于关联规则的数据处理实现代码

```
#读取含有二级链接（导航页面）的数据
data <- read.csv("data_new3.csv",header = T,stringsAsFactors = F,nrows = F)
##删除“/661.jhtml”这样的网页
rub_index <- grep("^/[0-9]{1,}\\.jhtml",data$page_path)
data <- data[-rub_index,]
data <- data[which(!data$page_path=="/cookie.jhtml"),]#删除无效链接
data <- data[which(!data$page_path=="//"),]#删除含//的网站首页
##读取 data_class
data_class <- read.csv("data_class.csv",header = T,stringsAsFactors = F,nrows = F)
##推荐数据，删除只有一次访问记录的数据
data_path <- merge(data,data_class,all=F)
```

```
#数据去重
library(plyr)
data_path <- ddply(data_path,.(user_id,page_path),tail,n=1)
```

❑ 网站导航页面推荐

利用关联规则，得到的频繁项集中出现频率高的前 5 个网页略去网站首页地址 www.tipdm.org 后的访问路径为“/zytj/index.jhtml”“/yxzp/index.jhtml”“/ts/661.jhtml”“/stpj/index.jhtml”“/notice/757.jhtml”。频繁项集中出现频率高的前 20 个网页如图 3-10 所示。

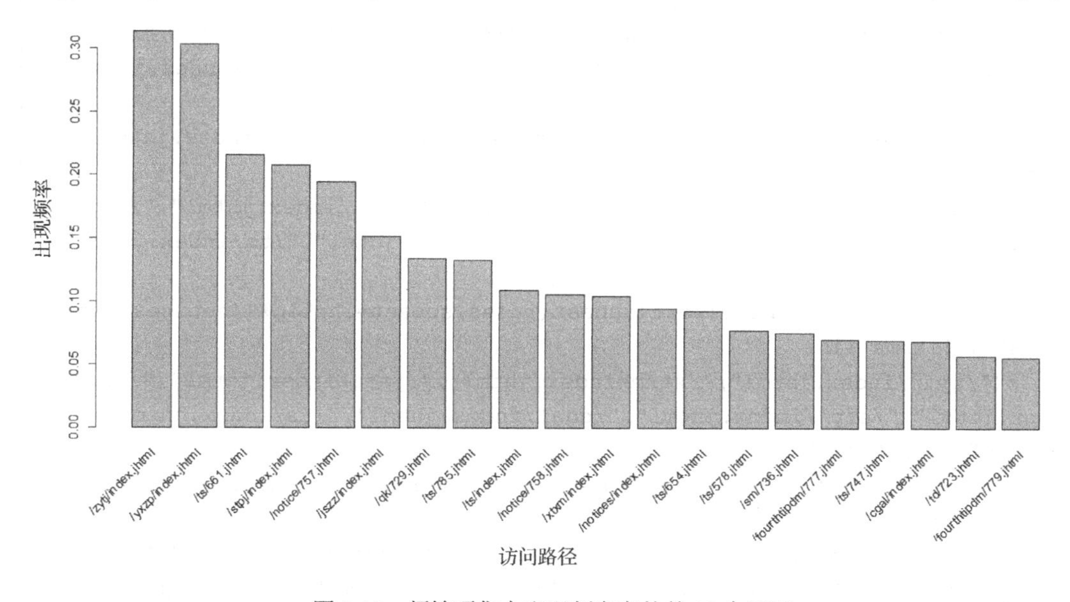

图 3-10　频繁项集中出现频率高的前 20 个网页

利用关联规则模型给出的前项中含有“/xtxm/index.jhtml”（后面所提到的网页地址都略去了网站首页地址 www.tipdm.org）的置信度最高的网页推荐为“/zytj/index.jhtml”，这显然不是希望出现的推荐页面。选择最小支持度为 0.01、最小置信度为 0.7 的关联规则模型进行推荐，并对推荐结果利用 subset()函数进行筛选，得到的前项中含有“/xtxm/index.jhtml”的置信度从高到低排列的前 5 项网页推荐分别为“/ts/654.jhtml”“/ts/661.jhtml”“/ts/747.jhtml”“/notice/757.jhtml”“/qk/729.jhtml”。个别没有推荐页面的用首页热点推荐页面来替代。详细的推荐结果参看“首页及导航页面推荐结果.txt”。导航页面推荐实现代码如代码清单 3-12 所示。

代码清单 3-12　导航页面推荐实现代码

```
#将数据转换成 transactions 格式
trans <- as(list_path,"transactions")
#关联规则模型
rules <- apriori(trans,parameter = list(support=0.01,confidence=0.7))
summary(rules)
#频繁项集中出现频率高的前 20 个网页
```

```
    itemFrequencyPlot(trans,support=0.01,topN=20)
    #选取前项中含有导航页面的关联规则
    jszz <- inspect(sort(subset(rules,subset=lhs%in%"/jszz/index.jhtml"&
!items %in%
    c("/zytj/index.jhtml","/xtxm/index.jhtml","/stpj/index.jhtml","/yxzp/i
ndex.jhtml","/notices/index.jhtml","/cgal/index.jhtml","/ts/index.jhtml")
),by="confidence")[1:5])
    stpj <- inspect(sort(subset(rules,subset=lhs%in%"/stpj/index.jhtml"&
!items %in%
    c("/zytj/index.jhtml","/xtxm/index.jhtml","/jszz/index.jhtml","/yxzp/i
ndex.jhtml","/notices/index.jhtml","/cgal/index.jhtml","/ts/index.jhtml")
),by="confidence")[1:5])
    yxzp <- inspect(sort(subset(rules,subset=lhs%in%"/yxzp/index.jhtml"&
!items %in%
    c("/zytj/index.jhtml","/xtxm/index.jhtml","/jszz/index.jhtml","/stpj/i
ndex.jhtml","/notices/index.jhtml","/cgal/index.jhtml","/ts/index.jhtml")
),by="confidence")[1:5])
    notices   <-   inspect(sort(subset(rules,subset=lhs%in%"/notices/index.
jhtml"& !items %in%
    c("/zytj/index.jhtml","/xtxm/index.jhtml","/jszz/index.jhtml","/yxzp/i
ndex.jhtml","/stpj/index.jhtml","/cgal/index.jhtml","/ts/index.jhtml")),b
y="confidence")[1:5])
    zytj <- inspect(sort(subset(rules,subset=lhs%in%"/zytj/index.jhtml"&
!items %in%
    c("/stpj/index.jhtml","/xtxm/index.jhtml","/jszz/index.jhtml","/yxzp/i
ndex.jhtml","/notices/index.jhtml","/cgal/index.jhtml","/ts/index.jhtml")
),by="confidence")[1:5])
    xtxm <- inspect(sort(subset(rules,subset=lhs%in%"/xtxm/index.jhtml"&
!items %in%
    c("/zytj/index.jhtml","/stpj/index.jhtml","/jszz/index.jhtml","/yxzp/i
ndex.jhtml","/notices/index.jhtml","/cgal/index.jhtml","/ts/index.jhtml")
),by="confidence")[1:5])
    cgal <- inspect(sort(subset(rules,subset=lhs%in%"/cgal/index.jhtml"&
!items %in%
    c("/zytj/index.jhtml","/jszz/index.jhtml","/stpj/index.jhtml","/yxzp/i
ndex.jhtml","/notices/index.jhtml","/xtxm/index.jhtml","/ts/index.jhtml")
),by="confidence")[1:5])
    ts <- inspect(sort(subset(rules,subset=lhs%in%"/ts/index.jhtml"& !items %in%
    c("/zytj/index.jhtml","/xtxm/index.jhtml","/jszz/index.jhtml","/yxzp/i
ndex.jhtml","/notices/index.jhtml","/cgal/index.jhtml","/stpj/index.jhtml
")),by="confidence")[1:5])
```

❑ 其他页面推荐

显然不能给访问其他页面的用户推荐一个导航页面（二级链接），所以需要删除导航页面。

关联规则模型中的最小支持度与最小置信度取值越大，事物之间的联系就越密切，满足条件的频繁项集也就越少。这两个参数的初始值一般结合业务经验给出，然后经过多次调整，获取与业务相关的关联规则结果。其他页面的关联规则推荐流程如图 3-11 所示。

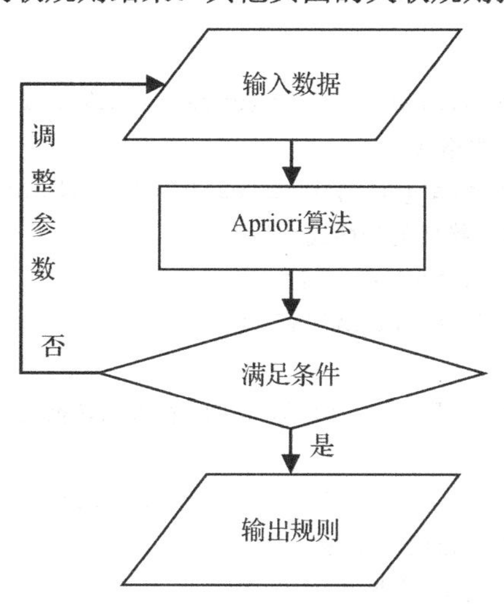

图 3-11　其他页面的关联规则推荐流程

本次推荐经过多次调整，选取模型输入参数为：最小支持度为 0.6%，最小置信度为 65%。推荐结果参见“非注册用户关联规则推荐结果.txt”。其他页面的关联规则推荐代码如代码清单 3-13 所示。

代码清单 3-13　其他页面的关联规则推荐代码

```
##建模前再次对数据进行预处理
#读取含有二级链接（导航页面）的数据
data <- read.csv("data_new3.csv",header = T,stringsAsFactors = F,nrows = F)
##删除二级链接，即不会推荐给用户的页面
second_link_index <- grep(".*/index.jhtml",data$page_path)
data <- data[-second_link_index,]
##删除“/661.jhtml”这样的网页
rub_index <- grep("^/[0-9]{1,}\\.jhtml",data$page_path)
data <- data[-rub_index,]
data <- data[which(!data$page_path=="/cookie.jhtml"),]#删除无效链接
data <- data[which(!data$page_path=="//"),]#删除含//的网站首页
##读取 data_class
data_class <- read.csv("data_class.csv",header = T,stringsAsFactors = F,nrows = F)
##推荐数据，删除只有一次访问记录的数据
data_path <- merge(data,data_class,all=F)
#数据去重
```

```
library(plyr)
data_path <- ddply(data_path,.(user_id,page_path),tail,n=1)
#建立关联规则
library(arules)
#转换数据格式
user_table <- as.data.frame(table(data_path$user_id))#统计 user_id
#将 data_path 转换成列表格式
list_path <- split(data_path,data_path[,2])#以 user_id 属性将数据重排
#以 user_id 属性将数据转换成列表格式
for (i in 1:nrow(user_table)) {
  list_path[[i]] <- list_path[[i]][[3]]
}
trans <- as(list_path,"transactions")#将数据转换成 transactions 格式
#关联规则模型
rules <- apriori(trans,parameter = list(support=0.005,confidence=0.65))
summary(rules)#查看规则的汇总信息
#频繁项集中出现频率高的前 20 个网页
itemFrequencyPlot(trans,support=0.01,topN=20)
#导出关联规则
sink("非注册用户关联规则推荐结果.txt")
inspect(sort(rules,by="confidence"))
sink()
```

3.3.3.3 注册用户推荐

对于注册用户可以基于历史数据对其进行网页推荐，也就是根据用户过去的浏览记录，为其推荐相似的网页。又因为网站的网页数明显比用户数少，所以采用基于物的协同过滤模型对用户进行推荐。

基于物的协同过滤模型使用 3.3.2 节数据的预处理部分的数据预处理结果对用户进行推荐，具体形式如表 3-11 所示。数据中用户行为是二元选择（有浏览、无浏览），所以采用杰卡德相似系数来计算物的相似度；推荐数据选择预处理后的全部 user_id 作为历史数据，丰富的历史数据（特别是用户的连续浏览数据）能极大地改善网页相似度的计算结果。

表 3-11　基于物的协同过滤模型使用数据

user_id	page_path
1015AD198D6DCE6EDF7204C4B9059A01	/sj/638.jhtml
1017476b-f667-1de7-470c-d7626ba72703	/notice/730.jhtml
1017476b-f667-1de7-470c-d7626ba72703	/sj/638.jhtml
1017476b-f667-1de7-470c-d7626ba72703	/ts/661.jhtml
1255	/notice/757.jhtml
1255	/notice/758.jhtml
1544	/qk/729.jhtml

❑ 模型推荐

模型推荐通过 R 自带的程序包 recommenderlab 来实现，得到推荐结果如表 3-12 所示。

表 3-12　基于物的协同过滤模型推荐结果

user_id	访问过的网页	推荐结果
1015AD198D6DCE6EDF7204C4B9059A01	/sj/638.jhtml	/ts/623.jhtml /ts/661.jhtml /ts/654.jhtml /ts/655.jhtml /ts/578.jhtml
1017476b-f667-1de7-470c-d7626ba72703	/notice/730.jhtml /sj/638.jhtml /ts/661.jhtml	/ts/785.jhtml /ts/747.jhtml /jxsp/667.jhtml /ts/755.jhtml /notice/757.jhtml
1255	/notice/758.jhtml /notice/760.jhtml /notice/765.jhtml /notice/769.jhtml	/fourthtipdm/779.jhtml /qk/729.jhtml /fourthtipdm/777.jhtml /sm/736.jhtml /ts/661.jhtml
0010DF6D36897805381F7EB6D386B221	/firsttipdm/422.jhtml	Null
1544	/qk/729.jhtml /sj/789.jhtml /ts/785.jhtml	/ts/786.jhtml /ts/755.jhtml /ts/661.jhtml /fourthtipdm/777.jhtml /ts/747.jhtml

由推荐结果可以看出，根据用户访问的相关网页对其进行推荐，推荐结果存在零条（Null）这种情况。这主要是因为访问该网页的用户只有一位，由此计算出该网页与其他网页的相似度为 0，从而出现无法推荐的情况。对这一类用户采用 3.3.3.2 节中基于关联规则的导航页面推荐结果进行推荐，即对用户 0010DF6D36897805381F7EB6D386B221 采用同类导航“/yxzp/index.jhtml”基于关联规则的推荐结果进行推荐。

❑ 模型评价

为了对比个性化推荐方法与非个性化推荐方法的结果，通过两种非个性化推荐方法[随机（Random）推荐方法、热点（Popular）推荐方法]和一种个性化推荐方法（基于物的协同过滤推荐方法）来对数据进行建模并对模型进行评价与分析。评价指标采用离线测试的方法来获取，选择准确率（P）、召回率（R）、真正率（TPR）、假正率（FPR）和 F_1 作为评价指标。F_1 指标值是 $2PR/(P+R)$，能综合考虑准确率与召回率，F_1 指标值越大说明推荐效果越好。

对 3 种推荐方法，选择不同 K 值（推荐个数，取 3、5、10、15、20）的情况下进行模型构建，得到准确率、召回率、真正率、假正率，并绘制出 ROC（真正率-假正率）曲线，如图 3-12 所示。由 ROC 曲线可以看出，不管 K 取何值，基于物的协同过滤推荐的真正率比其他两种非个性化推荐的取值都高，假正率比非个性化推荐的取值都低，这说明基于物的协同过滤推荐优于随机推荐与热点推荐。同时注意到随机推荐与热点推荐的假正率取值接近，但是随机推荐的真正率比热点推荐的真正率低得多，所以热点推荐优于随机推荐。

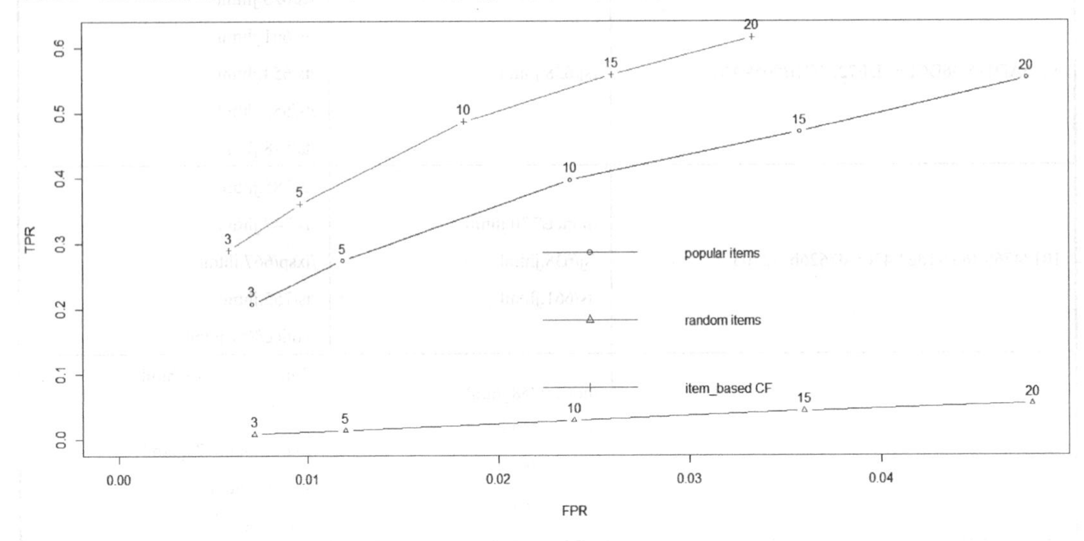

图 3-12 ROC 曲线

3 种方法的其他评价指标如表 3-13 所示。从表 3-13 中的数据也可以看出，3 种方法中基于物的协同过滤推荐方法推荐效果最好，热点推荐次之，随机推荐效果最差。不管是哪种方法，随着推荐数目的增加，参数准确率、F_1 指标值都呈下降趋势，这就说明随着推荐数目的增加，3 种推荐方法的推荐效果都会变差。这是因为数据中有极大一部分数据是由非注册用户所产生的，对非注册用户不能识别非连续的登录，使得网页的相似度不够好。

表 3-13 3 种推荐方法的其他评价指标

推荐方法	TP	FP	FN	TN	P	R	TPR	FPR	F_1
popular items 3	0.05	2.95	0.24	413.76	0.02	0.21	0.21	0.01	0.03
popular items 5	0.06	4.94	0.23	411.77	0.01	0.28	0.28	0.01	0.02
popular items 10	0.09	9.91	0.20	406.80	0.01	0.41	0.41	0.02	0.02
popular items 15	0.11	14.89	0.18	401.82	0.01	0.48	0.48	0.04	0.01
popular items 20	0.13	19.87	0.15	396.85	0.01	0.56	0.56	0.05	0.01
random items 3	0.00	3.00	0.28	413.72	0.00	0.01	0.01	0.01	0.00
random items 5	0.00	5.00	0.28	411.72	0.00	0.01	0.01	0.01	0.00
random items 10	0.01	9.99	0.28	406.72	0.00	0.02	0.02	0.02	0.00
random items 15	0.01	14.99	0.28	401.72	0.00	0.03	0.03	0.04	0.00
random items 20	0.01	19.99	0.27	396.73	0.00	0.05	0.05	0.05	0.00
item_based CF 3	0.06	2.45	0.23	414.26	0.02	0.29	0.29	0.01	0.04
item_based CF 5	0.08	4.00	0.21	412.71	0.02	0.36	0.36	0.01	0.03

续表

推荐方法	TP	FP	FN	TN	P	R	TPR	FPR	F_1
item_based CF 10	0.11	7.60	0.18	409.11	0.01	0.49	0.49	0.02	0.03
item_based CF 15	0.13	10.83	0.16	405.89	0.01	0.56	0.56	0.03	0.02
item_based CF 20	0.15	13.88	0.14	402.83	0.01	0.62	0.62	0.03	0.02

注：由于数据是通过程序计算得到的，部分数据存在误差。

基于物的协同过滤模型的构建及评价代码如代码清单 3-14 所示。

代码清单 3-14　基于物的协同过滤模型的构建及评价代码

```
library(registry)
library(recommenderlab)
library(plyr)
#基于物的协同过滤模型，转换数据格式
data_rec_scale <- as(data_rec,"binaryRatingMatrix")#将数据转换为模型可用数据
#建立基于物的协同过滤模型
d.recom <- Recommender(data_rec_scale,method="IBCF")
data_pre <- predict(d.recom,data_rec_scale,n=10)#利用模型进行推荐
##将推荐结果写入“注册用户推荐.txt”文件
sink("注册用户推荐.txt")
as(data_pre,"list")
sink()
#对模型进行评价
#将 3 种推荐方法形成一个列表
model_eva_list <-list("popular items"=list(name="POPULAR",param=NULL),
                      "random items"=list(name="RANDOM",param=NULL),
                      "item_based CF"=list(name="IBCF",param=NULL))
#将数据通过交叉检验划分成 10 份，9 份为训练集，1 份为预测集
data_pre_es <- evaluationScheme(data_rec_scale,method="cross-validation",
k=10,given=1)
#采用列表对数据进行预测
pre_result <- evaluate(data_pre_es,model_eva_list,n=c(3,5,10,15,20))
##绘制 roc 曲线
plot(pre_result,"ROC",legend="bottomright",cex=0.67,annotate =1:3)
##绘制 prec/rec
plot(pre_result,"prec/rec",legend="topleft",cex=0.67,annotate =1:3)
#构建 F1 指标
fvalue <- function(p,r){
  return(2*p*r/(p+r))
}
#构建模型评价表格，并将其转换成数据框
pre_result_ind <- ldply(avg(pre_result))
pre_result_ind[,1] <- paste(pre_result_ind[,1],c(3,5,10,15,20))
temp_result <- pre_result_ind[,c(1,6,7)]
result_fvalue <- cbind(pre_result_ind,fvalue=fvalue(temp_result[,2],
temp_result[,3]))
write.csv(result_fvalue,"模型评价.csv",row.names = F)
```

3.3.4 组合推荐结果

- 注册用户采用基于物的协同过滤推荐方法进行推荐，推荐结果参见“注册用户推荐.txt”。
- 非注册用户采用基于关联规则的推荐方法进行推荐，推荐结果参见“非注册用户关联规则推荐结果.txt”。
- 二级链接（导航页面）采用基于关联规则的推荐方法进行推荐。
- 网站首页采用热点推荐方法进行推荐，二级链接与网站首页的推荐结果参见“首页及导航页面推荐结果.csv”。

这些推荐结果依次递进，如果前面有推荐结果为空的项，就用后面一种方法进行补充。确保每个页面都有推荐页面，提高用户的体验，降低用户跳出率。

3.4 总结

3.4.1 相关结论及应用

- 用网站的网页属性对用户进行画像，再统计用户的访问记录，将用户分为画像中的群体。
- 采用 k-means 聚类算法根据用户的访问记录对用户分群，并总结出各个群的特征。
- 综合两种用户分群方法找到网站希望拓展业务的培训人员群体，并将该群体分为“最重要客户”（59 人）与“次重要客户”（具体数据参见“最重要客户.csv”“大范围的重要客户.csv”）。
- 采用组合推荐算法为每一位用户提供个性化推荐页面（详情参见 3.3.4 节）。
- 为了促进公司培训业务的发展，需要加强与“最重要客户”“大范围的重要客户”的联系，深入了解这部分客户的培训需求，并开展相关业务。
- 若网站网页的跳出率极高，则急需调整推荐页面，提高用户体验。

3.4.2 相关的问题思考

- 网站首页大幅的广告栏占据了近二分之一的页面，而且不能自动播放，极大地削弱了网站首页的功能。
- 网站首页的在线客服只能通过 QQ 进行交流，对关注数据挖掘的群体来说，这种交流方式显然不够及时。

- 不管是对用户分群还是网页推荐用的都是离线数据（历史数据），如何适时地在线对用户分群，并对其进行个性化的网页推荐，以及适时地为用户提供有针对性的服务，是今后的考虑方向。

参考文献

[1] 张良均，云伟标，王路，等．R 语言数据分析与挖掘实战[M]．北京：高等教育出版社，2015．

[2] 张良均，谢佳标，杨坦，等．R 语言与数据挖掘[M]．北京：高等教育出版社，2016．

第 4 章　生活服务点评网站客户分群

4.1　背景与挖掘目标

随着经济全球化进程的不断加速，以及信息技术的长足发展，信息交流频率越来越高，交流方式日益多样化，交流更加广泛、迅捷、通畅。在消费者选择产品的过程中，由于产品可以被竞争产品替代，产品同质化严重，因此企业面临着更加激烈的市场竞争、更加严峻的挑战，企业营销焦点从传统的产品功能、产品特色，逐渐转向客户服务与客户关系管理。

合理的客户分群是企业改善和维护客户关系的前提与关键。通过客户分群，企业能够区分不同类型的客户，针对每种特定类型的客户制订优化的个性化服务方案。通过采取不同的营销策略，将有限的营销资源集中于企业主要留存的客户，实现企业利润最大化目标。准确的客户分群结果是企业优化营销资源分配的重要依据，客户分群越来越成为客户关系管理中亟待解决的关键问题。

某生活服务点评网站始创于 2004 年，在创办之初，网站的注册商户主要类别为餐饮服务。各地的客户只要注册就能在使用了注册商户所提供的服务后对其进行打分、评论，以及和其他客户交流感想、体验等。经过十余年的发展，该网站的注册商户类别覆盖了酒店、餐馆、旅游、医疗、洗衣、开锁、手机维修等生活服务领域。该网站在创办之初，通过真实客户的优质评价，吸引了不少热衷于点评的客户。通过这些真实信息，该网站在业内有口皆碑，成为以真实信息为核心竞争力的大型点评网站，业务范围也因此扩大。近年来由于该网站业务范围扩大速度过快，原有的客户营销策略已无法适应现阶段如此庞大的客户群。现阶段急需通过建立合理的客户价值分类模型，将不同类型的客户分群，并制定相应的营销策略，为不同的客户群提供个性化的服务。目前该网站提供大量客户的社交与点评信息，经加工后其属性表如表 4-1 所示。

请根据该网站的客户活动信息实现以下目标。

（1）探索该网站的客户活动信息数据，对客户进行分群。

（2）对不同类别的客户进行特征分析，比较不同类别客户的主要特点。

（3）针对不同类别的客户，制订个性化的服务方案。

表 4-1　信息属性表

属性名称	属性类别	属性说明	详细注释
user_id	character	客户 ID	客户唯一 ID，数据的主键
name	character	客户名字	在网站中显示的客户的名字

续表

属性名称	属性类别	属性说明	详细注释
review_count	numeric	客户点评次数	每发表一篇点评该属性值增加 1
yelping_since	character	客户注册时间	包含年、月、日、星期信息，最早为 2004 年
friends	numeric	客户朋友 ID	客户朋友的 ID，以“,”分隔
useful	numeric	点评很有用	类似微信朋友圈点赞
funny	numeric	点评很有趣	类似微信朋友圈点赞
cool	numeric	点评很酷	类似微信朋友圈点赞
fans	numeric	粉丝数目	与 friends 属性无关，fans 为单向关注
elite	character	经过精英认证的年份	以“,”分隔
average_stars	numeric	平均打分	满分为 5 分
compliment_hot	numeric	称赞：热门	当前点评非常热门
compliment_more	numeric	称赞：更多	希望对方写更多点评
compliment_profile	numeric	称赞：外观	点评物很好看
compliment_cute	numeric	称赞：可爱	点评物很可爱
compliment_list	numeric	称赞：清单	点评是一份不错的清单
compliment_note	numeric	称赞：笔记	点评是一份不错的笔记
compliment_plain	numeric	称赞：清楚	点评写得很清楚
compliment_cool	numeric	称赞：酷	点评非常酷
compliment_funny	numeric	称赞：有趣	点评非常有趣
compliment_writer	numeric	称赞：写手	点评非常专业
compliment_photos	numeric	称赞：照片	点评照片拍得很好

注：数据详见示例程序./data/yelp_user.csv。

4.2 分析方法与过程

本案例的目标是客户分群，即通过生活服务点评网站的客户活动信息数据识别出不同客户的特征。结合该网站的业务特色，本次数据挖掘主要包括以下步骤。

（1）从该网站的客户活动信息数据中进行选择性抽取与新增数据抽取，分别形成历史数据集和增量数据集。

（2）对（1）形成的两个数据集进行数据探索与预处理，包括数据分布探索，缺失值与相关性分析，数据清洗、规约与变换。

（3）利用（2）形成的已完成预处理的数据，配合该网站独有的业务知识构建关键特征。

（4）提取客户不同属性的关键特征，得出该属性的得分。然后根据 3 个属性的得分对客户进行分群，对各个客户群进行特征分析，识别出有价值的客户。

（5）针对模型结果得到具有不同特征的客户，采用不同的营销手段，为其提供个性化的服务。

生活服务点评网站客户分群总体流程如图 4-1 所示。

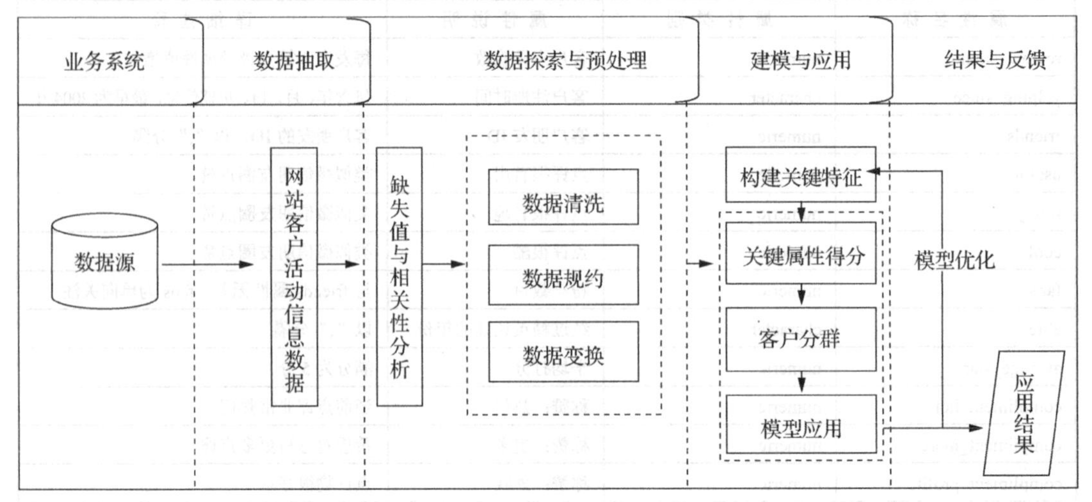

图 4-1 生活服务点评网站客户分群总体流程

4.2.1 数据抽取

网站客户活动信息数据是该网站 2004-10-12 至 2017-12-11 的 1 326 100 位客户的社交与点评信息相关数据。其中包含客户 ID、客户名字、客户点评次数、客户注册时间、客户朋友 ID、朋友数目、经过精英认证的年份、平均打分、3 种点评信息、11 种其他客户称赞信息，共 22 个属性。

4.2.2 数据探索

数据探索是指通过作图、制表、方程拟合、计算特征量等手段探索数据的结构和规律的一种数据分析方法。通过数据探索能够辨析数据的模式与特点，并把它们有序地挖掘出来，从而灵活地选择和调整合适的分析模型，并揭示数据相对于常见模型的种种偏离。

本案例根据现有数据主要对客户点评次数、客户注册时间、客户朋友数目、客户精英认证次数、客户点评获得不同标记次数、粉丝数目、平均打分、受称赞次数 8 个方面进行了探索。

1. 客户点评次数探索

该网站的业务核心是客户的点评，探索客户点评次数能够发现整体客户点评次数的分布，从而判断出该网站客户的整体点评情况，同时能够发现客户点评次数属性是否符合客观规律。客户点评次数分布折线图如图 4-2 所示。

通过图 4-2 可以发现，点评次数和该点评次数的人数成反比，符合日常规律。客户点评次数探索实现代码如代码清单 4-1 所示。

代码清单 4-1　客户点评次数探索实现代码

```
setwd('E:/第 4 章 生活服务点评网站客户分群/data')
require(data.table)#快速读取数据
require(stringr)#字符串处理
require(lubridate)#时间处理
#读取数据使用 data.table 包，速度快，而后转为使用 data.frame 包，更加通用
data <-  fread('yelp_user.csv',fill=T,na.strings="None")
data <- as.data.frame(data)
ncol(data)#列数
nrow(data)#行数
names(data)#列名
#数据类型转换
data[,c(3,6:9,11:22)] <- apply(data[,c(3,6:9,11:22)],2,as.numeric)

#客户点评次数探索
##除 0 以外，基本都是点评次数越多，人数越少，符合日常规律
review_freq <- as.data.frame(table(data$review_count))
plot(1:10,1:10)#在 RStudio 中需要先测试绘制一个图形，否则后续直接保存无法进行
bmp(file="../tmp/点评次数.bmp",width = 800, height = 600)
plot(review_freq,type='l',xlab='点评次数',
    ylab='人数',main='客户点评次数分布折线图')
lines(review_freq)
dev.off()
```

注：代码详见./code/DataPreprocessing.R。

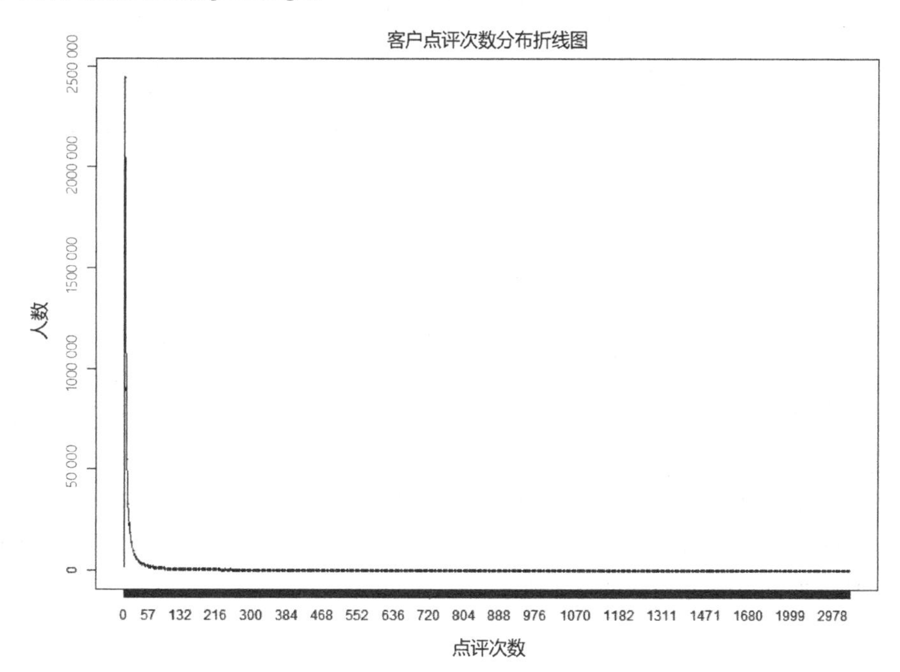

图 4-2　客户点评次数分布折线图

2. 客户注册时间探索

时间数据中存在着大量的信息，通过提取客户注册时间中的年、月、日及星期信息能够发现网站整体的发展趋势，目前网站处于急速扩张期，但整体还是处于稳定上升期。同时根据不同地区在相同时间的气候不同、节日不同，能够发现隐含在时间数据中的人员活动规律。注册人数年份分布直方图如 4-3 所示。

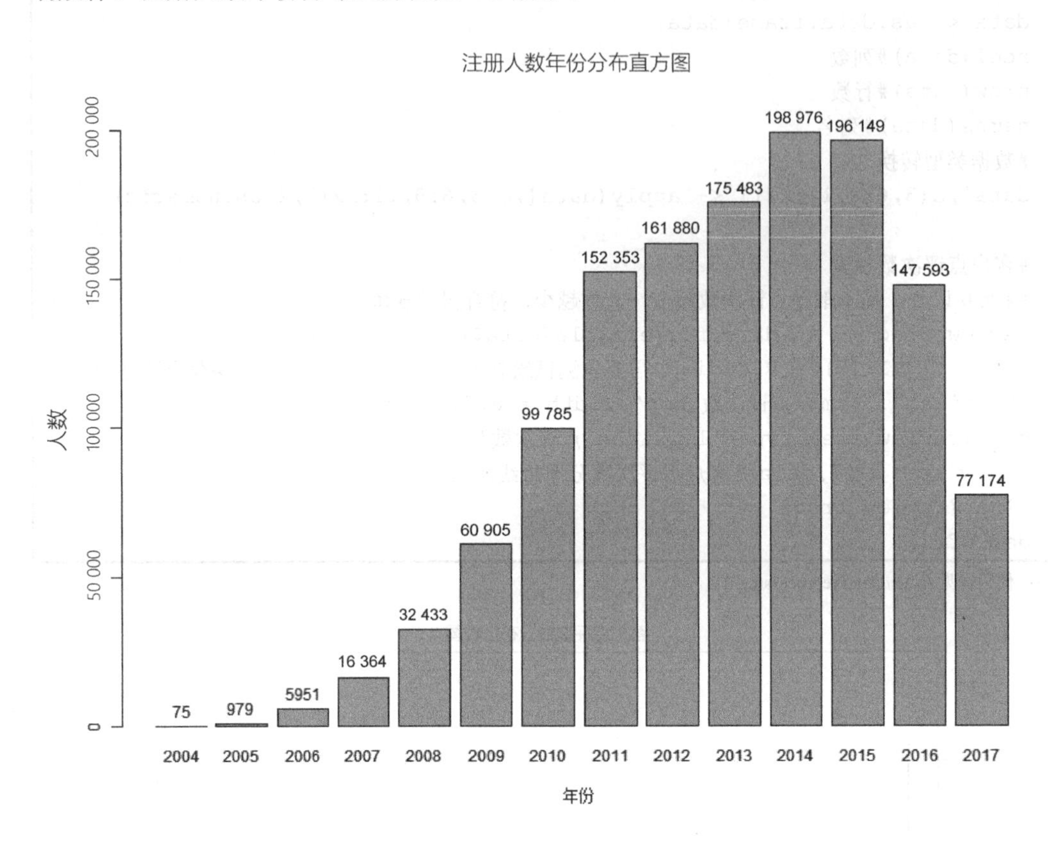

图 4-3　注册人数年份分布直方图

通过图 4-3 可以发现，该网站的急速扩张期应该始于 2009 年，伴随着移动互联网的红利，该网站的急速扩张期持续了 8 年。在不考虑市场饱和度的情况下，根据图形走势可以预见，接下来网站注册人数还将继续增加。但是网站如果不推出新的产品与服务，其注册人数增加会逐渐降低。

不同的月份能够体现气候、文化对整体数据的影响。通过不同的月份及不同的星期数据，能够判断网站主要服务时间为工作日或节假日。注册人数月份分布直方图如图 4-4 所示，注册人数星期分布直方图如图 4-5 所示。

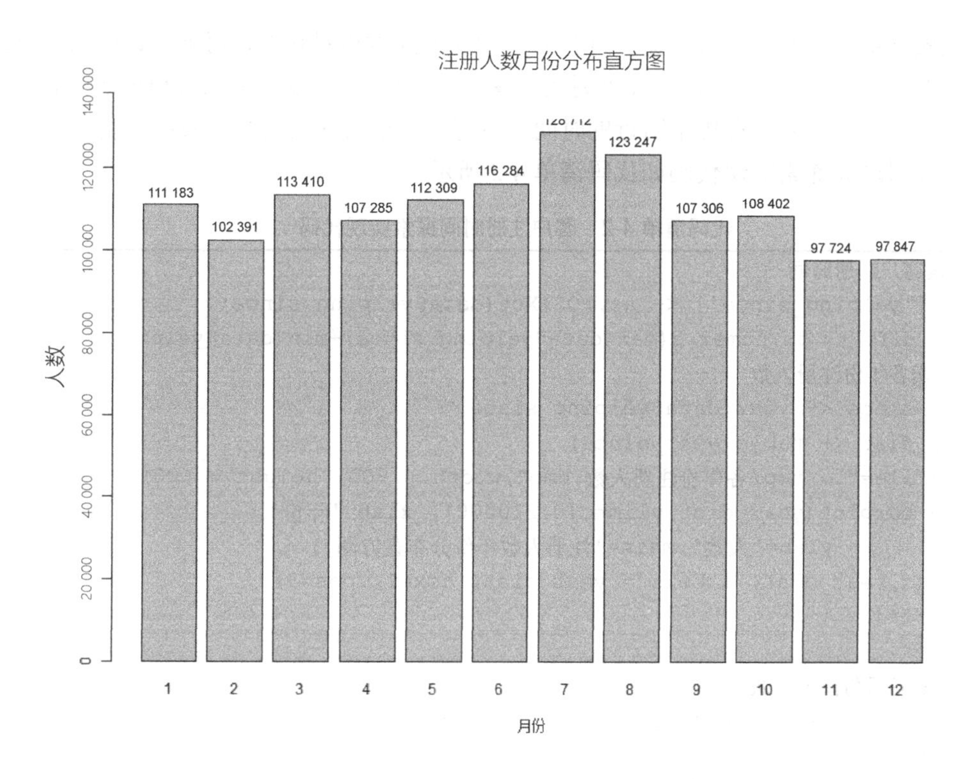

图 4-4　注册人数月份分布直方图

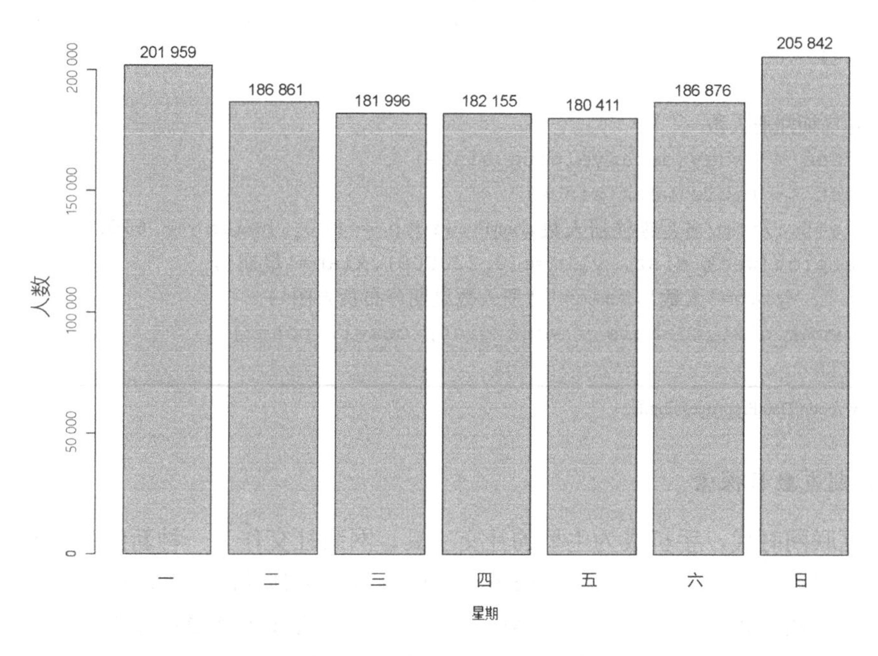

图 4-5　注册人数星期分布直方图

通过图 4-4 和图 4-5 可以发现 7 月和 8 月的注册人数相对较多，可能与该网站主要业务集中在北半球有关（北半球 7 月、8 月为夏季）。同时，可以发现星期日和星期一的注册人数相对较多，说明客户在周末附近的时间点更有可能使用网站的生活服务功能。

客户注册时间探索实现代码如代码清单 4-2 所示。

代码清单 4-2　客户注册时间探索实现代码

```
#探索客户注册时间
data['yelping_since'] <- as.POSIXct(data$yelping_since)
time_diff <- as.numeric(max(data$yelping_since)-min(data$yelping_since))
##探索各年份注册人数
year_since <- year(data$yelping_since)
year_dist <- table(year_since)
bmp(file="../tmp/各年份注册人数.bmp",width = 800, height = 600)
x <- barplot(year_dist,ylim=c(0,210000), xlab='年份',
          ylab='人数',main='注册人数年份分布直方图')
text(x,year_dist, labels = year_dist, cex=1, pos=3)
dev.off()

##探索各月份注册人数
month_since <- month(data$yelping_since)
month_dist <- table(month_since)
bmp(file="../tmp/各月份注册人数.bmp",width = 800, height = 600)
x <- barplot(month_dist,ylim=c(0,140000), xlab='月份',
          ylab='人数',main='注册人数月份分布直方图')
text(x,month_dist, labels = month_dist, cex=1, pos=3)
dev.off()

##探索各星期注册人数
week_since <- wday(data$yelping_since)
week_dist <- table(week_since)
bmp(file="../tmp/各星期注册人数.bmp",width = 800, height = 600)
x <- barplot(week_dist, ylim=c(0,220000),xlab='星期',
          ylab='人数',main='注册人数星期分布直方图')
text(x,week_dist, labels = week_dist, cex=1, pos=3)
dev.off()
```

注：代码详见./code/DataPreprocessing.R。

3. 客户朋友数目探索

在移动互联网时代，手机成为主要的社交工具。网络社交作为一种新的沟通方式，逐渐渗透到广大普通民众的生活中。生活服务点评网站为了抓住移动互联网带来的巨大流量红利，逐渐加强社交属性，研发了网站 App。客户朋友数目作为衡量社交属性的一个重要指标，对客户的社交行为分析具有重要的作用。客户朋友数目散点图如图 4-6 所示。

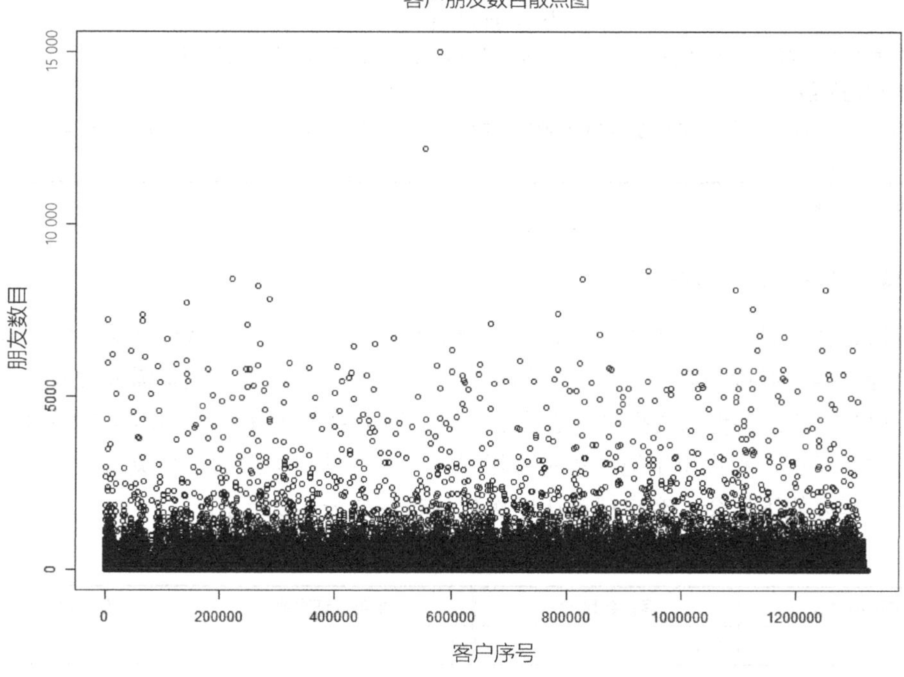

图 4-6　客户朋友数目散点图

通过图 4-6 可以发现，绝大多数客户的朋友数目都很少，说明网站整体社交属性依旧偏弱，绝大多数客户没有将该网站作为交流与沟通的主要工具。社交属性可能成为网站后期继续发展的一个方向，为网站带来新的提升点。客户朋友数目探索实现代码如代码清单 4-3 所示。

代码清单 4-3　客户朋友数目探索实现代码

```
#探索客户朋友数目
##自定义客户朋友数目计算函数
cacl_str_num <- function(str)
{
  if(is.na(str)){
    return(0)
  }
  else{
    len <- length(str_split(str,',')[[1]])
    return(len)
  }
}
friends_num <- apply(data['friends'],1,cacl_str_num)
friends_freq <- table(friends_num)
```

```
##绘制散点图查看客户朋友数目分布
bmp(file="../tmp/客户朋友数目分布.bmp",width = 800, height = 600)
plot(x=1:nrow(data),y=friends_num,type='p',
    main='客户朋友数目散点图',xlab='客户序号',ylab='朋友数目')
##增加均值线
lines(x=1:nrow(data),y=rep(mean(friends_num),nrow(data)),col='red')
dev.off()
```

注：代码详见./code/DataPreprocessing.R。

4. 客户精英认证次数探索

精英认证体系是该网站提供的一种类似会员制度的高等级身份认证体系，它能够在极大程度上提高客户黏度与客户使用网站的积极性。该网站的精英认证除需要发表一定量的优质点评以外，还需要他人的提名，通过精英认证的主要群体有作家、摄影师和冒险家等。其主要目的是将客户和优质本地服务企业相连，同时网站也会给通过精英认证的客户一定的奖励，如举办线下聚会。客户精英认证次数分布表如表 4-2 所示。

表 4-2　客户精英认证次数分布表

精英认证次数	客户数目/个	精英认证次数	客户数目/个
0	1 265 282	7	1983
1	14 131	8	1351
2	16 322	9	723
3	11 549	10	367
4	6276	11	179
5	4273	12	54
6	3597	13	13

通过表 4-2 可以发现，在 2004—2016 年的 13 年中，每一年都获得精英认证的客户仅有 13 个，同时无精英认证的客户占比超过 95%，足以说明这部分客户对于网站有巨大的价值，是网站的重点关注客户。客户精英认证次数探索实现代码如代码清单 4-4 所示。

代码清单 4-4　客户精英认证次数探索实现代码

```
#探索客户精英认证次数
elite_num <- apply(data['elite'],1,cacl_str_num)
elite_freq <- as.data.frame(table(elite_num))
```

5. 客户点评获得不同标记次数探索

标记类似于微信朋友圈点赞，是网站客户在阅读他人所写的点评之后认为该点评本身具备一定的价值，能够在较大程度上为自己是否选择该商家的服务提供参考，从而对该点评做出的一个概括性评价。该网站上共有 3 种标记：useful、funny 和 cool。客户点评获得 useful、funny 和 cool 的次数散点图分别如图 4-7、图 4-8 和图 4-9 所示。

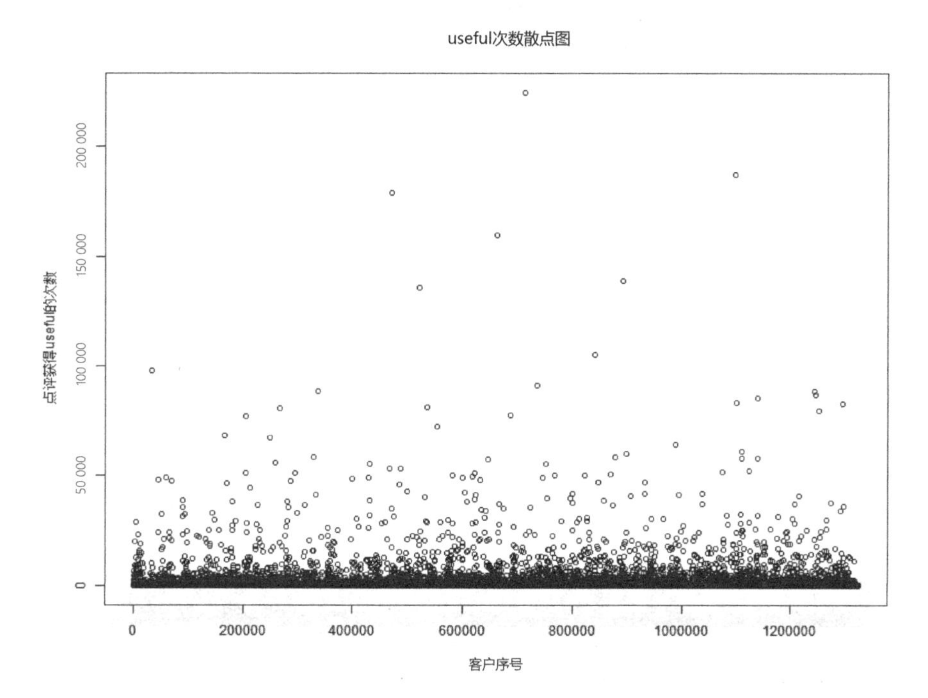

图 4-7　客户点评获得 useful 的次数散点图

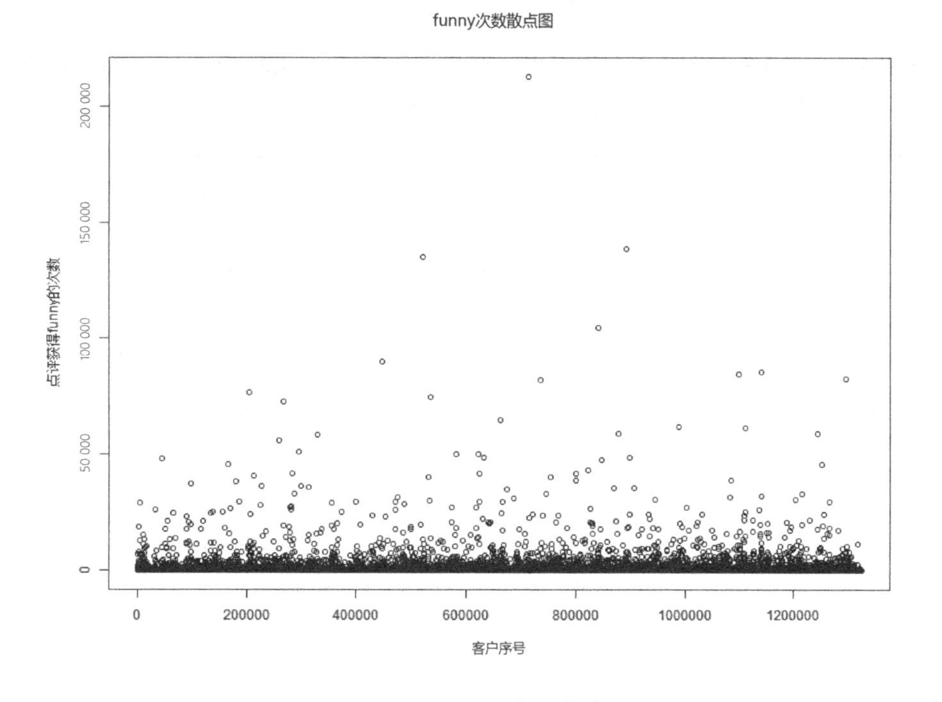

图 4-8　客户点评获得 funny 的次数散点图

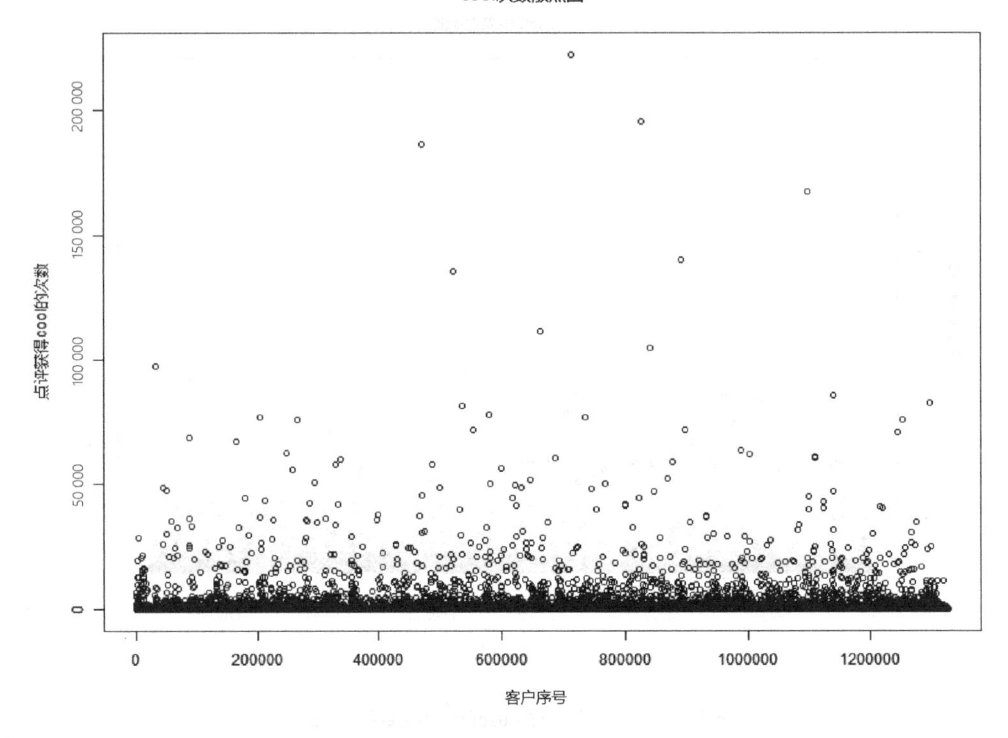

图 4-9　客户点评获得 cool 的次数散点图

通过图 4-7、图 4-8 和图 4-9 不难看出，客户点评获得 useful、funny、cool 的次数和客户朋友数目分布相似，都是只有极少数的客户拥有绝大多数的标记（按照次数衡量）。这也符合二八法则，即在任何一组东西中，最重要的只占其中一小部分，约 20%，其余 80%尽管是多数，却是次要的。客户点评获得不同标记次数探索实现代码如代码清单 4-5 所示。

代码清单 4-5　客户点评获得不同标记次数探索实现代码

```
#探索各类标记
bmp(file="../tmp/useful的次数.bmp",width = 800, height = 600)
plot(x=1:nrow(data),y=data$'useful',type='p',xlab='客户序号',
     ylab='点评获得 useful 的次数',main='useful 次数散点图')
dev.off()

bmp(file="../tmp/funny的次数.bmp",width = 800, height = 600)
plot(x=1:nrow(data),y=data$'funny',type='p',xlab='客户序号',
     ylab='点评获得 funny 的次数',main='funny 次数散点图')
dev.off()

bmp(file="../tmp/cool的次数.bmp",width = 800, height = 600)
plot(x=1:nrow(data),y=data$'cool',type='p',xlab='客户序号',
```

```
    ylab='点评获得 cool 的次数',main='cool 次数散点图')
dev.off()
```

注：代码详见./code/DataPreprocessing.R。

6. 粉丝数目探索

新浪微博的粉丝数目和好友数目是互相有关联的，好友一定是粉丝，粉丝数目一定大于或等于好友数目。但是该网站的粉丝和朋友并非如此，这是两个独立的模块，粉丝和朋友之间并无绝对的数目关系。作为衡量社交属性的另一个重要指标，粉丝数目对于客户社交行为分析同样具有重要作用。粉丝数目散点图如图 4-10 所示。

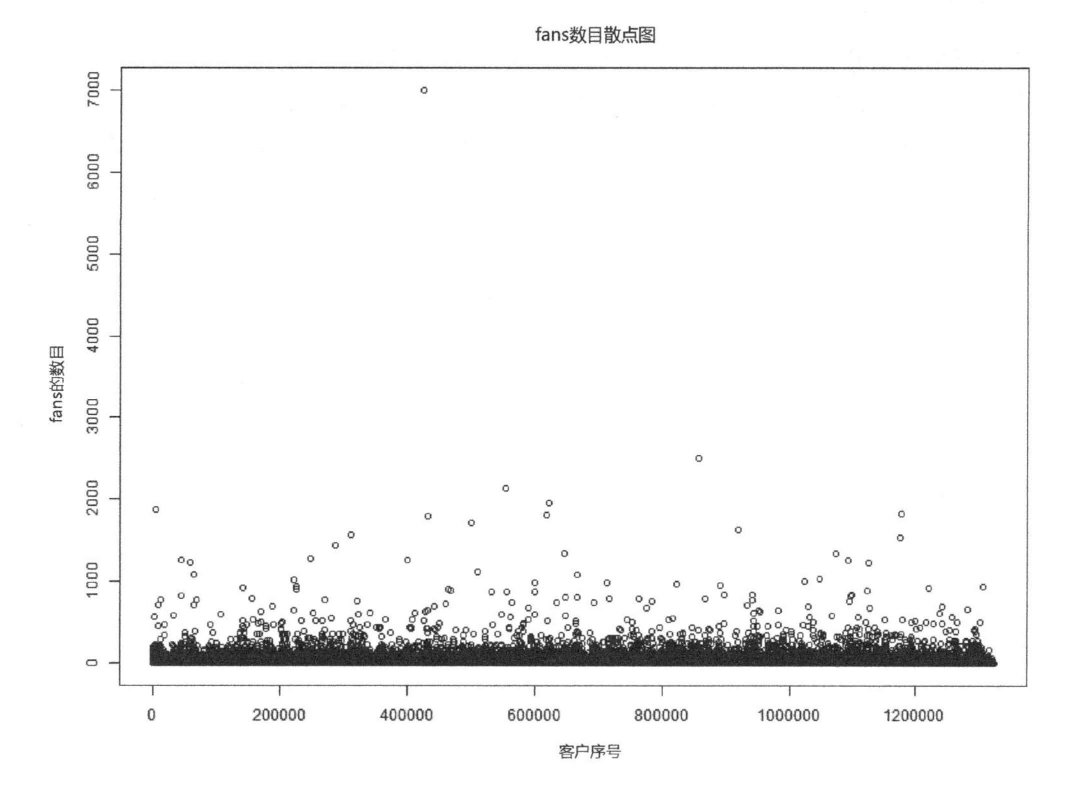

图 4-10　粉丝数目散点图

对比图 4-6 和图 4-10 可以发现，朋友数目的量级要高于粉丝数目，同时朋友数目相较粉丝数目分布也更加均匀。由此可知，该网站客户之间已经通过朋友构成了一个个圈子，这种现象对于网站来说利弊均分。优势在于由于圈子的存在，圈内客户黏性得到了进一步加强，同时圈内客户也可能带动其他客户入驻，形成一个良性循环。劣势在于圈外的客户较难进入圈子，导致客户社交体验降低，从而降低网站客户的活跃度。粉丝数目探索实现代码如代码清单 4-6 所示。

代码清单 4-6 粉丝数目探索实现代码

```
#探索粉丝数目
bmp(file="../tmp/fans 的数目.bmp",width = 800, height = 600)
plot(x=1:nrow(data),y=data$'fans',type='p',xlab='客户序号',
     ylab='fans 的数目',main='fans 数目散点图')
fans_num <- data$fans
dev.off()
##业务分析 fans 和 friends 并不相同，和新浪微博区分开
```

注：代码详见./code/DataPreprocessing.R。

7. 平均打分探索

客户对生活服务的平均打分体现了客户对服务的整体满意程度，平均打分越高，表示客户在历次使用网站的生活服务功能时的体验越好。同时客户的体验又对其是否继续使用该网站的生活服务功能起到决定性的作用，客户体验越好该客户就越趋向于继续使用该网站的生活服务功能，从而带动网站整体生活服务水平的发展。平均打分分布直方图如图 4-11 所示。

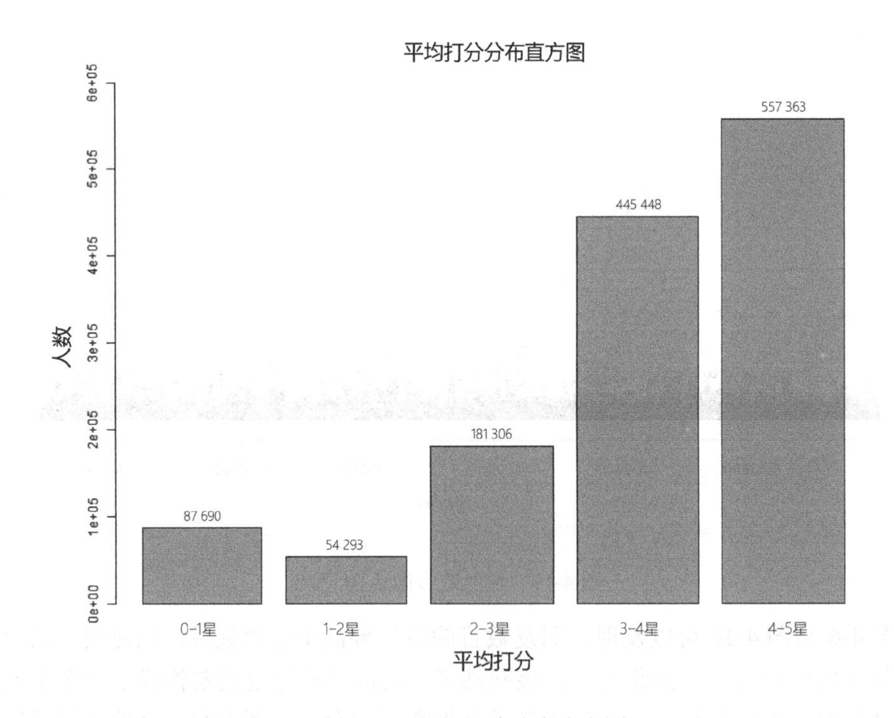

图 4-11 平均打分分布直方图

通过图 4-11 可以发现，绝大多数客户的平均打分集中在 3-5 星，说明该网站的绝大部分生活服务质量优良，但同时需要对提供 0-3 星生活服务的注册商家予以关注。这些商家应分析导致客户体验不佳的原因，并予以改良，减少因生活服务体验差而导致的客户流失。平均打分探索实现代码如代码清单 4-7 所示。

代码清单 4-7　平均打分探索实现代码

```
#探索平均打分
avg_star <- data$average_stars
avg_star1 <- sum((avg_star>=0) & (avg_star<=1))
avg_star2 <- sum((avg_star>1) & (avg_star<=2))
avg_star3 <- sum((avg_star>2) & (avg_star<=3))
avg_star4 <- sum((avg_star>3) & (avg_star<=4))
avg_star5 <- sum((avg_star>4) & (avg_star<=5))
avg_stars <- c(avg_star1,avg_star2,avg_star3,avg_star4,avg_star5)
bmp(file="../tmp/平均打分.bmp",width = 800, height = 600)
x <- barplot(avg_stars,names.arg=c('0-1 星','1-2 星','2-3 星','3-4 星','4-5 星'),xlab='平均打分', ylab='人数',main='平均打分分布直方图',ylim=c(0,600000))
text(x,avg_stars, labels = avg_stars, cex=1, pos=3)
dev.off()
```

注：代码详见：./code/DataPreprocessing.R。

8. 受称赞次数探索

称赞体系有别于标记体系，是客户在浏览点评的过程中，对点评作者做出的一种评价，共有 11 种称赞。另外，在操作层级上，称赞比标记更深，客户受称赞的机会要小于被标记的机会。由于这 11 种称赞均为正向称赞，可以考虑将这些称赞合并，然后进行分析。受称赞次数散点图如图 4-12 所示。

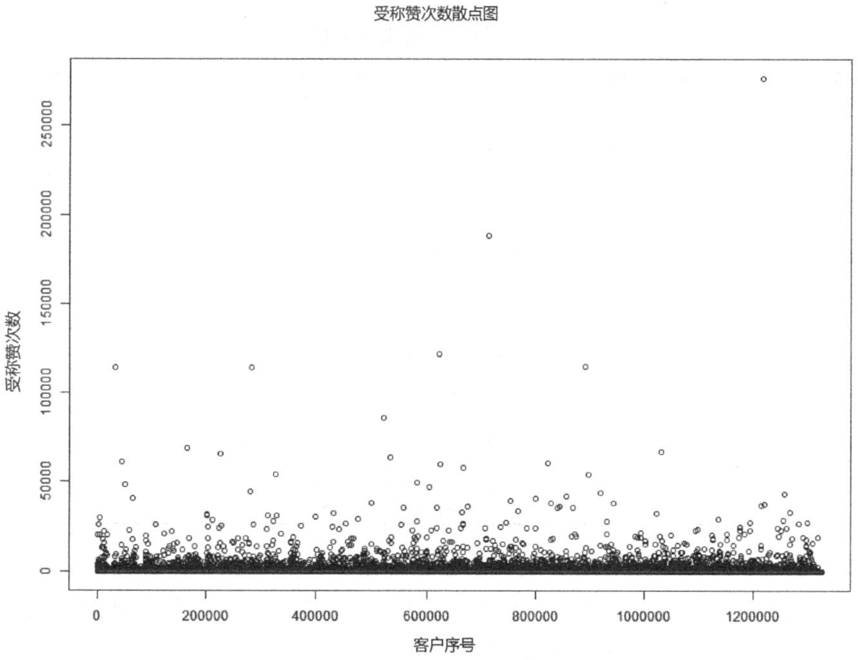

图 4-12　受称赞次数散点图

根据图 4-12 可知，受称赞次数也符合二八法则。受称赞次数探索实现代码如代码清单 4-8 所示。

代码清单 4-8 受称赞次数探索实现代码

```
##探索受称赞次数
compliment <- apply(data[,12:22],1,sum)
bmp(file="../tmp/受到称赞次数.bmp",width = 800, height = 600)
plot(x=1:nrow(data),y=compliment,type='p',
     main='受称赞次数散点图',xlab='客户序号',ylab='受称赞次数')
##增加均值线
lines(x=1:nrow(data),y=rep(mean(friends_num),nrow(data)),col='red')
dev.off()
```

注：代码详见./code/DataPreprocessing.R。

4.2.3 数据预处理

根据该网站提供的数据，在进行客户分群的过程中，需要进行的数据预处理与统计分析主要步骤有：缺失值分析、相关性分析、构建新属性、数据规约、数据筛选、数据标准化。这些步骤之间互相关联，存在一定的先后次序。

1. 缺失值分析

通过缺失值分析发现，数据中存在缺失值，各属性缺失值数目如表 4-3 所示。

表 4-3 各属性缺失值数目

属性名称	缺失值数目/个	属性名称	缺失值数目/个
user_id	0	compliment_hot	0
name	18	compliment_more	0
review_count	0	compliment_profile	0
yelping_since	0	compliment_cute	0
friends	566 093	compliment_list	0
useful	0	compliment_note	0
funny	0	compliment_plain	0
cool	0	compliment_cool	0
fans	0	compliment_funny	0
elite	1 265 282	compliment_writer	0
average_stars	0	compliment_photos	0

通过缺失值分析可以发现，所有缺失的数据都是字符型数据，如 friends、elite，这两部分数据在本案例中并不会直接使用，而是将其分割，求取对应的数目。所以，此处的缺失值并不需要做特殊处理。缺失值分析实现代码如代码清单 4-9 所示。

代码清单 4-9 缺失值分析实现代码

```
setwd('E:/第 4 章 生活服务点评网站客户分群/data')
require(data.table)#快速处理数据
require(stringr)#字符串处理
require(lubridate)#时间处理
require(corrplot)#相关系数图绘制
#读取数据使用 data.table 包，速度快，而后转为使用 data.frame 包，更加通用
data <-  fread('yelp_user.csv',fill=T,na.strings="None")
data <- as.data.frame(data)
##############################################################
####                       数据预处理                     ####
##############################################################
#缺失值检测
na_num <- c()
for(i in 1:ncol(data)){
  na_sum <- sum(is.na(data[,i]))
  na_num <- append(na_num,na_sum)
}
col_na <- data.frame(names(data), na_num)
names(col_na) <- c('列名','缺失值数目')
col_na
```

注：代码详见./code/DataPreprocessing.R。

2. 相关性分析

相关系数是最早由统计学家卡尔·皮尔逊设计的统计指标，是研究变量之间线性相关程度的量。由于研究对象不同，相关系数有多种定义方式，最为常用的是 Pearson 相关系数（Pearson Correlation Coefficient）。

相关系数是一个介于-1 和 1 之间的值，当两个变量的线性关系增强时，相关系数趋于 1 或-1；如果一个变量增大，另一个变量也增大，表明它们之间是正相关的，相关系数大于 0；如果一个变量增大，另一个变量却减小，表明它们之间是负相关的，相关系数小于 0；如果两个变量的相关系数等于 0，表明它们之间不存在线性相关关系。

对网站的客户活动信息数据的数值型属性进行相关性分析，其属性相关系数图如图 4-13 所示。

根据图 4-13 可知，useful、funny、cool 这 3 个标记属性的相关性较高，compliment 的 11 个变量之间大多数存在较高的相关性，故可以考虑将 3 个标记属性与 11 个称赞属性分别进行合并，计算出标记总和与称赞总和。相关性分析实现代码如代码清单 4-10 所示。

代码清单 4-10 相关性分析实现代码

```
#数据类型转换
data[,c(3,6:9,11:22)] <- apply(data[,c(3,6:9,11:22)],2,as.numeric)
##相关性分析
corr = cor(data[,c(3,6:9,11:22)])#计算相关系数
##绘制相关系数图并保存
#plot(1:10,1:10)#在 RStudio 中需要先测试绘制一个图形，否则后续直接保存无法进行
bmp(file="../tmp/属性相关系数.bmp",width = 800, height = 600)
corrplot(corr,tl.col='black')
dev.off()
```

注：代码详见./code/DataPreprocessing.R。

扫码看彩图

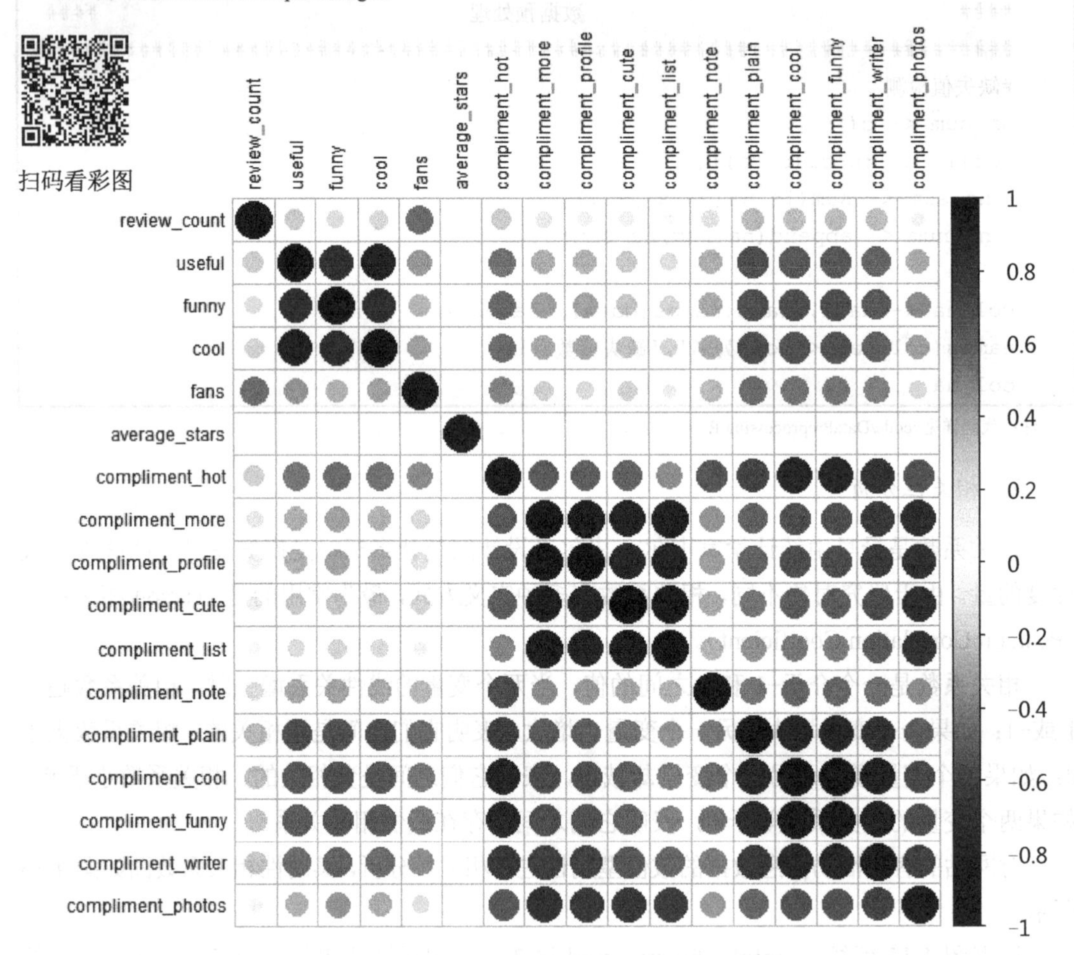

图 4-13 属性相关系数图

3. *构建新属性*

根据数据探索和相关性分析的结果，可以构建 5 个基础新属性，主要有注册年数、朋友数目、精英认证年数、点评标记次数、受称赞数目。5 个基础新属性概况如表 4-4 所示。

表 4-4　基础新属性概况

分　类	注 册 年 数	朋 友 数 目	精英认证年数	点评标记次数	受称赞数目
最小值	0.057 53	0	0	0	0
下四分位数	2.5589	0	0	0	0
中位数	4.271 23	2	0	0	0
均值	4.495 27	37.42	0.1411	63.6	18.24
上四分位数	6.260 27	29	0	4	1
最大值	13.230 14	14 995	13	659 887	276 419

构建 5 个基础新属性的代码如代码清单 4-11 所示。

代码清单 4-11　构建 5 个基础新属性的代码

```
#构建新属性
##注册年数
data['yelping_since'] <- ymd(data$yelping_since)
data['since_year'] <- (as.numeric(days(ymd('2018-01-01'))) -
                        as.numeric(days(data$yelping_since)))/(3600*24*365)

##朋友数目
###自定义数目计算函数
cacl_str_num <- function(str)
{
  if(is.na(str)){
    return(0)
  }
  else{
    len <- length(str_split(str,',')[[1]])
    return(len)
  }
}
data['friends_num'] <- apply(data['friends'],1,cacl_str_num) # 100s

##精英认证年数
data['elite_num'] <- apply(data['elite'],1,cacl_str_num)
##最近的精英认证年份距离 2017 年的数目
choose_max_num <- function(str)
{
  if(is.na(str)){
    return(0)
  }
  else{
    max_num <- max(as.numeric(str_split(str,',')[[1]]))
    return(max_num)
  }
```

```
}
data['elite_recent'] <- apply(data['elite'],1,choose_max_num)

##点评标记次数
data['great_num'] <- apply(data[,6:8],1,sum)

##受称赞数目
data['compliment_num'] <- apply(data[,12:22],1,sum)
```

注：代码详见./code/DataPreprocessing.R。

上述 5 个基础新属性并不能够很好地代表客户的各类特征，根据业务知识还能够构建 6 个关键属性。关键属性构建方法如表 4-5 所示。

表 4-5 关键属性构建方法

属性名称	构建方法
精英认证年数与注册年数比	精英认证年数÷注册年数
平均每年点评次数	点评次数÷注册年数
点评平均每年标记次数	点评标记次数÷注册年数
平均每年受称赞次数	受称赞次数÷注册年数
平均每条点评标记次数	点评标记次数÷点评次数
平均每条点评受称赞次数	受称赞次数÷点评次数

构建 6 个关键属性的代码如代码清单 4-12 所示。

代码清单 4-12 构建 6 个关键属性的代码

```
#构建关键属性
##精英认证年数与注册年数比
data['elite_avg'] <- data['elite_num']/data['since_year']

##平均每年点评次数
data['review_avg'] <- data['review_count']/data['since_year']

##点评平均每年标记次数
data['great_avg'] <- data['great_num']/data['since_year']

##平均每年受称赞次数
data['compliment_avg'] <- data['compliment_num']/data['since_year']

##后续指标构建存在分母为 0 的情况
cacu_zero_divide <- function(vec){
  if(vec[2]==0){
    return(0)
  }
```

```
    else{
      return(vec[1]/vec[2])
    }
  }

##平均每条点评标记次数
data['review_praise'] <- apply(data[c('great_num','review_count')],
                               1,cacu_zero_divide)

##平均每条点评受称赞次数
data['review_complite'] <- apply(data[c('compliment_num','review_count')],
                                 1,cacu_zero_divide)
```

注：代码详见./code/DataPreprocessing.R。

4. 数据规约

由于原始数据中的某些数据在构建新属性后对后续的数据挖掘工作不产生帮助，并且有可能会导致信息冗余、计算资源浪费等问题，故需要将无关数据删除。本案例最终用于客户分群的属性如表 4-6 所示。

表 4-6　本案例最终用于客户分群的属性

属性名称	解　释
user_id	客户 ID，唯一主键
review_count	客户点评次数
friends_num	朋友数目
fans	粉丝数目
average_stars	平均打分
great_num	点评标记次数
elite_num	精英认证年数
since_year	注册年数
compliment_num	受称赞次数
elite_avg	精英认证年数与注册年数比
review_avg	平均每年点评次数
great_avg	点评平均每年标记次数
compliment_avg	平均每年受称赞次数
review_praise	平均每条点评标记次数
review_complite	平均每条点评受称赞次数

属性构造完成后再进行一次相关性分析，查看各个属性间的相关系数，发现各属性间的相关系数大大减小，除个别属性间的相关系数为 0.8 左右以外，其余的均保持在 0.6 以下，如图 4-14 所示。

数据规约及新属性相关性分析实现代码如代码清单 4-13 所示。

代码清单 4-13　数据规约与新属性相关性分析实现代码

```
##取出关键属性
model_data <- data[,c('user_id','review_count','friends_num','fans',
                     'average_stars','great_num','elite_num',
                     'since_year','compliment_num','elite_avg',
                     'review_avg','great_avg','compliment_avg',
                     'review_praise','review_complite')]
#再次进行相关性分析，确定相关性
corrs = cor(model_data[,2:15])#计算相关系数
##绘制相关系数图并保存
bmp(file="../tmp/关键属性相关系数.bmp",width = 800, height = 600)
corrplot(corrs,tl.col='black')
dev.off()
```

注：代码详见./code/DataPreprocessing.R。

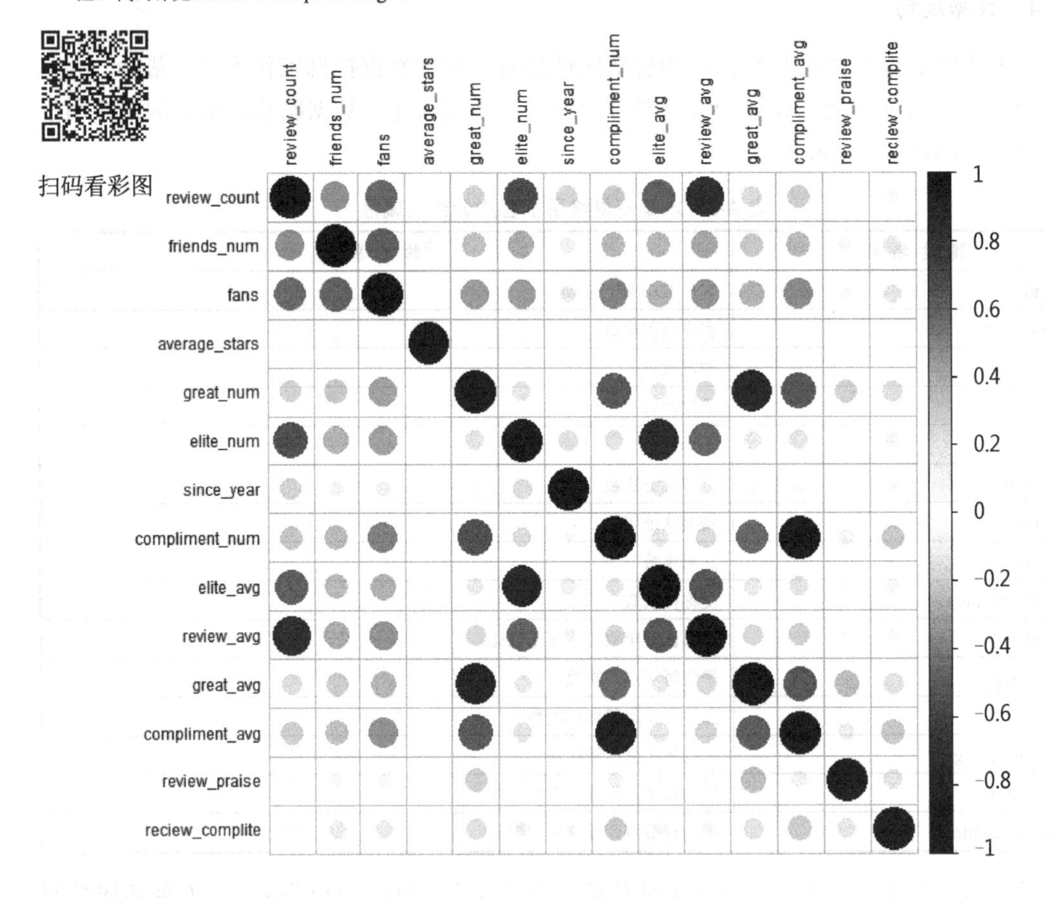

图 4-14　新属性相关系数

5. 数据筛选

根据是否通过精英认证可以对客户进行分群，经过统计分析发现，通过精英认证的客

户几乎在所有属性上均领先于其他客户，如表 4-7 所示，考虑将精英客户单独作为一个客户群体。

表 4-7　精英客户与总体客户各项指标均值

属 性 名 称	精英客户属性均值	总体客户属性均值	是否精英客户属性均值较大
review_count	226.876 286 6	23.117 172 9	TRUE
friends_num	223.928 590 2	37.423 230 5	TRUE
fans	21.938 39	1.457 274	TRUE
average_stars	3.847 253 9	3.7108 407	TRUE
great_num	1105.433 951	63.559 630 5	TRUE
elite_num	3.076 802 9	0.141 109 3	TRUE
since_year	6.761 767 6	4.495 267 7	TRUE
compliment_num	345.175 375 7	18.242 381 4	TRUE
elite_avg	0.490 736 5	0.022 506 3	TRUE
review_avg	35.255 885	4.580 983 9	TRUE
great_avg	160.001 446 2	9.849 059 1	TRUE
compliment_avg	46.476 766 5	2.518 062 9	TRUE
review_praise	3.234 494 1	0.819 135 7	TRUE
review_complite	1.033 625 1	0.140 171 2	TRUE

数据筛选实现代码如代码清单 4-14 所示。

代码清单 4-14　数据筛选实现代码

```
##数据筛选
focus_customer <- model_data[model_data$elite_avg >0,]#筛选出精英客户
focus_mean <- apply(focus_customer[,2:15],2,mean)#精英客户发生均值
all_mean <- apply(model_data[,2:15],2,mean)#总体客户指标
var_compare <- data.frame(names(model_data)[2:15],focus_mean,all_mean)
names(var_compare) <- c('col_name','focus_mean','all_mean')
var_compare['focus>all'] <- focus_mean>all_mean
###筛选出建模数据
model_data <- model_data[model_data$elite_avg == 0,
c('user_id','review_count','friends_num','fans','average_stars',
'great_num','since_year','compliment_num','review_avg',
'great_avg','compliment_avg','review_praise','reciew_complite')]
```

注：代码详见./code/DataPreprocessing.R。

6. 数据标准化

经过上述处理过程，对每个属性数据分布情况进行分析，各个属性基本统计量如表 4-8 所示。由表 4-8 中的数据可以发现，12 个属性的各基本统计量数据差异较大，由于后续使用 k-means 聚类分析方法，涉及距离计算，为了消除量纲差异给分析造成的不利影响，需要对数据进行标准化处理。

表 4-8 各个属性基本统计量

属 性 名 称	最 小 值	中 位 数	均 值	最 大 值
review_count	1	149	226.876 286 6	6653
friends_num	0	110	223.928 590 2	7526
fans	0	9	21.938 39	629
average_stars	2.13	3.85	3.847 253 9	5
great_num	0	74	1105.433 951	237 592
since_year	1	2	3.076 802 9	13.230 14
compliment_num	0.213 698 63	6.879 452 1	6.761 767 6	276 419
review_avg	0	48	345.175 375 7	2245.927 42
great_avg	0.075 585 01	0.432 123 1	0.490 736 5	42 535.191 85
compliment_avg	0.079 642 16	24.647 436 6	35.255 885	30694.534 53
review_praise	0	11.998 205 6	160.001 446 2	9910
review_complite	0	7.672 672 7	46.476 766 5	253.8

标准差标准化处理的代码如代码清单 4-15 所示。

代码清单 4-15 标准差标准化处理的代码

```
##数据标准化
model_data_min <- apply(focus_customer[,2:13],2,min)#最小值
model_data_median <- apply(focus_customer[,2:13],2,median)#中位数
model_data_mean <- apply(focus_customer[,2:13],2,mean)
model_data_max <- apply(model_data[,2:13],2,max)#最大值
model_data_compare <- data.frame(names(model_data)[2:13],model_data_ min,
                              model_data_median,model_data_mean,model_data_max)
names(model_data_compare) <- c('col_name','min','median','mean','max')
model_data[2:13] <- scale(model_data[2:13])#标准化

##写出数据
fwrite(model_data,'../tmp/model_data.csv')
fwrite(focus_customer,'../tmp/focus_customer.csv')

##清空内存
rm(list=ls())
gc()
```

注：代码详见示例程序/code/zscore_data.py。

4.2.4 模型构建

根据构建的新属性，可以将这部分属性大致归为社交属性、点评属性与注册时长三大

类。由于进行规约之后的数据属性数目依旧相对较多，在聚类的时候很难判定各个客户的整体特征倾向。故先提取三大类属性，分别进行聚类，并求出客户得分，再进行客户分群。

本案例中使用的聚类方法均为 k-means 聚类算法。

1. k-means 聚类算法基本原理

k-means 聚类算法是典型的基于距离的非层次聚类算法，在最小化误差函数的基础上将数据划分为预定的 k 类，采用距离作为相似性的评价指标，即认为两个对象的距离越近，其相似度就越大，算法过程如下。

（1）适当选择 c 个初始聚类中心。

（2）在第 k 次迭代中，对任意一个样本，求其到 c 个聚类中心的距离，将该样本归到距离最近的聚类中心所在的类中。

（3）利用均值等方法更新该类的中心。

（4）对于所有的 k 个聚类中心，如果利用（2）、（3）的迭代法更新后，中心值保持不变，则迭代结束，否则继续迭代。

聚类的结果依赖于初始聚类中心的随机选择，可能使得结果严重偏离全局最优分类。在实践中，为了得到较好的结果，通常选择不同的初始聚类中心，多次运行 k-means 聚类算法。在所有对象分配完成后，重新计算 k 个聚类中心时，对于连续数据，聚类中心取该簇的均值，但是当样本的某些属性是分类变量时，均值可能无定义，可以使用 k-众数方法。

k-means 聚类算法的优点在于其原理简单，而且容易实现，计算复杂程度较小。其缺点也较为明显：过分依赖初始聚类中心的选择，一旦初始聚类中心选择得不好，可能无法得到有效的聚类结果；需要预先给定 k 值，这往往是最困难的一步；对离群点非常敏感，容易使质心偏移。

2. 社交属性聚类

通过业务分析发现，所有属性均与社交属性相关，但是朋友数目和粉丝数目是其中最直接、最显著的社交属性，故提取这两个属性进行聚类，求出每位客户的社交属性分值。

为了保证聚类结果的准确性，需要先找出最佳聚类数目，在此处使用组间方差这一指标对不同聚类数目的 k-means 模型进行评价。社交属性聚类数目与组间方差的关系如图 4-15 所示。

通过图 4-15 可以发现，在 7 类以后，组间方差开始逐渐稳定，故可以判断社交属性的最佳聚类数目为 7。社交属性聚类结果如图 4-16 所示。

通过图 4-16 可以发现，第 6 类的朋友数目和粉丝数目都相对较多，记得分为 4；第 1 类的朋友数目与粉丝数目较为均衡，且为数不少，记得分为 3；第 5、7 两类的朋友数目较多，且均大于粉丝数目，故第 5、7 类可以归为一类，记得分为 2；第 2、3、4 类的粉丝数目和朋友数目均较少，归为一类，记得分为 1。

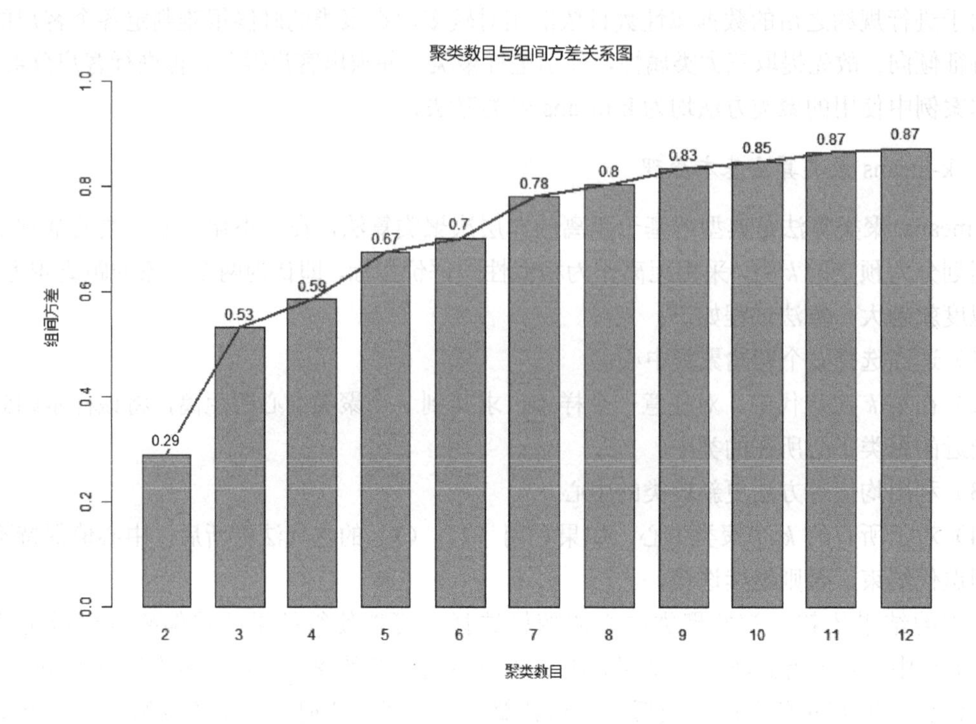

图 4-15　社交属性聚类数目与组间方差的关系

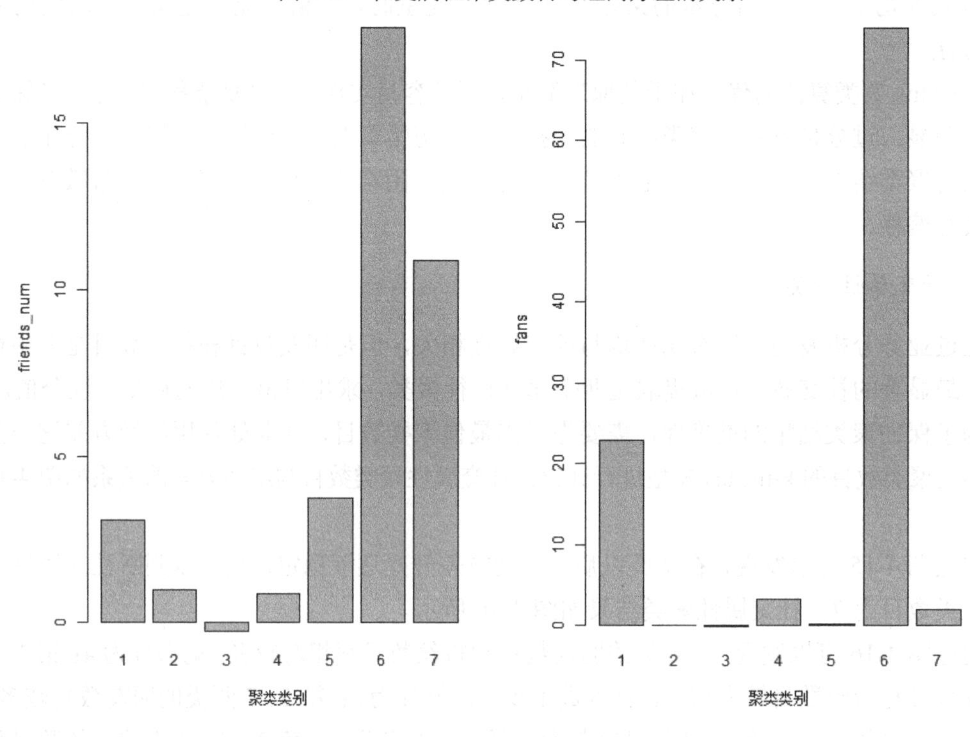

图 4-16　社交属性聚类结果

社交属性聚类实现代码如代码清单 4-16 所示。

代码清单 4-16　社交属性聚类实现代码

```
setwd('E:/第 4 章 生活服务点评网站客户分群/data')
require(data.table)#快速处理数据
require(fmsb)
model_data <- fread('../tmp/model_data.csv')
model_data <- as.data.frame(model_data)
##########################################################################
####                              模型构建                            ####
##########################################################################
#定义组间方差，绘图查看最佳聚类数目函数
nkmeans <- function(data,filename,min_n=2,max_n=12,seed_num=123)
{
  numofc <- c()
  bssp <- c()
  for (i in (min_n:max_n))
  {
    if(i<max_n){cat('开始第',i-min_n+1,'次聚类，','聚类数目为:',i,'类，还有
',max_n-i,'次，请稍等……\n')}
    else{cat('开始最后一次聚类,请稍等……\n')}
    set.seed(seed_num)
    kmeans <- kmeans(data, i,iter.max=200,algorithm= "MacQueen")
    numofc[i+1-min_n] <- i
    bssp[i+1-min_n] <- kmeans$betweenss/kmeans$totss
  }
  result <- data.frame(numofc,bssp)
  bmp(file=paste0('../tmp/',filename,"聚类数目与组间方差关系.bmp"),width =
800, height = 600)
  barplot(result$bssp,names.arg=result$numofc,xlab='聚类数目', ylab='组间
方差',main='聚类数目与组间方差关系图',ylim=c(0,1.1),space=0.5)
  lines(seq(1,1.5*(max_n-min_n+1),1.5),result$bssp,type='l',col='red',
lwd=2)
  text(seq(1,1.5*(max_n-min_n+1),1.5),result$bssp, labels = round(result$bssp,
2),cex=1,pos=3)
  dev.off()
}
#社交属性聚类
communicate_data <- model_data[,c('friends_num','fans')]
nkmeans(communicate_data,'社交属性')

##确定聚类数目为 7 类
set.seed(123)
KMeans <- kmeans(communicate_data, 7,iter.max=200,algorithm= "MacQueen")
save(KMeans,file='../tmp/communicate_KMeans.RData')#保存模型
centers <- data.frame(KMeans$centers)
name <- names(centers)
```

```
bmp(file="../tmp/社交属性聚类结果.bmp",width = 800, height = 600)
par(mfrow=c(1,2))
for(i in 1:2)
{
  barplot(centers[,i],names.arg = 1:7,xlab='聚类类别',ylab=name[i])
}
dev.off()
dist_communicate <- dist(KMeans$centers)#求中心点之间的距离
model_data['communicate'] <- KMeans$cluster
exp1 <- KMeans$cluster==6
exp2 <- KMeans$cluster==1
exp3 <- KMeans$cluster==5 | KMeans$cluster==6
exp4 <- KMeans$cluster==2 | KMeans$cluster==3 | KMeans$cluster==4
model_data[exp1,'communicate'] <- 4
model_data[exp2,'communicate'] <- 3
model_data[exp3,'communicate'] <- 2
model_data[exp4,'communicate'] <- 1
```

注：代码详见./code/Model.R。

3. 点评属性聚类

数据中与点评相关的属性相对较多，分别有客户点评次数、平均打分、点评标记次数、受称赞次数、平均每年点评次数、点评平均每年标记次数、平均每年受称赞次数、平均每条点评标记次数、平均每条点评受称赞次数。根据以上属性进行点评属性聚类，其聚类数目与组间方差的关系如图 4-17 所示。

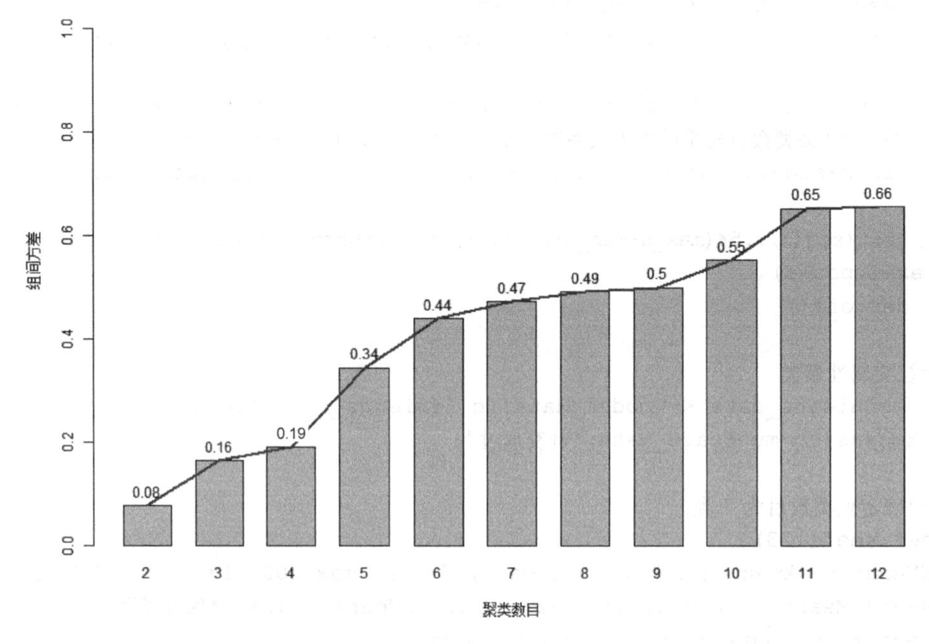

图 4-17 点评属性聚类数目与组间方差的关系

通过图 4-17 可以发现，组间方差在 7 类以后开始趋于稳定，故可以认为 7 类为点评属性的最佳聚类数目，点评属性聚类结果雷达图如图 4-18 所示。

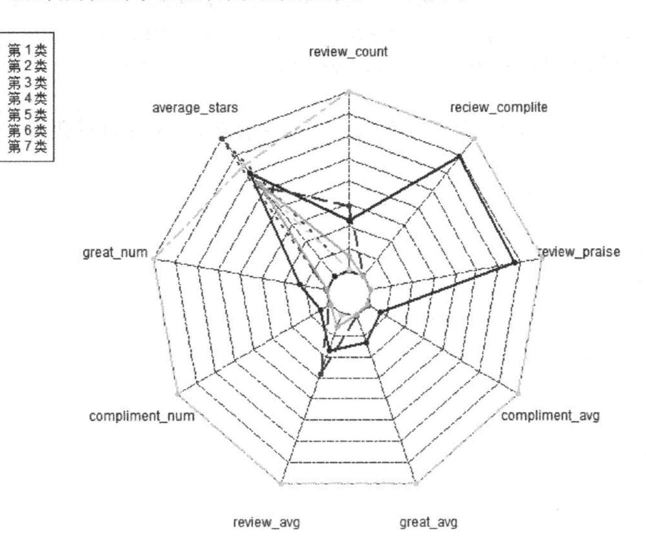

图 4-18 点评属性聚类结果雷达图

通过图 4-18 可以发现，在点评属性的聚类结果中，第 6 类组成的图形面积最大，记得分为 5；第 1 类组成的面积仅次于第 6 类，且比其他类大得多，记得分为 4；第 5 类组成的面积相较第 1、6 两类小，但又大于第 2、3、4、7 类，记得分为 3；第 3、4、7 类各属性重合度较高，且与其余类区分度较大，可以判定为同一类，记得分为 2；第 2 类各个属性特征均较小，记得分为 1。

点评属性聚类实现代码如代码清单 4-17 所示。

代码清单 4-17 点评属性聚类实现代码

```
#点评属性聚类
review_data <- model_data[,c('review_count','average_stars','great_ num',
                   'compliment_num','review_avg','great_avg',
                   'compliment_avg','review_praise','review_complite')]
nkmeans(review_data,'点评属性')

##确定聚类数目为 7 类
set.seed(123)
KMeans <- kmeans(review_data, 7,iter.max=200,algorithm= "MacQueen")
save(KMeans,file='../tmp/review.RData')#保存模型
centers <- data.frame(KMeans$centers)
name <- names(centers)

max_values <- apply(centers,2,max)
min_values <- apply(centers,2,min)
leg <- paste('第',1:7,'类')
bmp(file="../tmp/点评属性聚类结果.bmp",width = 800, height = 600)
par(mfrow=c(1,1))
```

```
color <- c("blue","darkblue","deeppink","gold",
        "purple",'cyan','green','yellow','coral4')
radarchart(centers, maxmin=F,axistype=0, seg=8,plty=1:7,
        pcol=color,centerzero = F,plwd=2,cglty=6)
legend('topleft',legend=leg,lty=1:7,col=color)
dev.off()
dist_review <- dist(KMeans$centers)#求取中心点之间的距离

model_data['review'] <- KMeans$cluster

exp1 <- KMeans$cluster==6
exp2 <- KMeans$cluster==1
exp3 <- KMeans$cluster==5
exp4 <- KMeans$cluster==3 | KMeans$cluster==4 | KMeans$cluster==7
exp5 <- KMeans$cluster==2
model_data[exp1,'review'] <- 5
model_data[exp2,'review'] <- 4
model_data[exp3,'review'] <- 5
model_data[exp4,'review'] <- 2
model_data[exp5,'review'] <- 1
```

注：代码详见./code/Model.R。

4. 客户分群

上述 2 个步骤分别进行了社交属性聚类和点评属性聚类。在此基础之上，可基于社交属性、点评属性、注册时长 3 个指标对客户进行分群，区分不同客户群的特征。客户分群聚类数目与组间方差的关系如图 4-19 所示。

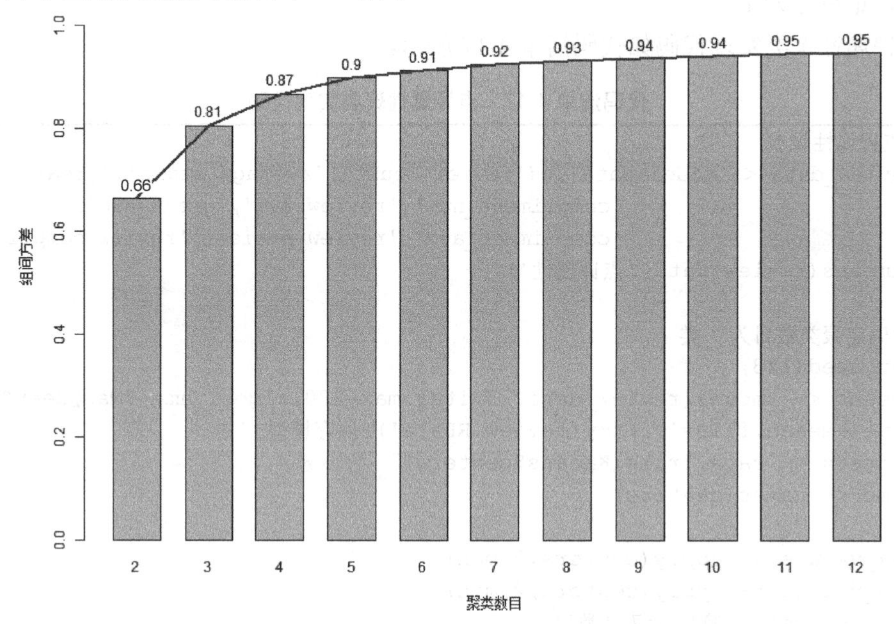

图 4-19　客户分群聚类数目与组间方差的关系

根据图 4-19，客户分群聚类的组间方差在聚类数目为 5 的时候几乎已经达到最大值，可以认为 5 类是客户分群聚类的最佳聚类数目，其聚类结果如图 4-20 所示。

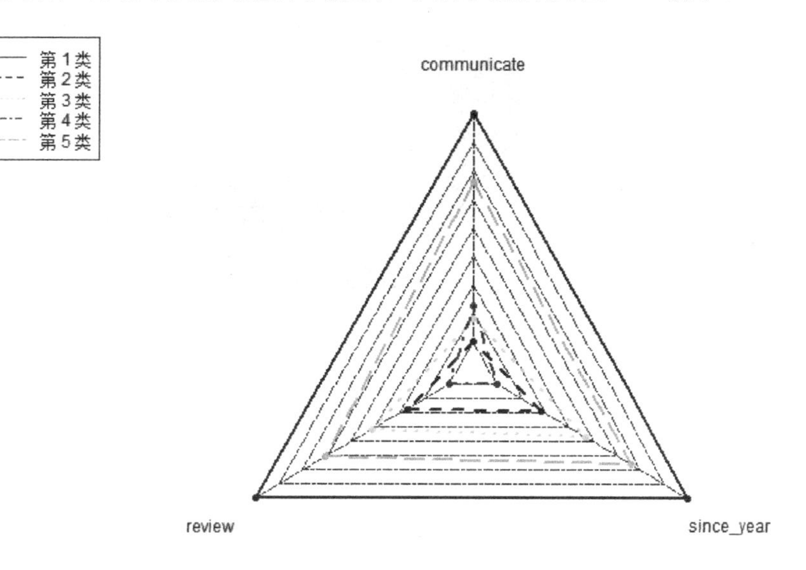

图 4-20　客户分群聚类结果

根据图 4-20 所示的客户分群聚类结果，客户分群各类的突出属性与弱化属性如表 4-9 所示。

表 4-9　客户分群各类的突出属性与弱化属性

类　别	突 出 属 性			弱 化 属 性	
第 1 类	**社交属性**	**点评属性**	**注册时长**		
第 2 类				**社交属性**	
第 3 类				*社交属性*	
第 4 类				点评属性	注册时长
第 5 类	*社交属性*	*点评属性*	*注册时长*		

注：加粗表示最值，斜体字体表示次值。

除检查上述每一类的属性以外，还需要检查客户的数目，如果某个客户群中仅有极少数的客户，那么可以将该客户群与最相近的客户群进行合并。客户分群聚类结果的各类数目如表 4-10 所示。

表 4-10　客户分群聚类结果的各类数目

类　别	数　目
第 1 类	107 115
第 2 类	343 911
第 3 类	296 295
第 4 类	262 677
第 5 类	255 284

根据表 4-10 绘制饼图，如图 4-21 所示。

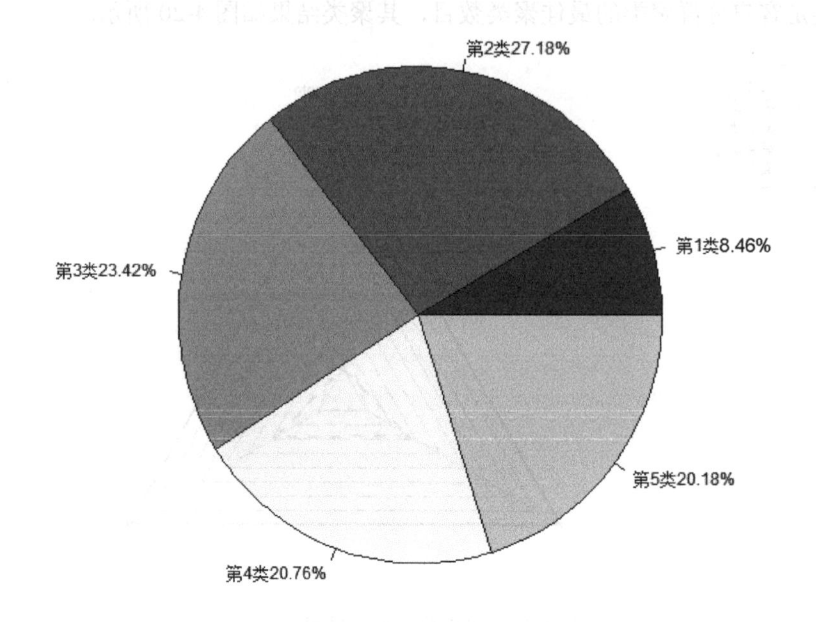

图 4-21　客户分群聚类结果

通过上述特征分析图表可知，每个客户群都有显著不同的表现特征。基于这些特征描述，本案例定义 5 个不同的客户群类别：精英客户、备选精英客户、长期活跃客户、新进活跃客户和一般客户。各客户群类别及数目如表 4-11 所示。

表 4-11　各客户群类别及数目

客 户 群	类　别	数　目	占比（约数）
精英客户		60 818	4.58%
备选精英客户	第 1 类	107 115	8.08%
长期活跃客户	第 5 类	255 284	19.25%
新进活跃客户	第 2 类，第 3 类	640 206	48.28%
一般客户	第 4 类	262 677	19.81%

注：精英客户的类别在数据筛选的过程中已经确定。

客户分群实现代码如代码清单 4-18 所示。

代码清单 4-18　客户分群实现代码

```
##客户分群
final <- model_data[,c('communicate','review','since_year')]

nkmeans(final,'客户分群')
##确定聚类数目为 5 类
set.seed(123)
```

```
KMeans <- kmeans(final, 5,iter.max=200,algorithm= "MacQueen")
save(KMeans,file='../tmp/customer_classifier_KMeans.RData')#保存模型
centers <- data.frame(KMeans$centers)
name <- names(centers)
max_values <- apply(centers,2,max)
min_values <- apply(centers,2,min)
leg <- paste('第',1:5,'类')
bmp(file="../tmp/客户分群聚类结果.bmp",width = 800, height = 600)
par(mfrow=c(1,1))
color <- c("blue","darkblue","gold",
           "purple",'green','yellow','cyan')
radarchart(centers, maxmin=F,axistype=0, seg=8,plty=1:5,
           pcol=color,centerzero = F,plwd=2,cglty=6)
legend('topleft',legend=leg,lty=1:5,col=color)
dev.off()

cluster_pcent <- as.data.frame(table(KMeans$cluster))[,2]
pie_label <- round(cluster_pcent/nrow(final),4)*100
bmp(file="../tmp/客户分群类别饼图.bmp",width = 800, height = 600)
pie(cluster_pcent,labels = paste0('第',1:5,'类',pie_label,'%'),
   col = c("purple", "violetred1", "green3","cornsilk", "cyan"))
dev.off()

##清空内存
rm(list=ls())
gc()
```

注：代码详见./code/Model.R。

5. 模型应用

- 精英客户：这类客户是网站的核心客户，约占总体客户的 4.58%，其使用网站服务功能的频率、社交圈的大小、点评的质量、点评影响力、注册时长均领先于其他客户，是网站的重点服务对象。
- 备选精英客户：这类客户长期使用网站的生活服务功能，并较为热衷于发表点评，社交属性较强，在网站内已经具备了较稳定的社交圈，其点评具备相当的影响力，是网站营销的主体之一。
- 长期活跃客户：这类客户大部分在网站快速扩张期开始使用网站的生活服务功能，并且在后续过程中持续为网站提供了不少优质点评，建立了一定的社交圈，这类客户是网站的中坚力量，为网站的发展做出了重要贡献。
- 新进活跃客户：这类客户的注册时长属性并不算特别突出，其社交属性和点评属性

稍弱于长期活跃客户。针对这类客户，需要长期跟踪，小心保持联系，将其发展成网站的长期活跃客户。

- 一般客户：这类客户来源可能只是客户临时起意，或者通过广告等引流。其使用网站生活服务功能的次数少，点评质量与影响力低，注册时长短，由于这类客户为数不少，考虑网站的长远规划与发展，保证其具有一定的黏性即可。

根据对各客户群进行的特征分析，采取下面的一些营销手段和策略，为网站客户群管理提供参考。

（1）精英认证的升级与保级。

针对非精英客户，目前的精英认证难度过高，仅有一小部分人员参与，可以参照传统行业会员制度，将精英认证分级，在保证现有精英客户充分享受自身权益的基础上，吸引更多的客户加入精英客户群，或者将精英客户群按照生活服务拆分，扩大其覆盖范围。

针对现有的精英客户，雇佣社区管理员（Community Manager）负责定期组织活动，召集积极参与的精英客户参加聚会，编写期刊，强化社区意识。

（2）增加内容供应。

增加详细点评、照片、贴士（Tips）、录像和其他内容供应。尤其是贴士，其已经摆脱了传统点评一事一议的束缚，扩大了点评的范畴，并为消费者决策提供了更直接、更有价值的参考意见，从而在竞争日益激烈的市场中脱颖而出。

（3）优质内容奖励。

点评的时效性很强。与基本信息不同，越久远的评论，其信息价值越低。为了保持不断有新的评论产生，必须设法鼓励客户去写评论。一篇好的评论，可能像《纽约时报》上刊登的书评、影评，或者专栏一样，更能吸引客户。故可针对优质点评进行奖励，奖品可以是优惠券、线下聚会资格，乃至现金等。

（4）细化现有业务。

在保证持续的产品创新、扩展平台能力的前提下，细化现有业务。例如，给餐馆卫生情况打分；在“附近商家”功能里增加针对消费者偏好定制的建议；增加订餐和订座功能，方便客户，为商家增加销售渠道，从而提高双方的黏性。

（5）交叉销售。

可以考虑与其他行业的伙伴合作，如与酒庄、SPA、酒店行业等其他垂直本地服务网站建立合作关系。通过发行联名卡等与银行等传统企业合作，使客户在其他企业的消费过程中获得本网站的积分，增强与网站的联系，提高客户忠诚度。

（6）增加广告投入。

根据不同时间，在最流行的移动 App 及网站上打广告，除基础的产品推销以外，还可以使用智能推荐，进行本地生活服务的精准推荐。推荐内容可以是新开的备受好评的生活服务商户、经常光顾的商户的优惠券等。

4.3 小结

本章结合生活服务点评网站客户分群案例，首先使用缺失值分析、相关性分析、数据规约、数据筛选、数据标准化等方法对数据进行了预处理，并筛选出了精英客户。然后使用 k-means 聚类算法先对客户社交属性与点评属性进行聚类，求出非精英客户的社交属性与点评属性得分，再使用社交属性、点评属性、注册时长对非精英客户进行客户分群。最后根据客户分群的结果对不同的客户群提出了不同的营销建议。

需要注意的是，本案例采用历史数据进行建模，随着时间的变化，客户行为也会发生变化。如果增量数据的实际情况与判断结果差异大，则需要业务部门重点关注，查看差异大的原因并确认模型的稳定性。如果模型稳定性变化大，则需要重新训练模型并进行调整。目前对模型进行重新训练的时间没有统一标准，大部分情况下都根据经验来决定。根据经验，每隔半年至一年训练一次模型比较合适。

第 5 章　水冷中央空调系统的优化控制策略

5.1　背景及挖掘目标

随着全球气候的变化和空调技术的发展，越来越多的大型建筑物利用水冷中央空调系统来实现室内温度和湿度的调节控制。随着“智慧城市”建设的快速推进，如何围绕“智慧城市”建设实现水冷中央空调系统的智能控制与节能，是“智慧城市”建设中的重要研究课题之一，水冷中央空调系统的优化控制策略研究也是实际中一个很有普遍意义的重要课题。

图 5-1 所示为常见的一类水冷中央空调系统的基本结构示意图，该系统包括 3 套冷却装置 Chiller，记为 CH-1/2/3），2 个冷却塔（Cooling Tower，记为 CT-1/2，二者等效），3 个冷凝水泵（Condenser Water Pump，记为 CWP-1/2/3）和 4 个冷水泵（Chilled Water Pump，记为 CHWP-1/2/3/4）。3 套冷却装置的额定功率分别为 550RT、550RT 和 235RT（RT 为冷却吨，即制冷能力的功率单位，1 RT = 3.517kW）。

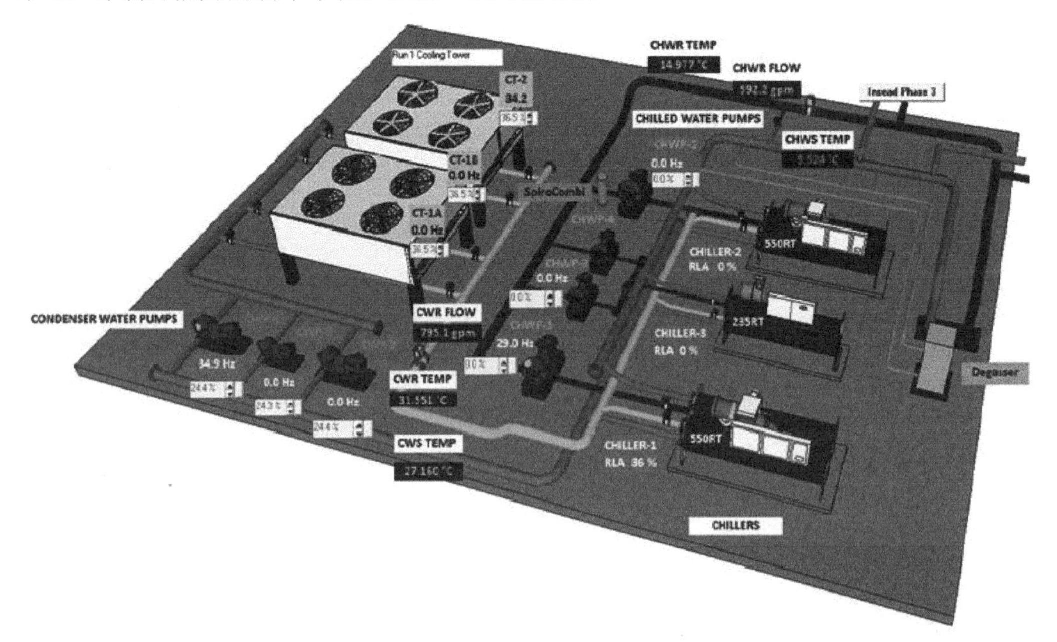

图 5-1　常见的一类水冷中央空调系统的基本结构示意图

图 5-2 所示为水冷中央空调系统的基本工作原理示意图。每套水冷中央空调系统中都包含内循环系统和外循环系统两个热交换循环系统。在内循环系统（图 5-2 下半部分）中，冷水泵将冷却装置中由冷却器冷却的冷水推进大楼，通过热交换对大楼内部的空气进行降温和除湿。循环水在吸收了室内空气中的热量以后温度升高，重新回流至冷却器中冷却降温，并通过冷却装置将其热量传送到外循环系统。在外循环系统（图 5-2 上半部分）中，冷凝水泵将冷凝器中的水推动到冷却塔中，在此过程中吸收冷却器降温所产生的热量，冷却塔把水中的热量排放到室外空气中，水再流回冷凝器中。水冷中央空调系统依此循环工作，内循环系统中的冷却器和外循环系统中的冷凝器被封装在一起，称为水冷中央空调系统的冷却装置。水冷中央空调系统通过能量转换将室内的热量吸收并输送至室外，从而实现换气降温的效果。

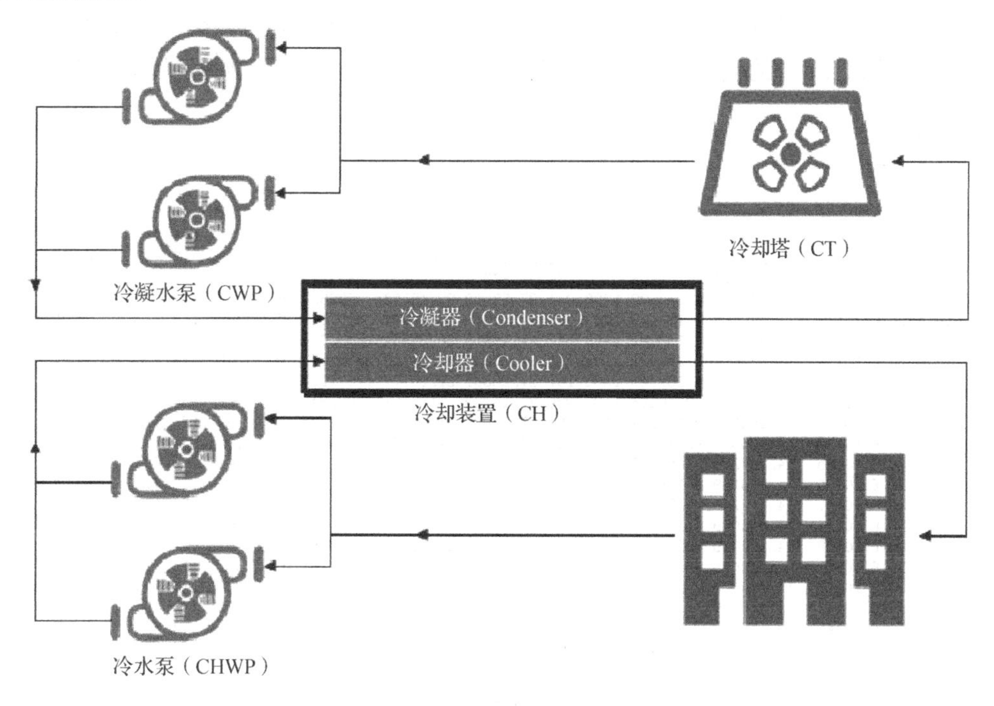

图 5-2　水冷中央空调系统的基本工作原理示意图

本章将利用热带地区某城市的一套水冷中央空调系统实测数据，挖掘空调能耗与可控变量之间的关系，寻求在冷却负载一定的条件下空调的最优控制策略。

5.2　分析的方法及流程

某城市常年平均温度在 25℃到 32℃之间，平均湿度为 85%左右。实测数据中含有系统状态参数及系统采集信息等，共 51 个字段，88 840 条记录，包括以下内容。

- 采集时间：年、月、日、时、分。
- 环境信息：室外相对湿度和温度。
- 系统状态参数：冷水泵状态、冷凝水泵状态、冷却装置状态和冷却塔状态等。
- 设备控制参数：冷水泵转速、冷凝水泵转速、冷却塔风扇转速等，相应转速的频率范围分别为 30～50Hz、30～50Hz 和 25～50Hz。数据中将以百分比的形式给出，以 30～50Hz 为例，0%—30Hz，100%—50Hz，50%—40Hz。
- 系统采集信息：设备的耗电量、相关传感器读数（如冷凝水进/出冷却装置的水温和流速等）。
- 系统运行相关信息：耗电量、冷却负载、系统效率等。

其中，系统的可控变量包括：3 个设备控制参数（冷水泵转速、冷凝水泵转速、冷却塔风扇转速）；12 个系统状态参数（冷水泵 1、2、3、4 的状态参数，冷凝水泵 1、2、3 的状态参数，冷却装置 1、2、3 的状态参数，冷却塔 1、2 的状态参数）。实测数据简图如图 5-3 所示。

Time Stamp	chwrhdr	chwshdr	chwsfhdr	cwshdr	cwrhdr	cwsfhdr	ch1kw	ch2kw	chwp1kw
10/4/2016 10:17	14.683798	9.320504	1191.452	27.76187	30.55368	2587.563	96.76801	114.176	4
10/4/2016 10:18	14.696507	9.257778	1189.691	27.80349	30.6168	2591.855	96.76801	113.664	4.048
10/4/2016 10:19	14.629988	9.230712	1187.049	27.6946	30.56133	2592.928	96.76801	116.736	4.08
10/4/2016 10:20	14.629405	9.15509	1171.639	27.73179	30.52576	2586.49	96.25601	115.2	4.08
10/4/2016 10:21	14.629988	9.131114	1193.213	27.66112	30.53219	2592.392	95.744	114.176	4.16
10/4/2016 10:22	14.59696	9.158908	1199.377	27.67259	30.51496	2591.319	95.744	114.176	4.224
10/4/2016 10:23	14.57023	9.200294	1207.303	27.63602	30.5051	2592.392	95.744	117.248	4.288
10/4/2016 10:24	14.612375	9.201606	1203.34	27.67704	30.4937	2589.173	95.744	112.64	4.256001
10/4/2016 10:25	14.563554	9.230602	1209.944	27.57099	30.45737	2588.1	95.23201	113.152	4.320001
10/4/2016 10:26	14.538465	9.183467	1209.064	27.55039	30.42381	2595.074	95.23201	118.272	4.320001
10/4/2016 10:27	14.570375	9.196032	1220.072	27.49119	30.34632	2595.074	95.23201	113.664	4.352001
10/4/2016 10:28	14.524414	9.224471	1223.154	27.50605	30.34738	2590.782	95.23201	116.736	4.320001
10/4/2016 10:31	14.501836	9.251529	1205.101	27.25861	31.20171	1797.298	97.79202	118.272	4.288
10/4/2016 10:32	14.476974	9.16458	1183.086	27.14269	31.3127	1709.849	98.30401	118.784	4.288
10/4/2016 10:33	14.442191	9.125234	1191.452	27.16628	31.41683	1656.735	98.30401	120.832	4.288
10/4/2016 10:34	14.406033	9.112934	1186.168	27.01609	31.47589	1642.25	97.79202	120.832	4.288
10/4/2016 10:35	14.397256	9.084232	1183.086	26.97219	31.41389	1621.863	95.744	116.736	4.288
10/4/2016 10:36	14.433109	9.156617	1191.012	26.97053	31.34548	1622.935	95.23201	117.248	4.256001
10/4/2016 10:37	14.412943	9.192972	1195.415	26.98365	31.36093	1610.059	95.23201	116.224	4.224
10/4/2016 10:38	14.496629	9.186088	1202.9	26.96052	31.39061	1605.768	95.23201	120.32	4.224
10/4/2016 10:39	14.459069	9.273028	1216.109	27.01931	31.39237	1617.57	95.23201	117.76	4.224
10/4/2016 10:40	14.42648	9.29708	1228.878	27.09251	31.44358	1618.107	95.23201	116.736	4.128001
10/4/2016 10:42	14.494605	9.164472	1180.444	27.15035	31.07878	1865.97	94.20802	115.2	4.048
10/4/2016 10:43	14.480729	9.13983	1167.676	27.30845	30.98701	1915.865	94.20802	114.688	4.016
10/4/2016 10:44	14.458492	9.117178	1173.84	27.21573	30.93489	1944.299	94.20802	114.688	4
10/4/2016 10:45	14.448825	9.09086	1169.437	27.16658	30.85275	1953.956	93.69601	114.176	4

图 5-3 实测数据简图

各字段说明如表 5-1 所示。

表 5-1 各字段说明

序　号	字段名称	字段含义	度量单位	说　明
1	Time Stamp	采集时间		日、月、年、时、分
2	rh	相对湿度	%	空气中的含水量
3	drybulb	干球温度（室外）	℃	摄氏度
4	wetbulb	湿球温度（室外）	℃	摄氏度
5	ch1stat	冷却装置 1 状态		0:关/1:开
6	ch2stat	冷却装置 2 状态		0:关/1:开
7	ch3stat	冷却装置 3 状态		0:关/1:开

续表

序号	字段名称	字段含义	度量单位	说明
8	ch1kw	冷却装置 1 功率	kW	冷却装置 1 的消耗功率
9	ch2kw	冷却装置 2 功率	kW	冷却装置 2 的消耗功率
10	ch3kw	冷却装置 3 功率	kW	冷却装置 3 的消耗功率
11	chiller_eff	冷却装置效率	kW/RT	∑ch$i$kw/loadsys，i=1,2,3
12	chwp1stat	冷水泵 1 状态		0:关/1:开
13	chwp2stat	冷水泵 2 状态		0:关/1:开
14	chwp3stat	冷水泵 3 状态		0:关/1:开
15	chwp4stat	冷水泵 4 状态		0:关/1:开
16	chwp1kw	冷水泵 1 功率	kW	冷水泵 1 的消耗功率
17	chwp2kw	冷水泵 2 功率	kW	冷水泵 2 的消耗功率
18	chwp3kw	冷水泵 3 功率	kW	冷水泵 3 的消耗功率
19	chwp4kw	冷水泵 4 功率	kW	冷水泵 4 的消耗功率
20	chwp_pc	冷水泵转速	%	频率范围为 30～50Hz
21	chwp_eff	冷水泵平均效率	kW/RT	∑chwp$i$kw/loadsys，i=1,2,3
22	chwrhdr	流入冷却装置的水温	℃	从大楼流回冷却装置的水温
23	chwshdr	流出冷却装置的水温	℃	从冷却装置流向大楼的水温
24	dch	流入流出冷却装置的水温差（冷却效果）	℃	chwshdr−chwrhdr
25	chwsfhdr	流入流出冷却装置的水流速度	gal/min	内循环系统中流入流出冷却装置的水流速度
26	chwgpmrt	负载流速率	gal/min·RT	单位负载所需要的水流速 chwsfhdr/loadsys
27	chgpmrt_sp	chwgpmrt 设定值	gal/min·RT	当需要人工调节时，通常设定为 chgpmrt_sp= chwgpmrt
28	cwp1stat	冷凝水泵 1 状态		0:关/1:开
29	cwp2stat	冷凝水泵 2 状态		0:关/1:开
30	cwp3stat	冷凝水泵 3 状态		0:关/1:开
31	cwp1kw	冷凝水泵 1 功率	kW	冷凝水泵 1 的消耗功率
32	cwp2kw	冷凝水泵 2 功率	kW	冷凝水泵 2 的消耗功率
33	cwp3kw	冷凝水泵 3 功率	kW	冷凝水泵 3 的消耗功率
34	cwp_pc	冷凝水泵转速	%	频率范围为 30～50Hz
35	cwp_eff	冷凝水泵的平均效率	kW/RT	∑cwp$i$kw/loadsys，i=1,2,3
36	cwrhdr	流出冷凝装置的水温	℃	从冷凝装置流向冷却塔的水温
37	cwshdr	流入冷凝装置的水温	℃	从冷却塔流入冷凝装置的水温
38	cwsfhdr	流入流出冷凝装置的水流速度	gal/min	外循环系统中流入流出冷凝装置的水流速度
39	cwgpmrt	负载流速率	gal/min·RT	单位负载所需要的水流速 cwsfhdr/loadsys

续表

序 号	字段名称	字段含义	度量单位	说 明
40	cwgpmrt_sp	cwgpmrt 设定点	gal/min·RT	当需要人工调节时，通常设定为 cwgpmrt_sp= cwgpmrt
41	ct1stat	冷却塔 1 状态		0:关/1:开
42	ct2stat	冷却塔 2 状态		0:关/1:开
43	ct1kw	冷却塔 1 功率	kW	冷却塔 1 的消耗功率
44	ct2kw	冷却塔 2 功率	kW	冷却塔 2 的消耗功率
45	ct_pc	冷却塔风扇转速	%	频率范围为 25～50Hz
46	ct_eff	冷却塔平均效率	kW/RT	∑ct*i*kw/loadsys，*i*=1,2,3
47	ct_eff_sp	ct_eff 的设定值	kW/RT	当需要人工调节时，通常设定为 ct_eff_sp= ct_eff
48	systotpower	总耗电量	kW	系统总耗电量
49	loadsys	系统的冷却负载	RT	系统的输出功率
50	effsys	系统效率	kW/RT	1RT 输出功率所消耗的电量
51	hbsys	系统热平衡	%	大于 5%意味着系统不稳定

面对如此庞大的数据量，要讨论系统能耗的最优控制策略，首先需要明确各属性之间的关系，然后建立总耗电量模型，最后在冷却负载一定的情况下，也就是保障制冷效果的前提下，通过分析得到可控参数的最优解，分析流程图如图 5-4 所示。

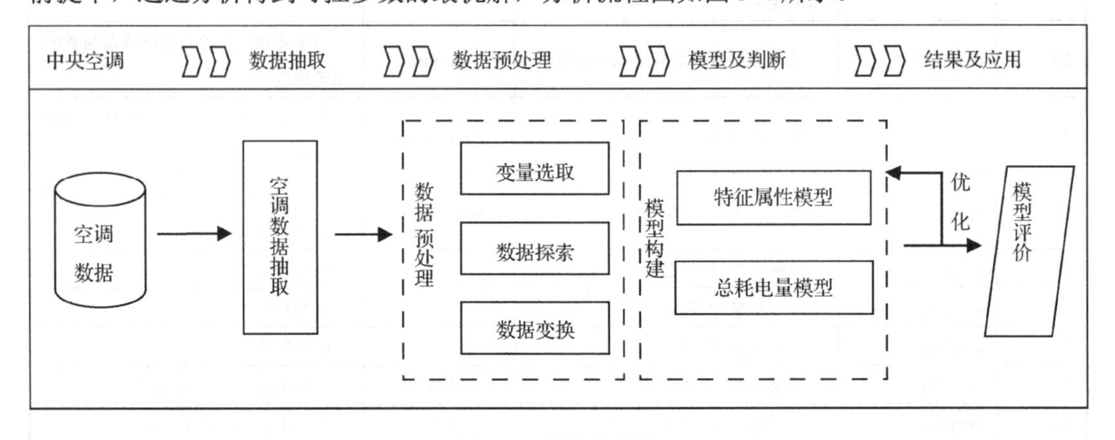

图 5-4 分析流程图

5.3 数据预处理

5.3.1 变量选取

原始数据共有 51 个属性，通过对数据的初步理解发现，部分属性之间有明显的函数关系，如总耗电量、系统的冷却负载与系统效率，流入水温、流出水温与水温差，功率、负载与效率，干球温度、湿球温度与相对湿度，为了消除各属性对挖掘目标的重复影响，以及提高模型精度，删除部分变量，具体操作如下。

- 干球温度、湿球温度、相对湿度有确定的线性关系，干球温度代表室外温度，所以删除湿球温度。
- 总耗电量除以系统的冷却负载即系统效率，所以在数据分析过程中删除系统效率，系统效率可以通过计算得到。
- 流入、流出冷却装置、冷凝装置的水温相减即水温差，所以删除流入、流出冷却装置的水温；构建新变量流入流出冷凝装置水温差 cwh，即 cwh=cwrhdr-cwshdr，删除流入、流出冷凝装置水温。
- 效率可以通过功率与负载的相关运算得到，故删除冷却装置、冷凝装置、冷却塔的效率及平均效率。
- 负载流速率完全由水流速度及水温差决定，删除冷却装置、冷凝装置负载流速率及负载流速率设定值。

选取变量后数据集中包含 37 个变量：1 个时间变量，2 个环境变量，15 个可控变量，19 个关于冷却装置、冷凝装置、冷却塔及总耗电量、热平衡的系统采集变量。变量选取实现代码如代码清单 5-1 所示。

代码清单 5-1　变量选取实现代码

```
rm(list=ls())
setwd("F:/数据挖掘竞赛“泰迪杯”/2017 数据挖掘赛题/b")#设置工作空间

#读取赛题中的原始数据
data_orgin <- read.csv("B 题-附件 1：CACS_data_2.csv")
#构造新变量 cwh
data_orgin$cwh <- data_orgin$cwrhdr-data_orgin$cwshdr

#删除部分属性
name_data <- c( "Time Stamp","chwsfhdr","cwsfhdr","ch1kw","ch2kw", "chwp1kw",
                "chwp2kw","cwp1kw","cwp_pc","cwp2kw","cwp3kw","ct1kw",
                "ct2kw","rh","drybulb","systotpower","loadsys","hbsys",
                "ch1stat","ch2stat","ch3stat","chwp1stat","chwp2stat",
                "cwp1stat","cwp2stat","cwp3stat","ct1stat","ct2stat",
                "chwp_pc","ct_pc","ch3kw","chwp3kw","chwp4kw","chwp3stat",
                "chwp4stat","dch","cwh")
data <- data_orgin[,name_data]
write.csv(data,"./data.csv",row.names = F)##将数据写入 data.csv 文件
```

5.3.2 数据探索

5.3.2.1 异常值分析

进行异常值分析所采用的数据多为系统传感器实测数据，受外部环境、其他电气设备、人员流动等因素的影响可能会出现数据采集不稳定的情况，从而产生异常数据。依据实际数据绘制的箱线图具有很强的鲁棒性，能够客观地反映数据的分布情况，直观地找到离群点，即异常值，采用1.5倍四分位距箱线图来识别异常值。由于状态变量的取值只有 0 和 1 两个，如果有异常值非常容易观察，故又将变量分为状态变量与连续变量两类进行分析。

12 个状态变量的箱线图如图 5-5 所示，其统计结果如表 5-2 所示。从箱线图中可以看出状态变量没有异常值；由箱线图及统计结果可以看出，变量 cwp2stat，即冷凝水泵 2 的状态值始终为 1.0，也就是冷凝水泵 2 在观察时间内一直处于开启状态；变量 chwp3stat 与 chwp4stat 的均值、上四分位数、下四分位数的取值都相同，有可能所有取值都相同，但是通过对变量的比较发现，只有变量 chwp3stat 与 chwp4stat 的取值完全相同，即冷水泵 3 与冷水泵 4 的状态始终一致。

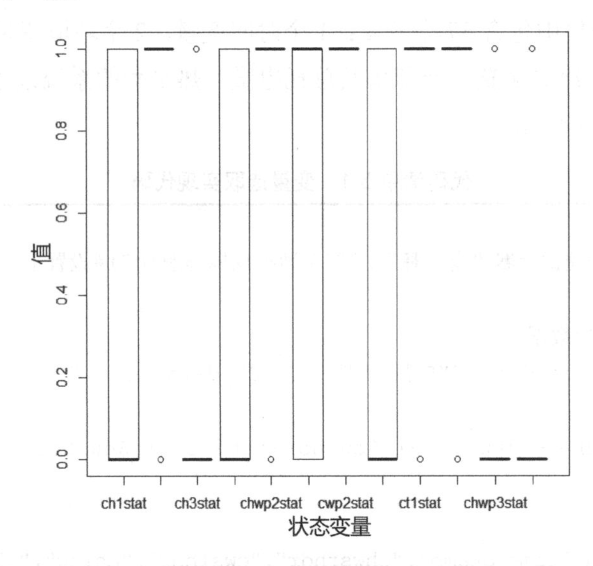

图 5-5 12 个状态变量的箱线图

表 5-2 12 个状态变量的统计结果

变 量 名	最 小 值	上四分位数	中 位 数	均 值	下四分位数	最 大 值
ch1stat	0	0	0	0.4524	1	1
ch2stat	0	1	1	0.9539	1	1
ch3stat	0	0	0	0.001 894	0	1
chwp1stat	0	0	0	0.455	1	1
chwp2stat	0	1	1	0.9543	1	1
cwp1stat	0	0	1	0.6788	1	1

续表

变 量 名	最 小 值	上四分位数	中 位 数	均 值	下四分位数	最 大 值
cwp2stat	1	1	1	1	1	1
cwp3stat	0	0	0	0.3789	1	1
ct1stat	0	1	1	0.8368	1	1
ct2stat	0	1	1	0.8303	1	1
chwp3stat	0	0	0	0.001 942	0	1
chwp4stat	0	0	0	0.001 942	0	1

可控变量不存在异常值，部分连续变量的箱线图如图 5-6 所示。变量 chwsfhdr、cwsfhdr、drybulb、loadsys、hbsys、chwp4kw、dch、cwp1kw 没有异常值，但有些变量的异常值非常多。考虑到相关传感器的数据采集不可能同时出现误差，所以对各变量箱线图中出现的离群点进行综合考虑，如果离群点至少在两个不同的变量中出现，则不认为该点及附近点为离群点。基于以上的标准，通过分析可知仍有 1072 条数据为离群数据，与数据总量相比较，离群数据量较小，故不做详细分析直接删除。

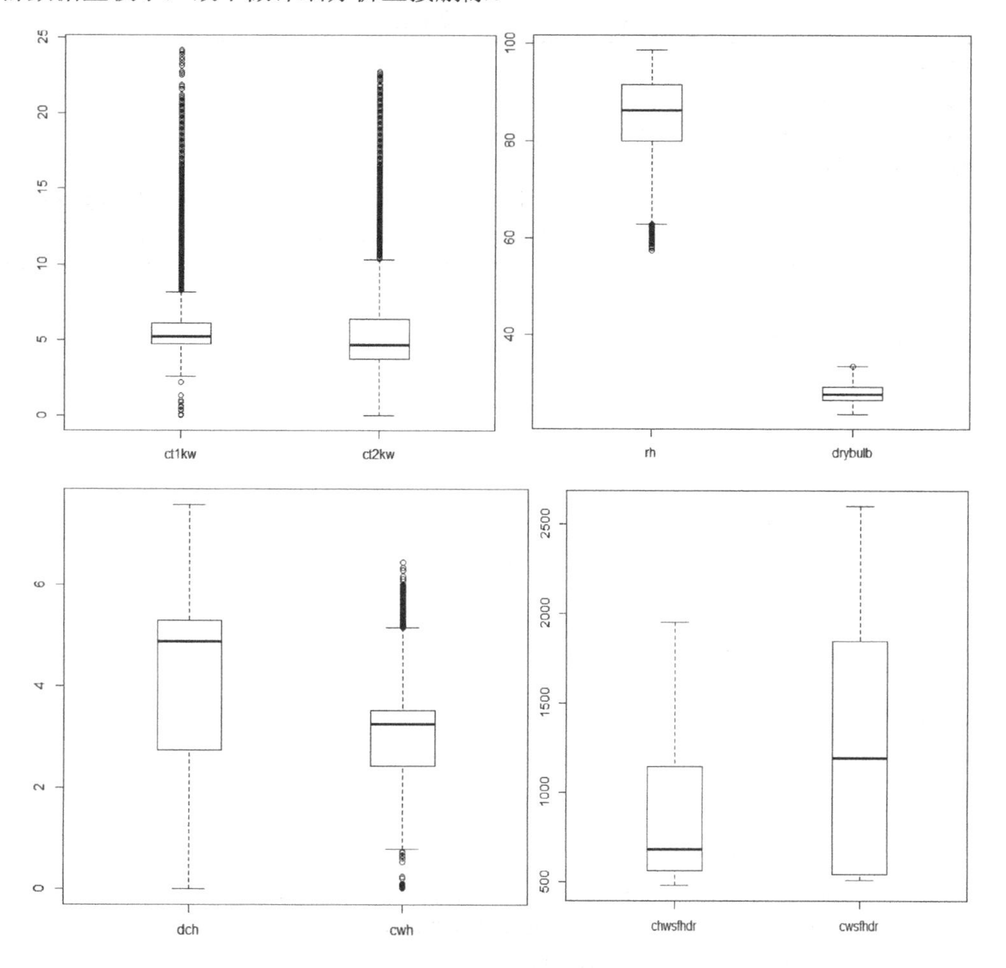

图 5-6　部分连续变量的箱线图

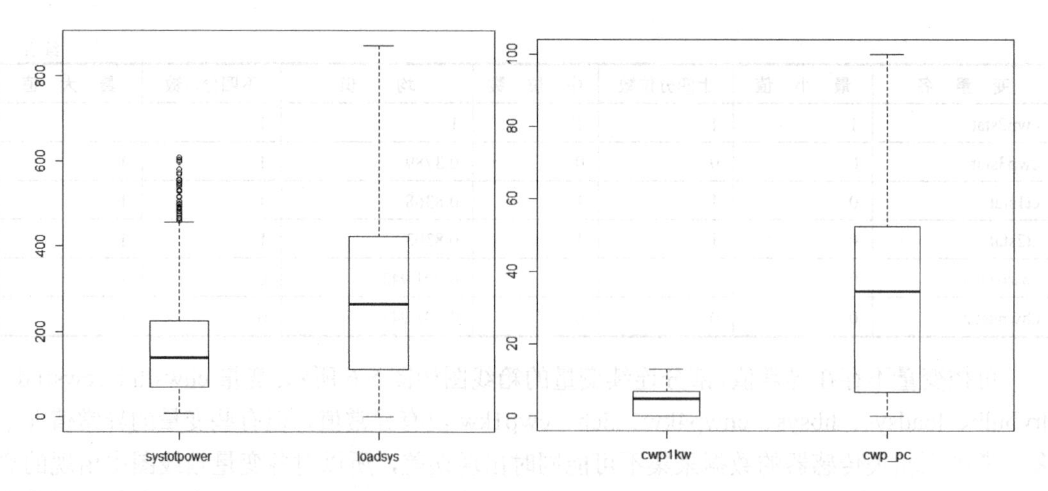

图 5-6 部分连续变量的箱线图（续）

异常值分析实现代码如代码清单 5-2 所示。

代码清单 5-2 异常值分析实现代码

```
rm(list=ls())
#设置工作空间
data <- read.csv("data.csv")#读取数据
#连续变量抽取
n_data <- c("chwsfhdr","cwsfhdr","ch1kw","ch2kw","chwp1kw","chwp2kw",
             "cwp1kw","cwp2kw","cwp3kw","ct1kw","ct2kw","rh","drybulb",
            "systotpower","loadsys","hbsys","ch3kw","chwp3kw","chwp4kw",
            "dch","cwh" )
box_data <- data[,n_data]
#状态变量抽取
stat_data <- data[,!name_data%in%n_data]
stat_data <- stat_data[,-1]#删除时间变量

#绘制状态变量箱线图
boxplot(stat_data,labs=1)
#统计状态变量
tab_statdata <- summary(stat_data)
#判断 2 个变量是否完全相同
all(stat_data$chwp3stat==stat_data$chwp4stat)
#输出状态变量统计
write.csv(t(tab_statdata),"tab_statdata.csv",row.names = T)

#绘制连续变量箱线图
Pbox_data12 <- boxplot(box_data[,1:2],boxwex=0.3,varwidth =T)
Pbox_data34<- boxplot(box_data[,14:15],boxwex=0.3,varwidth =T)
rh_box <- boxplot(box_data$rh)#湿度变量箱线图
rh_out <- rh_box$out#湿度变量离群点
```

```
ind_rh <- which(box_data$rh%in%rh_out)#离群点位置

#总耗电量箱线图及离群点
systop_box <- boxplot(box_data$systotpower)
systop_out <- systop_box$out
ind_systop <- which(box_data$systotpower%in%systop_out)
#比较湿度离群点与总耗电量离群点
un_on <- ind_rh[ind_rh%in%ind_systop]
un_on <- c(un_on-rep(1:15,each=2),un_on+rep(1:15,each=2))
un_on <- unique(un_on)
#水流温度差的离群点及比较
cwh_box <- boxplot(box_data$cwh)
cwh_out <- cwh_box$out
ind_cwh <- which(box_data$cwh%in%cwh_out)
un_on1 <- ind_cwh[ind_cwh%in%ind_rh]
n <- length(un_on1)
un_on1 <- c(un_on1+rep(1:15,each=n),un_on1,un_on1-rep(1:15,each=n))
un_on1 <- unique(un_on1)
un_on <- c(un_on,un_on1)
un_on <- unique(un_on)

#总耗电量的离群点及比较
un_on2 <- ind_cwh[ind_cwh%in%ind_systop]
n <- length(un_on2)
un_on2 <- c(un_on2+rep(1:15,each=n),un_on2,un_on2-rep(1:15,each=n))
un_on2 <- unique(un_on2)
un_on <- c(un_on,un_on2)
un_on <- unique(un_on)
#离群点索引号
liqun_index <- c(ind_rh,ind_systop,ind_cwh)

#其余变量的离群点及比较
un_on_e <- un_on
index_liqun <-liqun_index
for(i in c(3:6,8:9,17,18)){
  box <- boxplot(box_data[,i])
  out1 <- box3$out
  ind <- which(box_data[,i]%in%out1)
  un_on1 <- ind[ind%in%ind_rh]
  n <- length(un_on1)
  un_on1 <- c(un_on1+rep(1:15,each=n),un_on1,un_on1-rep(1:15,each=n))
  un_on1 <- unique(un_on1)
  un_on_e <- c(un_on_e,un_on1)
  un_on_e <- unique(un_on_e)
```

```
    un_on2 <- ind[ind%in%ind_systop]
    n1 <- length(un_on2)
    un_on2 <- c(un_on2+rep(1:15,each=n1),un_on2,un_on2-rep(1:15,each=n1))
    un_on2 <- unique(un_on2)
    un_on_e <- c(un_on_e,un_on2)
    un_on_e <- unique(un_on_e)
   index_liqun <- c(ind,index_liqun)
   index_liqun<- unique(index_liqun)
  }

#汇总离群点索引号
index_liqun <- index_liqun[!index_liqun%in%un_on_e]
data_liqun <- data[index_liqun,]#离群数据
write.csv(data_liqun,"liqun.csv",row.names = F)
#删除离群点后的数据输出
write.csv(data[-index_liqun,],"mydata.csv",row.names = F)
```

5.3.2.2 周期性分析

周期性分析的目的是探索变量随时间变化而呈现出的周期性变化趋势，该趋势可以是年度趋势、季度趋势、月度趋势，也可以是以星期、天、小时等为周期的变化趋势。一般采用变量时序图来分析变化趋势。对于水冷中央空调系统的运行周期，完全可以通过总耗电量或系统的冷却负载来体现，在这里选择通过总耗电量来对连续变量进行周期性分析。

由总耗电量时序图（见图 5-7）可以看出，总耗电量没有明显的变化趋势，围绕着 151.40kW 随机波动，利用 Augment Dickey-Fulle 参数进行检验的 p 值小于 0.01，说明观察期间总耗电量整体平稳。

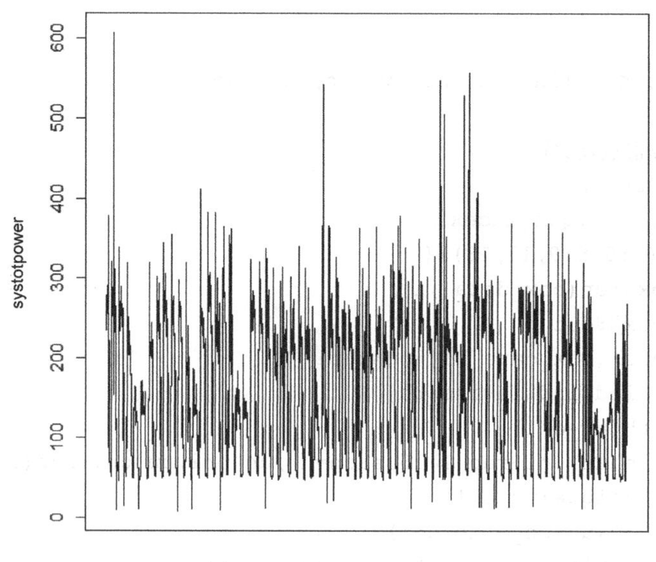

图 5-7 总耗电量时序图

从窗口数据中任意抽取 3 周的数据观察每天的平均耗电量，以 2016-11-01 到 2016-11-25 的数据为例，绘制每天的平均耗电量及耗电量在一天中的最大值、最小值图，如图 5-8 所示。由图 5-8 可以看出，每周星期六、星期日的平均耗电量较少，星期一到星期五的平均耗电量相较而言有所增加，说明该空调系统可能在某办公楼或写字间，休息日的空调负载较工作日小，所以在考虑优化系统时，可以将工作日与休息日分开进行讨论。

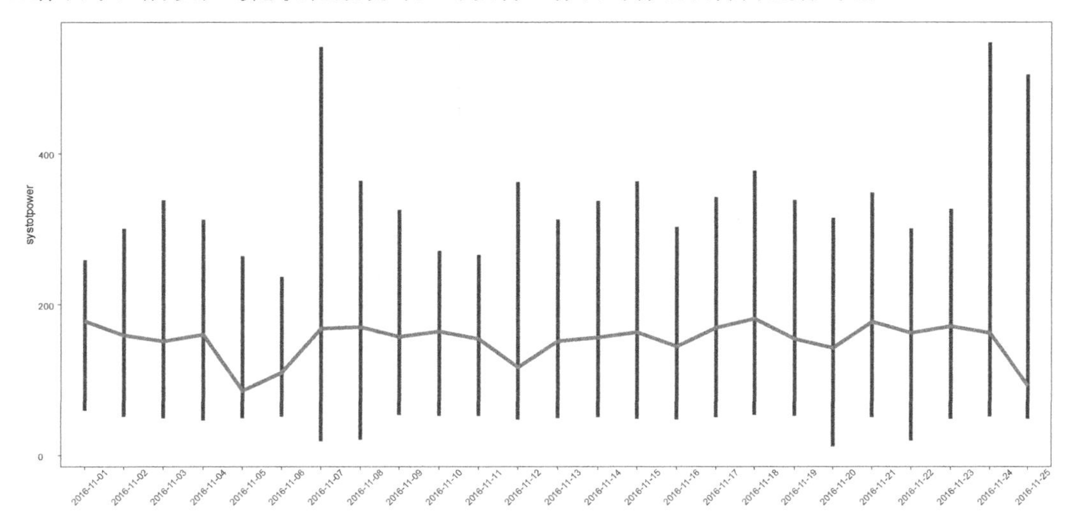

图 5-8　2016-11-01 到 2016-11-25 的耗电量图

进一步将数据周期缩小为一周，即在窗口数据中任意抽取 1 周的数据绘制时序图，如图 5-9 所示（选择 2016-12-22 到 2016-12-28 的数据），通过时序图可以看出，耗电量明显有以天为周期变化的趋势。

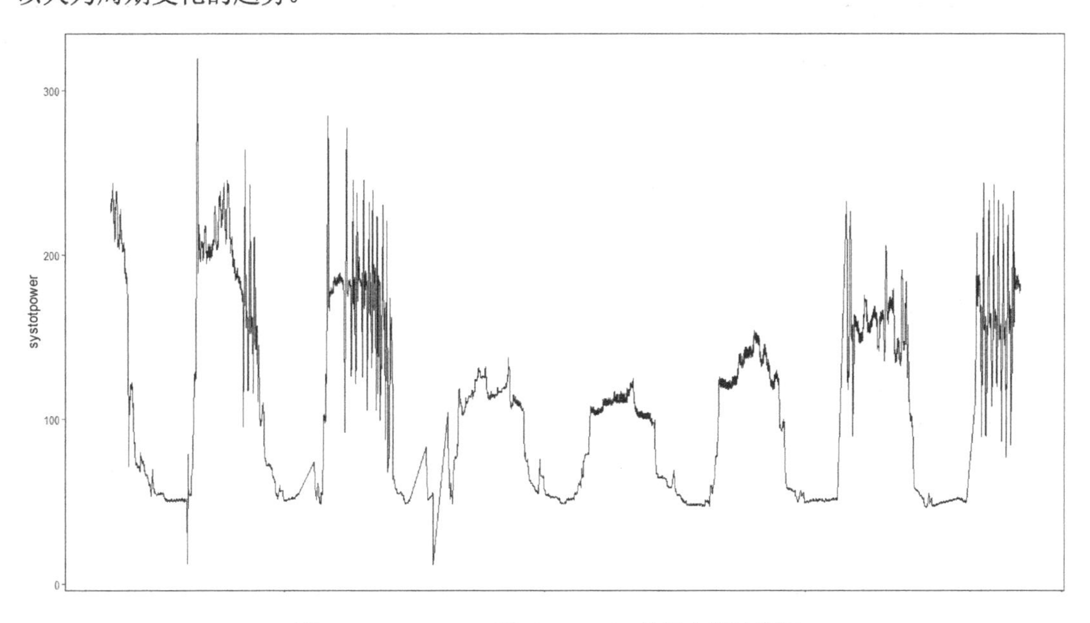

图 5-9　2016-12-22 到 2016-12-28 的耗电量时序图

为了找到一天中耗电量的变化周期，绘制 24 小时耗电量最大值、最小值、均值图，如图 5-10 所示，竖直线条表示耗电量在 1 小时内的变化趋势，连续线条表示各小时耗电量的均值。由均值线条可以看出耗电量在 0 点到 6 点、8 点到 18 点比较稳定，均值分别在 59kW、215kW 附近波动，而 6 点到 8 点的耗电量均值迅速升高，18 点到 23 点呈现明显的下降趋势。

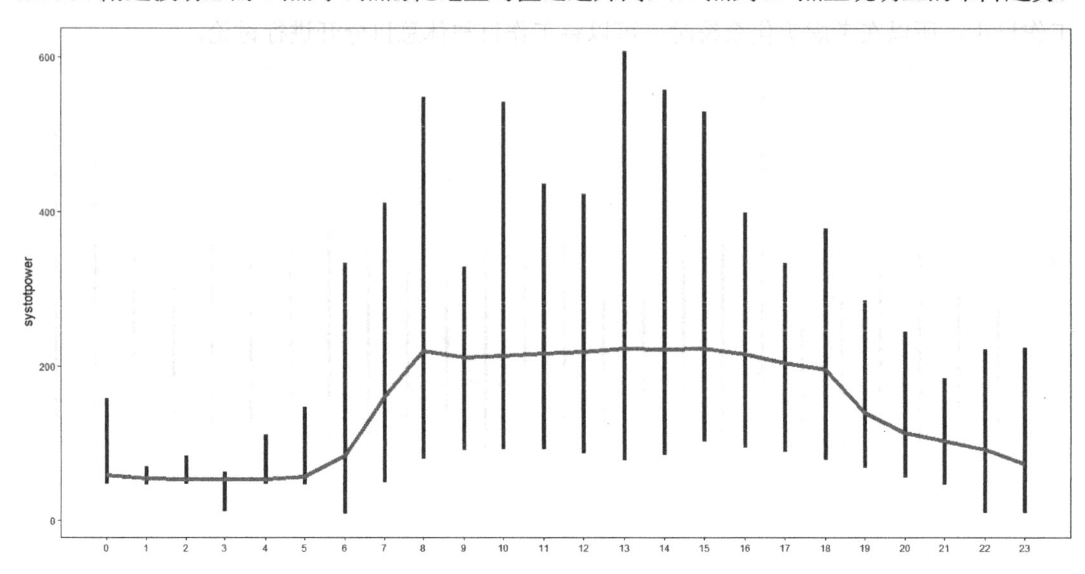

图 5-10　耗电量在 24 小时的变化情况

周期性分析实现代码如代码清单 5-3 所示。

代码清单 5-3　周期性分析实现代码

```
#安装及加载需要的包
install.packages("data.table")
install.packages("ggplot2")
install.packages("rpart")
install.packages("caret")
install.packages("lubridate")
library(data.table)
library(ggplot2)
library(rpart)
library(caret)
library(lubridate)
#工作环境设置
rm(list=ls())
setwd("F:/数据挖掘竞赛“泰迪杯”/2017 数据挖掘赛题/b")
#读取数据
data <- fread("mydata.csv")
#绘制总耗电量时序图
plot(data$systotpower,type="s",ylab = "systotpower",xlab = "",xaxt="n")
```

```
    summary(data$systotpower)
    #平稳性检验
    install.packages("urca")
    library("urca")
    summary(ur.df(data$systotpower))
    install.packages("tseries")
    library(tseries)
    adf.test(data$systotpower)
    #观察数据以周为周期的周期性
    #改变时间属性名，因为原名称中有转义字符“.”
    colnames(data)[1] <- "Time_Stamp"
    data$"Time_Stamp" <- mdy_hm(data$"Time_Stamp")#转换时间格式
    data <- data[order(data$Time_Stamp),]#按时间顺序排序
    data$Hour <- format(data$Time_Stamp,"%F")#提取时间中的年、月、日
    #抽取 2016-11-01 到 2016-11-25 的数据
    Time_Systotpower <- data[Time_Stamp>="2016-11-01 00:00:00"& Time_Stamp<=
"2016-11-25 23:59:59", c("Time_Stamp","systotpower", "Hour"), with=FALSE]

    #得到一天中耗电量的最大值、最小值及均值
    SystotpowerCount <- Time_Systotpower[,.(Max=max(systotpower), Min=
min(systotpower), Mean=mean(systotpower)), by="Hour"]
    #绘制图形
    p1 <- ggplot(SystotpowerCount,aes(Hour, Max))
    p2 <- p1 + geom_linerange(aes(ymin = Min, ymax = Max),size =2, colour=
"blue")
    p3 <- p2 + geom_line(aes(1:nrow(SystotpowerCount),Mean),size =2,colour= "green")
    #添加标签
    p3 +xlab("")+ylab("systotpower")+theme(axis.text.x = element_text(angle
= 45, hjust = 0.5, vjust = 0.5), panel.background =element_blank(),panel.
border = element_rect(color="black",fill = NA))##删除网格

    #观察数据以天为周期的周期性
    wk_Systotpower<- data[Time_Stamp>="2016-12-22 00:00:00"&Time_Stamp<=
"2016-12-28 23:59:59",c("Time_Stamp","systotpower","Hour"),with=FALSE]
    wk_plot <- ggplot(wk_Systotpower,aes(Hour,systotpower))
    wk_plot+geom_line(aes(Time_Stamp,systotpower))+theme(axis.text.x =
element_text (angle = 45, hjust = 0.5, vjust = 0.5),panel.background
=element_ blank(),panel.border = element_rect(color="black",fill = NA))

    #绘制 24 小时耗电量变化
    data$HourT <- hour(data$Time_Stamp)
    #得到一天中耗电量的最大、最小值及均值
    Systotpower_Hour<-data[,.(Max=max(systotpower), Min=min(systotpower),
```

```
Mean=mean(systotpower)),by="HourT"]
   Hp1 <- ggplot(Systotpower_Hour,aes(HourT, Max))
   Hp2  <-  Hp1  +  geom_linerange(aes(ymin  =  Min,  ymax  =  Max),size  =2,
colour="blue")
   Hp3 <- Hp2 + geom_line(aes(HourT,Mean),size =2,colour="green")
   #添加标签
   Hp4   <-   Hp3   +xlab("")+ylab("systotpower")+scale_x_continuous(breaks=
Systotpower_Hour$HourT,labels =Systotpower_Hour$HourT)
   Hp4+theme(panel.background=element_blank(),panel.border = element_rect
(color="black",fill = NA))
```

5.3.2.3 相关性分析

相关性分析是对连续变量之间的线性相关性进行分析，水冷中央空调系统的运行非常复杂，各连续变量之间可能存在着线性相关性，选取数据中除时间变量以外的 21 个连续变量绘制相关矩阵图，如图 5-11 所示，其中蓝色表示正相关，红色表示负相关，颜色越深代表相关性越强。

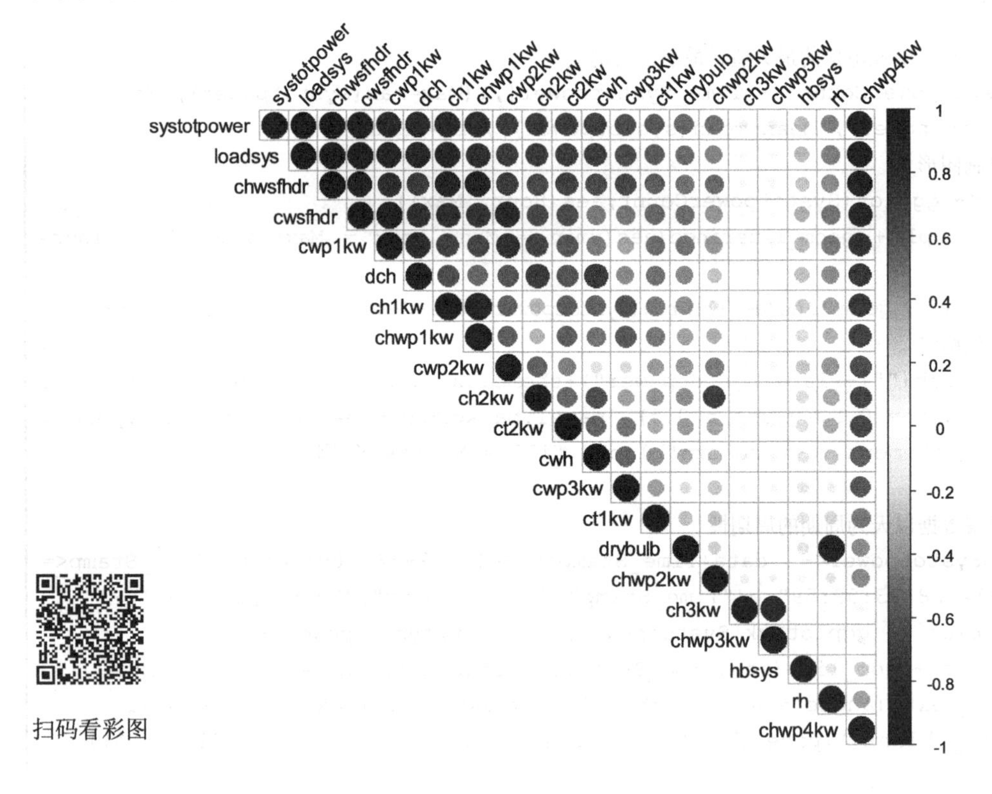

图 5-11　连续变量的相关矩阵图

由图 5-11 可以看出，总耗电量与系统的冷却负载有很强的正相关性，实际上总耗电量与系统的冷却负载的相关系数高达 0.99，这就表示总耗电量与系统的冷却负载的变化近乎一致，可以只选择其中一个变量建立模型。总耗电量与内外循环系统的水流速度、冷凝水泵 1 功率、流入流出冷却装置的水温差、冷却装置 1 功率、冷水泵 1 功率都有非常强的正相关性，也就是说总耗电量会随着这些正相关变量值的增加而增加。总耗电量与冷水泵 4 功率有非常强的负相关性，即随着冷水泵 4 功率的增加，总耗电量会有下降的趋势，与周期性分析相结合，可以推测冷水泵 4 一般会在用电量较小的时候开启。总耗电量与干球温度、相对湿度有线性相关性，说明系统运行环境较为封闭，受环境变量的影响不大。

由图 5-11 还可以看出，干球温度与相对湿度有很强的负相关性，也就是说干球温度越高，相对湿度越低，这与实际相符合。冷却装置 3 功率与冷水泵 3 功率强正相关，但与其余的变量近似线性无关，这意味着冷却装置 3 与冷水泵 3 可能是备用设备，使用时间较少。通过对数据的进一步分析发现，在 8 万多条数据中，冷却装置 3 只开启过 148 次，冷水泵 3 只开启过 163 次。

在数据探索过程中发现冷水泵 3 与冷水泵 4 的状态值完全一致，相关分析却显示二者近似无关，结合冷水泵 4 与其余变量的负相关性可以推测冷水泵 4 可能一直处于运行状态，状态值为 0；当其停止运行时，状态值为 1。极有可能冷水泵 3 是冷水泵 4 的备用设备。

相关性分析实现代码如代码清单 5-4 所示。

代码清单 5-4　相关性分析实现代码

```
rm(list=ls())
setwd("F:/数据挖掘竞赛“泰迪杯”/2017 数据挖掘赛题/b")
library(data.table)
#读取数据
Mdata <-fread("mydata.csv")
#抽取连续变量
name_data <- c("Time.Stamp","chwsfhdr","cwsfhdr","ch1kw","ch2kw","chwp1kw",
               "chwp2kw","cwp1kw","cwp2kw","cwp3kw","ct1kw","ct2kw",
               "rh","drybulb","systotpower","loadsys","hbsys","ch3kw",
               "chwp3kw","chwp4kw","dch","cwh" )
data <- Mdata[,name_data]
data <- data[,-1]
#绘制相关矩阵图
install.packages("corrplot")
library(corrplot)
cor_data <- cor(data)
#对相关系数排序
ord<- corrMatOrder(cor_data,order = "FPC")
cor_data<- cor_data[ord,ord]
#绘制图形
cor_plot <- corrplot(cor_data,type="upper",tl.col="black",tl.srt=45)
#验证冷水泵 3 与冷水泵 4 及冷却装置 3 的状态
sum(Mdata$chwp4stat)
sum(Mdata$ch3stat)
sum(Mdata$chwp3stat)
```

5.3.3 数据变换

在进行相关性分析的过程中注意到，有些设备状态值为零时消耗功率不为零，通过进一步分析发现，在采集的部分数据中系统的总耗电量会少于各个设备的耗电量之和，考虑到数据是由传感器采集得到的，会有部分误差，但是误差不应过大，所以利用“3σ原理”再次对数据进行清洗，并用状态值与功率的乘积代替原来的功率采集数据。

从数据探索中可以看出，耗电量有明显的周期性，工作时间的耗电量明显多于非工作时间的耗电量，为了构建模型，对采集时间变量进行变换，将采集时间中的日期分为非工作日与工作日，非工作日是指“星期六”及“星期日”，其余时间为工作日，构建的新变量命名为 C_day。提取采集时间变量中的小时，命名为“hour”。考虑到耗电量的周期性，将变量 hour 分为 3 个阶段，0 点到 6 点为 1 阶段；7 点到 17 点为 2 阶段；18 点到 23 点为 3 阶段，划分的时间段以变量“P_hour”命名。

最后为了消除不同单位对建模的影响，利用公式

$$\frac{\text{varable}-\min}{\max-\min}$$

对连续数据进行标准化，变量名不变。数据变换实现代码如代码清单 5-5 所示。

代码清单 5-5 数据变换实现代码

```
rm(list=ls())
setwd("F:/数据挖掘竞赛“泰迪杯”/2017 数据挖掘赛题/b")

##加载所需的R包
library(data.table)##高效数据预处理包
library(lubridate)##处理时间常用的包
library(lpSolve)##线性规划
library(dplyr)##数据预处理高效包
##读取数据
mydata<- fread("mydata.csv")

#用状态值与功率的乘积代替原功率采集数据
mydata[,ch1kw:=mydata$ch1kw*mydata$ch1stat]
mydata[,ch2kw:=mydata$ch2kw*mydata$ch2stat]
mydata[,ch3kw:=mydata$ch3kw*mydata$ch3stat]
mydata[,chwp1kw:=mydata$chwp1kw*mydata$chwp1stat]
mydata[,chwp2kw:=mydata$chwp2kw*mydata$chwp2stat]
mydata[,chwp3kw:=mydata$chwp3kw*mydata$chwp3stat]
mydata[,chwp4kw:=mydata$chwp4kw*mydata$chwp4stat]
mydata[,cwp1kw:=mydata$cwp1kw*mydata$cwp1stat]
mydata[,cwp2kw:=mydata$cwp2kw*mydata$cwp2stat]
mydata[,cwp3kw:=mydata$cwp3kw*mydata$cwp3stat]
```

```
    mydata[,ct1kw:=mydata$ct1kw*mydata$ct1stat]
    mydata[,ct2kw:=mydata$ct2kw*mydata$ct2stat]
    ##删除总耗电量小于各设备耗电量之和的异常数据
    B_sum <- apply(mydata[,c("ch1kw","ch2kw","chwp1kw","chwp2kw","cwp1kw",
"cwp2kw","cwp3kw","ct1kw","ct2kw","ch3kw","chwp3kw","chwp4kw")],1,sum)
    cor_sys <- mydata$systotpower-B_sum##计算样本均值
    J_c <- sum(cor_sys)/length(cor_sys)##计算样本方差
    V_c <- sqrt(sum((cor_sys-J_c)^2)/length(cor_sys))
    del_sqrt <- which(cor_sys>=J_c+3*V_c|cor_sys<=J_c-3*V_c)
    mydata <- mydata[-del_sqrt,]

    ##自定义最小-最大规范化函数
    min_max_fun<- function(inputdata){
      outputdata<- (inputdata-min(inputdata))/(max(inputdata)-min(inputdata))
      return(outputdata)
    }
    #对连续变量标准化
    mydata <- data.frame(mydata)
    colnum <- grep("stat|Time|Hour",colnames(mydata))
    mydata[,-colnum]<- apply(mydata[,-colnum],2,min_max_fun)
    ##将 Time.Stamp 转成时间格式
    mydata[,Time.Stamp:=mdy_hm(Time.Stamp)]
    ##求时间对应的时刻
    mydata[,hour:=hour(Time.Stamp)]

    ##将数据按工作日与非工作日拆分(注：星期一至星期五为工作日，星期六、星期日为非工作日)
    mydata[,C_day:=format(Time.Stamp,"%a")]
    mydata[,C_day:=ifelse(C_day%in%c("周六","周日"),"非工作日","工作日")]

    ##按时间段划分数据,hour0~6 记为 1 阶段; hour7~17 记为 2 阶段;hour18~23 记为 3 阶段
    mydata[which(hour%in%c(0:6)),P_hour:=1]
    mydata[which(hour%in%c(7:17)),P_hour:=2]
    mydata[which(hour%in%c(18:23)),P_hour:=3]

    write.csv(mydata,"modeldata.csv",row.names=F)
```

5.4 优化控制模型

为了找到水冷中央空调系统的最优控制策略，首先要确定总耗电量的拟合函数，即将总耗电量拟合为可控变量的函数；然后在系统的冷却负载一定的条件下，利用拟合函数确定各可控变量的取值。

5.4.1 总耗电量与可控变量

根据水冷中央空调系统的运行结构可知，任意时刻总耗电量为

$$\text{systotpower} = \sum_{i=1}^{4} \text{chwp}\,i\,\text{kw} + \sum_{i=1}^{3} \text{ch}\,i\,\text{kw} + \sum_{i=1}^{3} \text{cwp}\,i\,\text{kw} + \sum_{i=1}^{2} \text{ct}\,i\,\text{kw}$$

也就是说总耗电量等于冷水泵、冷却装置、冷凝水泵、冷却塔这 4 个部分的耗电量之和，因此需要找到这 4 个部分的耗电量与可控变量之间的拟合函数。

5.4.1.1 冷水泵耗电量的拟合

冷水泵功率（耗电量）用 chwpkw 来表示，即 $\text{chwpkw} = \sum_{i=1}^{4} \text{chwp}\,i\,\text{kw}$，则 chwpkw 与 4 个状态参数 chwp$i$stat（$i=1,2,3,4$）及冷水泵转速 chwp_pc 有关。

chwpkw 与 chwp$i$stat（$i=1,2,3,4$）呈线性关系，对状态值进行统计可知，有 48 000 多条数据只开启了一台水泵，37 000 多条数据开启了两台水泵，其中第三台水泵与第四台水泵的开启次数极少，可以认为该装置为用二备二。对冷水泵功率的拟合将根据开启水泵的台数分为两个部分进行讨论。

当然冷水泵功率会受到冷水泵转速的影响。从图 5-12 中可以看出，冷水泵功率与冷水泵转速有明显的非线性函数关系，图由全部数据绘制所以会出现 4 条趋势曲线，这说明水冷中央空调系统运行确实具有周期性。由水泵的相似定律可知，chwpkw 与 chwp_pc 的三次方成正比。

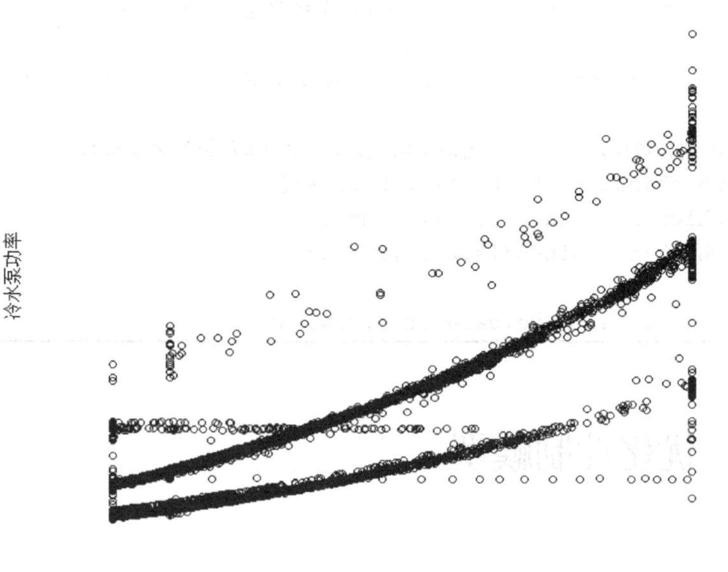

图 5-12 冷水泵功率与冷水泵转速关系图

综上分析，建立冷水泵功率拟合函数：

$$\text{chwpkw} = k \times \text{chwp\_pc}^3$$

利用数据拟合后发现，拟合效果并不理想，拟合曲线只能解释 75%的数据方差。由图 5-12 可以看出，拟合曲线的曲率不会太大，故将拟合函数调整为

$$\text{chwpkw} = k_1 \times \text{chwp\_pc} + k_2 \times \text{chwp\_pc}^2 + k_3 \times \text{chwp\_pc}^3$$

调整后的曲线拟合程度在原有的基础上有较大的优化，拟合曲线能够解释 94%的数据方差，回归系数及模型的检验参数均显著，冷水泵功率的拟合曲线预测值与实际数据的对比如图 5-13 所示，冷水泵功率拟合函数回归系数表如表 5-3 所示。

扫码看彩图

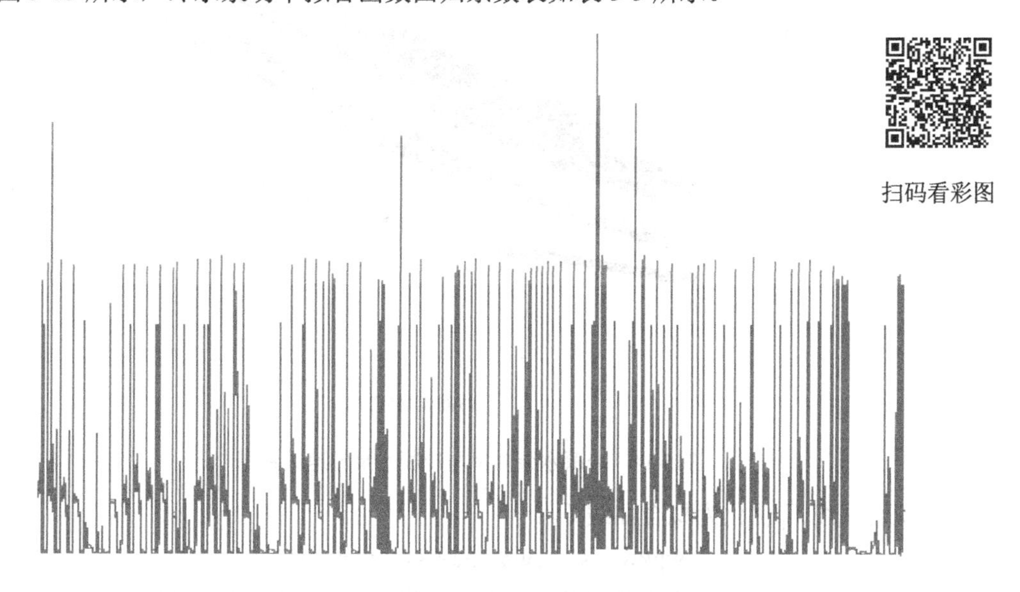

图 5-13　冷水泵功率的拟合曲线预测值与实际数据的对比

表 5-3　冷水泵功率拟合函数回归系数表

变　量　名	回归系数（1 台）		回归系数（2 台）	
	模型 1	模型 2	模型 1	模型 2
Intercept	0.202	0.19	0.48	0.39
chwp_pc	NA	0.368	NA	0.57
chwp_pc^2	NA	0.448	NA	1.117
chwp_pc^3	0.963	−0.08	1.509	−0.37
R^2	0.64	0.95	0.74	0.94

5.4.1.2　冷凝水泵耗电量的拟合

冷凝水泵功率（耗电量）用 cwpkw 来表示，即 $\text{cwpkw}=\sum_{i=1}^{3}\text{cwp}i\ \text{kw}$，则 cwpkw 与 3 个状态参数 cwp$i$stat（$i=1,2,3$）及冷凝水泵转速 cwp_pc 有关。对冷凝水泵状态值进行统计发现，同时开启 3 台水泵 24 000 多次，同时开启 2 台水泵 32 000 多次，仅开启 1 台水泵

29 000 多次。依据开启水泵的台数分别讨论冷凝水泵功率的拟合函数。冷凝水泵功率与冷凝水泵转速关系图如图 5-14 所示。还是先假设冷凝水泵功率的拟合曲线 Γ_1 为

$$\text{cwpkw} = k \times \text{cwp\_pc}^3$$

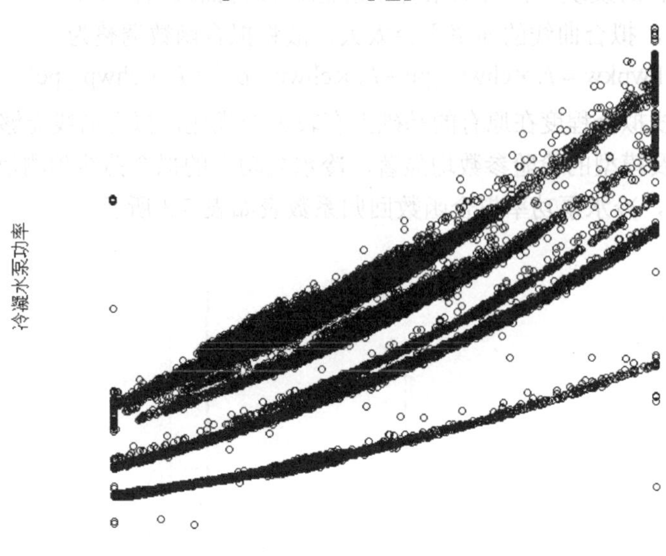

图 5-14　冷凝水泵功率与冷凝水泵转速关系图

将拟合曲线 Γ_1 优化为拟合曲线 Γ_2：

$$\text{cwpkw} = k_1 \times \text{cwp\_pc} + k_2 \times \text{cwp\_pc}^3$$

图 5-15（a）、（b）所示分别为冷凝水泵功率的拟合曲线 Γ_1、Γ_2 预测值与实际数据的对比，其中蓝色的线条为预测值，粉色的线条为实际数据。

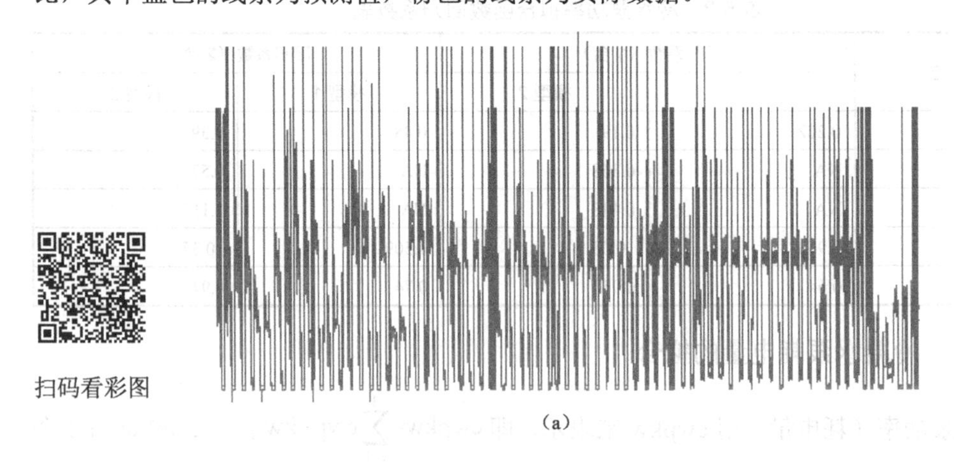

扫码看彩图

（a）

图 5-15　冷凝水泵功率的拟合曲线预测值与实际数据的对比

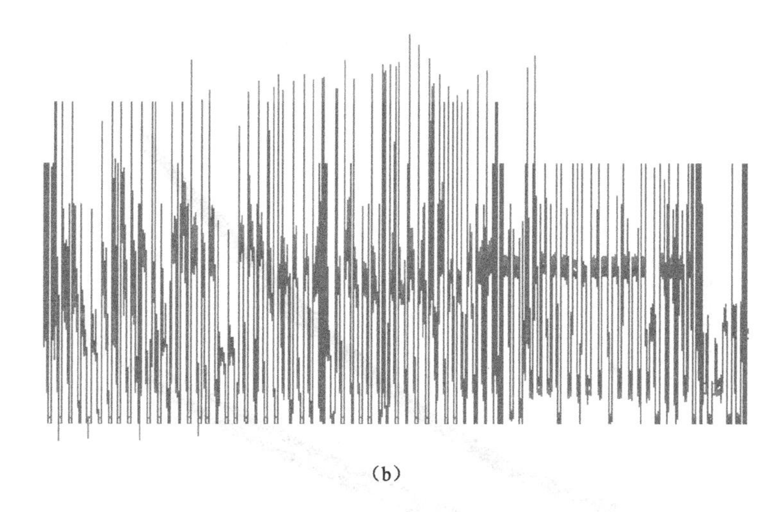

（b）

图 5-15　冷凝水泵功率的拟合曲线预测值与实际数据的对比（续）

冷凝水泵功率拟合函数回归系数表如表 5-4 所示，与 Γ_1 相比，Γ_2 对于数据的解释性提高了3%，回归系数及模型的检验参数都是显著的，从图 5-15 中也可以看到 Γ_2 覆盖了更多的实际数据，所以选择 Γ_2 作为冷凝水泵功率的拟合曲线，当开启冷凝水泵台数为 3 时，其拟合效果不如前面两个状态好，在进行优化时需要特别注意其他因素的影响。

表 5-4　冷凝水泵功率拟合函数回归系数表

变　量　名	回归系数（1 台）		回归系数（2 台）		回归系数（3 台）	
	模型 1	模型 2	模型 1	模型 2	模型 1	模型 2
Intercept	0.26	0.22	0.63	0.37	1.14	0.79
cwp_pc	NA	0.51	NA	1.09	NA	1.10
cwp_pc^3	1.00	0.27	1.89	0.52	1.66	0.58
R^2	0.59	0.99	0.87	0.97	0.75	0.86

5.4.1.3　冷却塔耗电量的拟合

冷却塔功率（耗电量）用 ctkw 来表示，即 $\text{ctkw}=\sum_{i=1}^{2}\text{ct}\,i\,\text{kw}$，则 ctkw 与两个状态参数 ct$i$stat（$i=1,2$）及冷却塔风扇转速 ct_pc 有关。统计冷却塔的状态值后，模型构建将分别在开启 1 台冷却塔风扇与 2 台冷却塔风扇的基础上讨论。冷却塔功率 ctkw 与冷却塔风扇转速关系图如图 5-16 所示。从图 5-16 中可以看出冷却塔风扇转速越快，冷却塔功率就越大，并且功率曲线明显大于起始段各点切线，所以冷却塔功率拟合曲线 Γ_3 为

$$\text{ctkw}=k\times\text{ct\_pc}^3$$

优化后的拟合曲线 Γ_4 修正为

$$\text{ctkw}=k\times\text{ct\_pc}+k_3\times\text{ct\_pc}^2$$

通过表 5-5 可以看出，Γ_4 的拟合度明显高于 Γ_3，并且回归系数及模型的检验参数都显著。

图 5-16 冷却塔功率与风扇转速关系图

表 5-5 冷却塔耗电量拟合函数回归系数表

变 量 名	回归系数（1 台）		回归系数（2 台）	
	模型 1	模型 2	模型 1	模型 2
Intercept	0.20	0.18	0.46	0.36
ct_pc	NA	0.33	NA	0.52
ct_pc^2	NA	0.50	NA	1.23
ct_pc^3	1.29	NA	2.70	NA
R^2	0.80	0.98	0.76	0.99

图 5-17（a）、（b）所示分别为冷却塔功率的拟合曲线 Γ_3、Γ_4 预测值与实际数据的对比，其中蓝色的线为预测值，粉色的线为实际数据。从图 5-17 中可以看出 Γ_4 的预测值覆盖了更多的实际数据，所以选择 Γ_4 作为冷却塔功率的拟合曲线。

冷却装置的状态值与系统的冷却负载联系非常密切，功率确定，即可确定状态值，因此在模型中应用冷却装置的 3 个功率之和 $\sum_{i=1}^{3}\text{ch}\,i\,\text{kw}$，记为 chkw，该功率与冷却负载有明显的线性关系，所以只是总耗电量的一部分，不参与耗电量的建模，总耗电量减去 chkw 后的变量记为 sys_ch，由此可以得到任意时刻的拟合为函数为

$$\text{sys\_ch} = k_1 \times \text{chwp\_pc} + k_2 \times \text{chwp\_pc}^2 + k_3 \times \text{chwp\_pc}^3 + k_3 \times \text{cwp\_pc} + \\ + k_4 \times \text{cwp\_pc}^3 + \text{chkw} + k_6 \times \text{ct\_pc} + k_7 \times \text{ct\_pc}^2$$

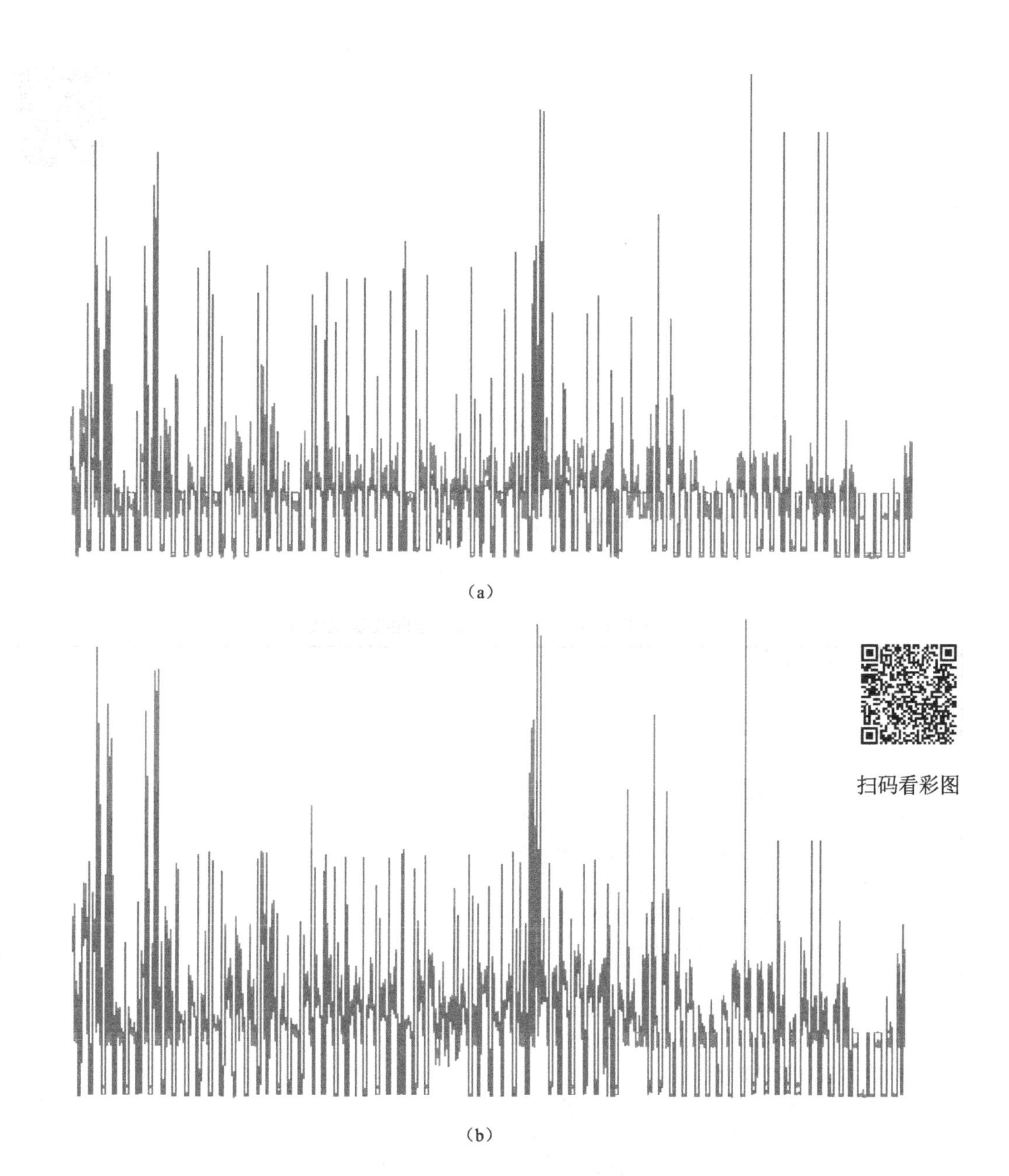

图 5-17　冷却塔功率拟合曲线预测值与实际数据的对比

表 5-6 所示为总耗电量拟合函数回归系数表，所有回归系数及模型的检验参数都是显著的，其中 $R^2=0.86$，在没有对数据进行分组的情况下，该拟合函数与实际数据的拟合程度较好。总耗电量的拟合曲线预测值与实际数据的对比如图 5-18 所示。

表 5-6　总耗电量拟合函数回归系数表

变量名	Intercept	chwp_pc	chwp_pc^2	chwp_pc^3	cwp_pc	cwp_pc^3	ct_pc^2	ct_pc^3
回归系数	0.03	0.40	−0.62	0.48	0.30	−0.04	−0.12	0.38

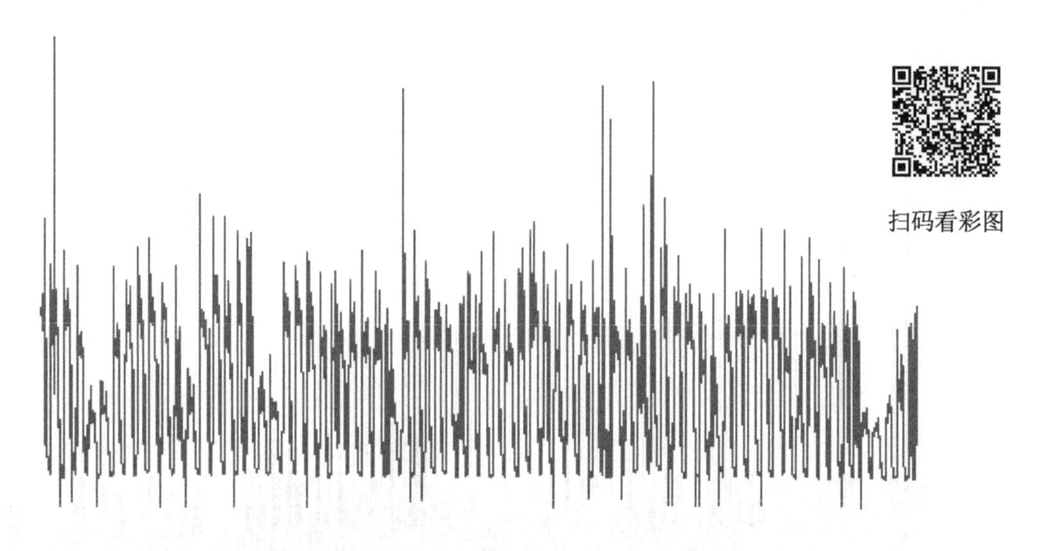

图 5-18　总耗电量的拟合曲线预测值与实际数据的对比

总耗电量拟合曲线实现代码如代码清单 5-6 所示。

代码清单 5-6　总耗电量拟合曲线实现代码

```
##设置工作路径
rm(list=ls())
setwd("F:/数据挖掘竞赛“泰迪杯”/2017 数据挖掘赛题/b")

##加载所需的R包
library(data.table)##高效数据预处理包
library(lubridate)##处理时间常用的包
library(lpSolve)##线性规划
library(dplyr)##数据预处理高效包
library(ggplot2)##画图包
##读取数据
mydata<- fread("moddata.csv")
mydata <- data.frame(mydata)
##冷水泵功率的拟合
###冷水泵转速与冷水泵功率之间的关系
chwp_name <- grep("chwp",colnames(mydata))
chwp_data <- mydata[,chwp_name]
chwp_data$total <- chwp_data$chwp1kw+chwp_data$chwp2kw+chwp_data$chwp3kw+
chwp_data$chwp4kw
plot(chwp_data$chwp_pc,chwp_data$total,xlab = "冷水泵转速",ylab="冷水泵功
率",axes=F)

chwp_data$stat <- chwp_data$chwp1stat+chwp_data$chwp2stat+chwp_data$chwp3stat+
chwp_data$chwp4stat
table(chwp_data$stat)
table(chwp_data$chwp3stat)
```

```
    test_data <- chwp_data[which(chwp_data$stat==1),]
    chwp_lm <- lm(total~I(chwp_pc^3),data = test_data)
    chwp_lm_1 <- lm(total~chwp_pc+I(chwp_pc^2)+I(chwp_pc^3),data = test_data)
    summary(chwp_lm)
    summary(chwp_lm_1)
    ##绘制拟合曲线预测值与实际数据对比图
    chwp_data$chwp_lm_fit <-fitted(chwp_lm)
    chwp_data$chwp_lm_1_fit <-fitted(chwp_lm_1)
    chwp_base <- ggplot(chwp_data)+geom_line(aes(x=c(1:length(chwp_data$total)),
    y=chwp_data$total,color="black"))+theme_bw()+theme(panel.grid.major =
element_blank(),
    panel.grid.minor = element_blank())
    chwp_base+geom_line(aes(x=c(1:length(chwp_data$total)),y=chwp_data$chw
p_lm_fit,color="y"))
    chwp_base+geom_line(aes(x=c(1:length(chwp_data$total)),y=chwp_data$chw
p_lm_1_fit,color="blue"))
    ##冷凝水泵功率的拟合
    cwp_name <- grep("cwp",colnames(mydata))
    cwp_data <- mydata[,cwp_name]
    cwp_data$total <- cwp_data$cwp1kw+cwp_data$cwp2kw+cwp_data$cwp3kw
    plot(cwp_data$cwp_pc,cwp_data$total,xlab = "冷凝水泵转速",ylab="冷凝水泵功
率",axes=F)
    cwp_data$cwpstat <- cwp_data$cwp1stat+cwp_data$cwp2stat+cwp_data$cwp3stat
    table(cwp_data$cwpstat)
    test_data_cw <- cwp_data[which(cwp_data$cwpstat==3),]
    ##冷凝水泵功率拟合曲线选择
    cwp_lm <- lm(total~I(cwp_pc^3),data = test_data_cw)
    cwp_lm_1 <- lm(total~cwp_pc+I(cwp_pc^3),data = test_data_cw)
    summary(cwp_lm)
    summary(cwp_lm_1)
    #绘制对比图
    cwp_data$cwp_lm_fit <-fitted(cwp_lm)
    cwp_data$cwp_lm_1_fit <-fitted(cwp_lm_1)
    cwp_base <- ggplot(cwp_data)+geom_line(aes(x=c(1:length(cwp_data$total)),
y=cwp_data$total,color="black"))+theme_bw()+theme(panel.grid.major = element_
blank(),panel.grid.minor = element_blank())
    cwp_base+geom_line(aes(x=c(1:length(cwp_data$total)),y=cwp_data$cwp_lm
_fit,color="y"))
    cwp_base+geom_line(aes(x=c(1:length(cwp_data$total)),y=cwp_data$cwp_lm
_1_fit,color="red"))

    ##冷却塔功率的拟合
    ct_name <- grep("ct",colnames(mydata))
    ct_data <- mydata[,ct_name]
    ct_data$total <- ct_data$ct1kw+ct_data$ct2kw
```

```
    plot(ct_data$ct_pc,ct_data$total,xlab = "冷却塔风扇转速",ylab="冷却塔功率
",axes=F)
    ct_data$stat <- ct_data$ct1stat+ct_data$ct2stat
    table(ct_data$stat)
    test_ct <- ct_data[which(ct_data$stat==1),]
    ct_lm <- lm(total~I(ct_pc^3),data = test_ct)
    ct_lm_1 <- lm(total~ct_pc+I(ct_pc^2),data = test_ct)
    summary(ct_lm)
    summary(ct_lm_1)
    #绘制对比图
    ct_data$ct_lm_fit < -fitted(ct_lm)
    ct_data$ct_lm_1_fit < -fitted(ct_lm_1)
    ct_base <- ggplot(ct_data)+geom_line(aes(x=c(1:length(ct_data$total)),y=ct_
data$total,color="black"))+theme_bw()+theme(panel.grid.major = element_
blank(),panel.grid.minor = element_blank())
    ct_base+geom_line(aes(x=c(1:length(ct_data$total)),y=ct_data$ct_lm_fit
,color="y"))
    ct_base+geom_line(aes(x=c(1:length(ct_data$total)),y=ct_data$ct_lm_1_f
it,color="red"))

    ###对总耗电量进行拟合
    kw_name <- grep(".kw",colnames(mydata))
    mydata$total <- apply(mydata[,kw_name],1,sum)
    mydata$chkw
    sys_lm  <-  lm(sys_kw~chwp_pc+I(chwp_pc^2)+I(chwp_pc^3)+cwp_pc+I(cwp_
pc^3)+I(ct_pc^2)+ct_pc,data = mydata)
    summary(sys_lm)
    mydata$sys_lm_fit <- fitted(sys_lm)
    sys_base <- ggplot(mydata)+geom_line(aes(x=c(1:length(mydata$ systotpower)),
y=mydata$systotpower,color="black"))+theme_bw()+theme(panel.grid.major  =
element_blank(),panel.grid.minor = element_blank())
    sys_base+geom_line(aes(x=c(1:length(mydata$systotpower)),y=mydata$sys_
lm_fit,color="y"))
    sys_lm$coefficients
```

5.4.2 冷却负载与可控变量

水冷中央空调系统的优化控制策略，需要在保障冷却负载的条件下进行讨论，也就是保障制冷效果的同时使得总耗电量值达到最小，其模型可以表示为

$$\begin{cases} \min(\text{systotpower}) \\ R \leqslant 0 \end{cases}$$

式中，R 表示系统各部分所需要的全部约束条件。

5.4.2.1　冷却负载与可控变量的拟合

由冷却负载与流量及温差的关系式，即

$$\text{loadsys} = \frac{1.8}{2.4} \times \text{chwsfhdr} \times \text{dch}$$

以及冷水泵转速与流量的一次方成正比可知，系统的冷却负载、温差确定，即可确定冷水泵转速。这里主要通过数据找到冷却负载与冷水泵转速之间的拟合曲线 G_1，设 $G_1 = k \times$ chwp_pc×dch+b，拟合系数分别为1.43、0.19，可解释的数据方差仅为41%。考虑到温差与干球温度有关，冷水泵转速与流量的关系也不可能完全为理论上的正比关系，所以将 G_1 修正为

$$\begin{aligned}\text{loadsys} = &\sum_{i=1}^{3} k_i \times \text{chwp\_pc}^i + k_4 \text{dch} + k_5 \text{chwp\_pc} + k_6 \text{drybulb} + k_7 \text{chwp\_pc} \times \text{dch} + \\ &+ k_8 \text{chwp\_pc} \times \text{drybulb} + k_9 \text{chwp\_pc}^2 \times \text{dch} + k_{10} \text{chwp\_pc}^2 \times \text{drybulb} + \\ &+ k_{11} \text{chwp\_pc}^3 \times \text{dch} + k_{12} \text{chwp\_pc}^3 \times \text{drybulb}\end{aligned}$$

其拟合系数依次为-0.097，-1.25，6.34，-5.08，0.59，0.05，3.30，0.61，-13.26，-0.81，10.54，0.25，其中 $R^2 = 0.88$ 说明模型可以解释 88%的数据方差，并且所有系数及模型的检验参数都显著。冷却负载的拟合值与实际数据的对比如图 5-19 所示，可以看出，两个变量的大部分取值都在 $x = y$ 这条线的附近，这也说明拟合效果较好。

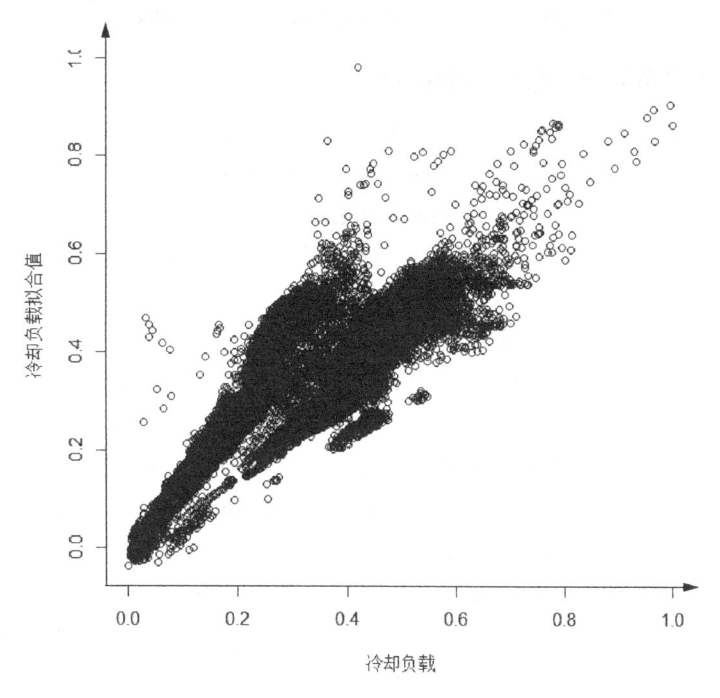

图 5-19　冷却负载的拟合值与实际数据的对比

5.4.2.2 冷却负载与冷却装置功率之间的关系

由计算可知，冷却负载与冷却装置功率的相关系数为0.99，两者之间有极强的线性相关性，故对两个属性进行线性拟合，可得

$$\text{chkw} = 0.66 \times \text{loadsys} + 0.05$$

其 $R^2 = 0.98$，说明拟合效果非常好。冷却装置功率的拟合值与实际数据的对比如图 5-20 所示。

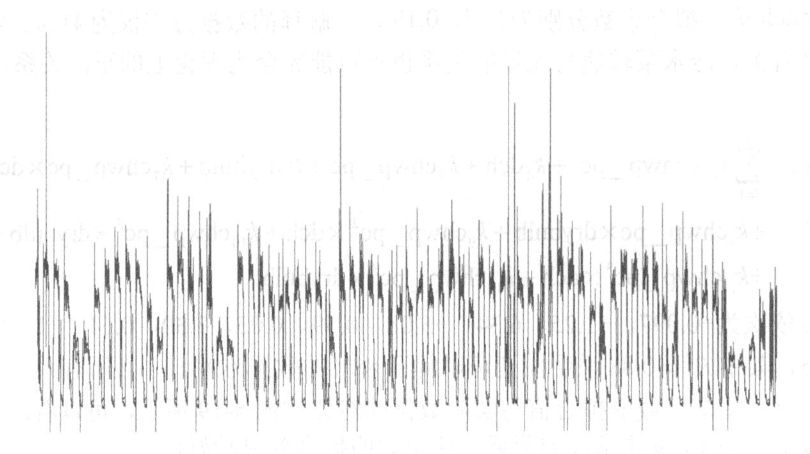

图 5-20 冷却装置功率的拟合值与实际数据的对比

5.4.2.3 冷凝负载与可控变量的关系

系统在运行的过程中要保持稳定，也就是热平衡参数要小于 5%，即

$$\text{hbsys} = \frac{\text{loadsys} - \text{chkw} - \text{condenseLoad}}{\text{condenseLoad}} < 0.05$$

一方面，如果不考虑热损耗，理论上当冷凝负载与冷却装置的功率之和等于冷却负载时空调运行状况最佳，即

$$\text{condenseLoad} = \text{loadsys} - \text{chkw}$$

另一方面，冷凝负载需要靠冷凝水泵及冷却塔来实现，也就是要利用实际数据拟合冷凝负载与可控变量之间的关系。由表 5-7 知，冷却负载与冷凝水泵转速、水温差、冷却塔风扇转速、干球温度都或多或少有线性相关性，因此设拟合曲线 G_2 为

$$G_2 = k_1 \times \text{cwp\_pc} + k_2 \times \text{cwh} + k_3 \times \text{ct\_pc} + k_4 \times \text{drybulb} + k_5 \times \text{cwp\_pc} \times \text{cwh} + \\ + k_6 \times \text{ct\_pc} \times \text{drybulb} + k_7 \times \text{rh}$$

其拟合系数依次为-0.06，0.11，0.49，0.01，0.03，0.79，0.22，−0.05，冷却塔风扇转速的系数非常小，并且是非显著的，在优化模型时将其从一次线性关系中去除。根据冷却塔风扇转速与冷却塔功率之间的关系，调整拟合曲线 G_2 为

$$G_2 = k_1 \times \text{cwh} + k_2 \times \text{cwp\_pc} \times \text{drybulb} + k_3 \times \text{ct\_pc} \times \text{drybulb} \\ + k_4 \times \text{cwp\_pc} \times \text{cwh} + k_6 \times \text{ct\_pc} \times \text{cwh} + \text{k}_7 \times \text{ct\_pc} \times \text{rh}$$

其拟合系数依次为-0.08，0.43，0.15，-0.07，0.89，0.36，-0.07，此次拟合所有系数及模型的检验参数都是显著的，且 $R^2=0.90$，说明拟合效果较好，优化模型方差误没有得到提升，但是增加了交互项。冷凝负载的拟合值与实际数据的对比如图 5-21 所示，从图 5-21 中也可以看出拟合效果较好。

表 5-7　冷凝负载与部分可控变量之间相关系数

ρ	condenseLoad	cwp_pc	cwh	ct_pc	drybulb
condenseLoad	1	0.725 888	0.670 203	0.544 556	0.497 834
cwp_pc	0.725 887 866	1	0.222 296	0.378 416	0.416 856
cwh	0.670 202 663	0.222 296	1	0.430 892	0.325 76
ct_pc	0.544 555 595	0.378 416	0.430 892	1	0.278 835
drybulb	0.497 833 663	0.416 856	0.325 76	0.278 835	1

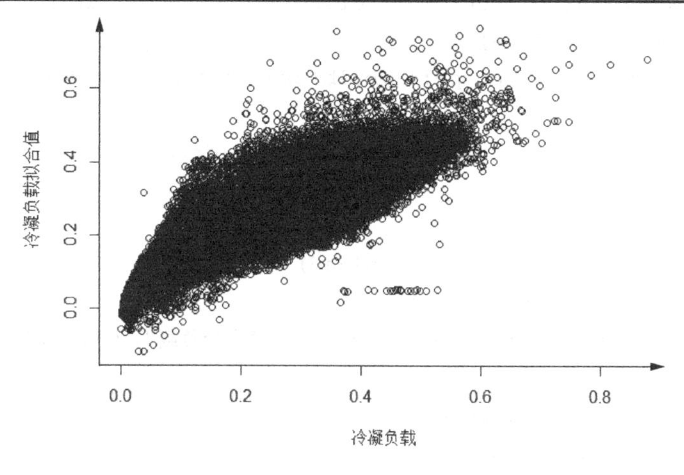

图 5-21　冷凝负载的拟合值与实际数据的对比

5.4.2.4　约束条件

冷却负载、干球温度取值一定，分别取一段时刻内的平均值作为 loadsys 、drybulb 的取值。所有的设备都不能超负荷运转，任何时刻每个装置至少开启一台设备，故状态约束条件为

$$\sum_{i=1}^{4}\text{chwp}i\text{stat}\geqslant 1,\quad \sum_{i=1}^{3}\text{ch}i\text{stat}\geqslant 1,\quad \sum_{i=1}^{3}\text{cwp}i\text{stat}\geqslant 1,\quad \sum_{i=1}^{2}\text{ct}i\text{stat}\geqslant 1$$

转速约束条件为

$$0<\text{chwp\_pc}\leqslant 1,\quad 0<\text{cwp\_pc}\leqslant 1,\quad 0<\text{ct\_pc}\leqslant 1$$

除此之外，还要保证水冷中央空调系统运行稳定，即 $\text{hbsys}<0.05$ 。

冷却负载、冷凝负载可控变量模型代码如代码清单 5-7 所示。

代码清单 5-7　冷却负载、冷凝负载可控变量模型代码

```
##设置工作路径及读取数据，如前代码
##提取与冷却负载直接相关的变量
```

```
l_data <- mydata[,c("loadsys","rh","drybulb","chwp_pc","dch")]
##拟合冷却负载曲线
l_lm <- lm(loadsys~dch:chwp_pc,data = l_data)
l_lm_1 <- lm(loadsys~(chwp_pc+I(chwp_pc^2)+I(chwp_pc^3))*(dch+drybulb),
data = l_data)
summary(l_lm)
summary(l_lm_1)
l_data$fit <- fitted(l_lm_1)
##绘制对比图
plot(l_data$loadsys,l_data$fit,xlab = "冷却负载",ylab = "冷却负载拟合值")
colnames(mydata)
####拟合冷凝负载曲线
cw_data <- mydata[,c("conload","drybulb","ct_pc","cwp_pc","cwh","rh")]
cor_data <- cor(cw_data)
cw_lm <- lm(conload~.+ct_pc:drybulb+cwp_pc:cwh,data =cw_data)
summary(cw_lm)
cw_lm_1 <- lm(conload~cwh+(cwp_pc+ct_pc):(drybulb+cwh)+ct_pc:rh,data =
cw_data)
summary(cw_lm_1)
plot(cw_data$drybulb,cw_data$conload)
cw_data$fit <- fitted(cw_lm_1)
plot(cw_data$conload,cw_data$fit,xlab = "冷凝负载",ylab = "冷凝负载拟合值")
###冷却负载与冷却装置功率的关系
cor(mydata$chkw,mydata$loadsys)
plot(mydata$chkw,mydata$loadsys)
ch_lm <- lm(chkw~loadsys,data = mydata)
summary(ch_lm)
```

5.5 模型求解

建立冷却负载、耗电量与可控变量之间的关系后，首先需要解出冷却负载在一定条件下的最小耗电量及可控变量（冷水泵、冷凝水泵、冷却塔风扇转速）。再根据耗电量的变化，确定各状态变量的取值。

5.5.1 工作日模型求解

由周期性分析可知，在工作日的耗电量仍然是以时间为周期变化的，为了进一步简化问题，将干球温度（单位：℃）分为 3 个取值：小于或等于 25、大于 25 且小于或等于 28、大于 28，各阶段都用加权均值代替原取值。因此，先按时间分段，再分别就温度取值对模型进行求解。

5.5.1.1　工作日 0 点到 6 点模型求解

为了求解的准确性，提取该时段的数据后，重新拟合数据，可得

$$\begin{aligned}\text{systotpower} = &0.004\,598\,892 + 0.037\,408\times \text{chwp\_pc} - 0.004\,94\times \text{chwp\_pc}^3\\ &+0.011\,961\times \text{cwp\_pc} - 0.004\,72\times \text{cwp\_pc}^3\\ &+0.904\,559\times \text{chkw}+0.068\,127\times \text{ct\_pc}^2 - 0.041\,09\times \text{ct\_pc}^3\end{aligned}$$

$$\begin{aligned}\text{loadsys} = &-0.0353+0.335\,002\times \text{chwp\_pc} - 0.274\,724\,64\times \text{chwp\_pc}^2\\ &+0.054\,402\,45\times \text{chwp\_pc}^3 + 0.346\,743\,49\times \text{dch} + 0.010\,199\,85\times \text{drybulb}\\ &+0.144\,416\,00\times \text{chwp\_pc}\times \text{dch} - 0.231\,588\,91\times \text{chwp\_pc}\times \text{drybulb}\end{aligned}$$

$$\begin{aligned}\text{condenseLoads} = &-0.033\,216\,536 + 0.043\,746\,523\times \text{cwp\_pc}\\ &+0.219\,898\,777\times \text{cwh} - 0.001\,375\,553\times \text{ct\_pc} - 0.045\,170\,451\times \text{cwp\_pc}^3\\ &+0.001\,966\,234\times \text{ct\_pc}^2 + 0.353\,071\,560\times \text{cwp\_pc}\times \text{cwh}\\ &+0.002\,521\,434\times \text{ct\_pc}\times \text{drybulb}+0.005\,159\,693\times \text{cwp\_pc}^2\end{aligned}$$

在拟合冷却装置功率与冷却负载时发现，其拟合程度比全局数据差，新的拟合值与全局数据的拟合值及实际数据的对比如图 5-22 所示。

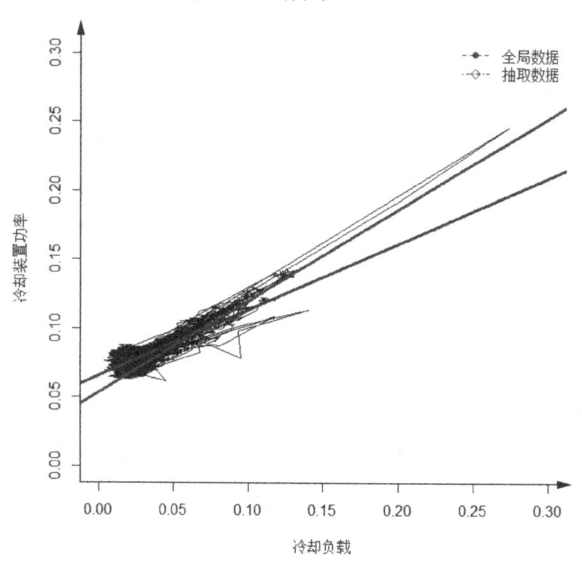

图 5-22　新的拟合值与全局数据的拟合值及实际数据的对比

该时段干球温度的加权均值分别为 24.8，27，30。这 3 个取值将冷却负载限定在其上四分位数及下四分位数之间，模型中的温度差取对应数值的均值，冷却装置功率由冷却负载的取值进行限定。利用非线性规划模型求解可以得到各转速的优化取值，如表 5-8 所示。

表 5-8　工作日 0 点到 5 点时各转速的优化取值及总耗电量

温度/℃	chwp_pc	cwp_pc	chkw	ct_pc	systotpower
24.8	0	0.33	0.061	0.124	0.064 212 39
27	0	0.29	0.062	0.126	0.064 315 07
30	0	0.25	0.064	0.128	0.065 552

5.5.1.2　工作日 7 点到 17 点模型求解

在对该时段的数据进行拟合时发现，对于冷却负载、冷凝负载的拟合程度不太好，均方差低于 0.60。应考虑到各水泵的状态值对水流速度的影响，另外全局数据拟合含有该时段的信息，为了简化求解采用全局数据对这两个函数进行拟合，表 5-9 给出了各个函数的拟合系数。

表 5-9　工作日 7 点到 17 点各模型拟合系数

耗 电 量		冷 却 负 载		冷 凝 负 载	
变　量	拟 合 系 数	变　量	拟 合 系 数	变　量	拟 合 系 数
Intercept	−0.003	Intercept	−0.097	Intercept	−0.078
chwp_pc	0.0054	chwp_pc	−1.245	cwh	0.363
chwp_pc^3	0.019	chwp_pc^2	6.342	cwp_pc	−0.206
cwp_pc	0.026	chwp_pc^3	−5.076	ct_pc	0.217
cwp_pc^3	0.004	dch	0.588	ct_pc^2	−0.410
chkw	0.963	drybulb	0.046	cwp_pc^2	0.462
ct_pc^2	0.104	chwp_pc*dch	3.296	ct_pc*drybulb	0.252
ct_pc^3	−0.043	chwp_pc*drybulb	0.608	cwh*cwp_pc	1.241
		chwp_pc^2*dch	−13.262	cwh*cwp_pc^3	−1.077
		chwp_pc^2*drybulb	−0.815		
		chwp_pc^3*dch	10.538		
		chwp_pc^3*drybulb	0.253		

如果采用与 5.5.1.1 节中相同的方法求解，得到的冷水泵转速及冷却塔风扇转速都为零，说明所得结果不具有参考性。将最初建立的耗电量模型优化为 sys_ch 的模型，根据约束条件冷却负载取定值，通过冷却负载与冷水泵转速的关系确定冷水泵转速的取值。利用 5.4.1.1 节的内容可得，冷却负载与冷水泵转速的关系为

$$\text{loadsys} = -0.087\,556\,4 + 2.949\,614\,7 \times \text{chwp\_pc}^2 - 2.883\,765\,7 \times \text{chwp\_pc}^3 \\ -8.734\,521\,6 \times \text{chwp\_pc}^2 \times \text{dch} + 0.604\,535\,5 \times \text{dch} + 7.330\,175\,7 \times \text{chwp\_pc}^3 \times \text{dch}$$

在数据集中取 loadsys 的均值作为定值，由图 5-23 可以看出，曲线穿过 x 轴所以使得 loadsys 取定值的 chwp_pc 存在，解得 chwp_pc 为 0.183。

在此基础上以冷凝负载与冷凝水泵及冷却塔风扇转速的关系为约束条件，使 sys_ch 取得最小值，由图 5-24 可以看出，当冷凝负载取定值时，冷却塔风扇转速落在 0.4 的附

近系统运行效率最高。利用拉格朗日数乘法解得 $ct\_pc = 0.37$ 。当 $cwp\_pc = 0.53$ 时，sys_ch 取得最小值 0.36 。

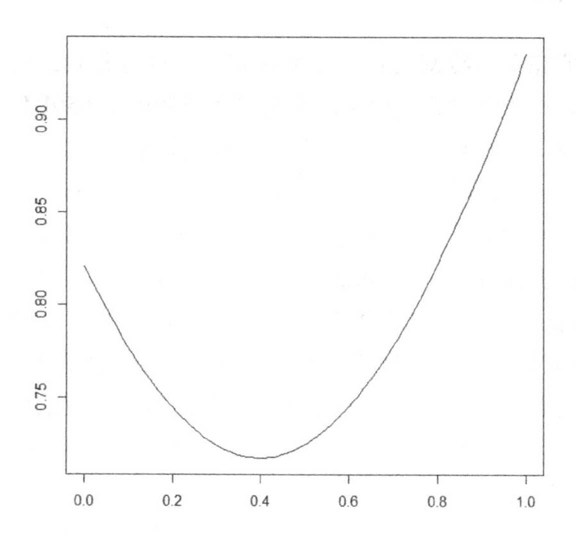

图 5-23　7 点到 17 点冷水泵转速与冷却负载关系图

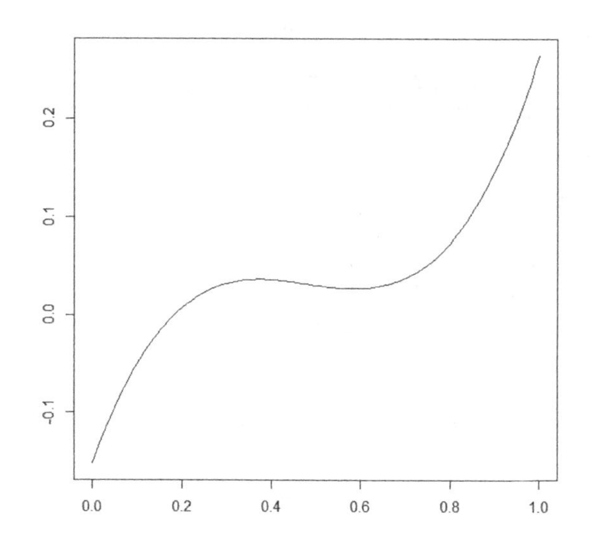

图 5-24　7 点到 17 点冷凝水泵转速与冷却塔风扇转速关系图

5.5.1.3　工作日 18 点到 23 点模型求解

对于 18 点到 23 点的数据，若采用冷却负载的均值作为定值，则 $chwp\_pc$ 的实数解将会小于 0。为了改变这种劣势，可以将 $chwp\_pc$ 的值设为 0 或采用冷却负载的下四分位数作为定值。在这里取 $chwp\_pc$ 的值为 0，进而解得 $ct\_pc = 0.37$ 。当 $cwp\_pc = 0.21$ 时，sys_ch 取得最小值 0.21 。

对于非工作日的数据可以采用类似的方法进行求解，这里不再赘述。

5.5.2 确定状态值

冷却装置的状态值完全由冷却装置功率所决定，根据冷却负载与冷却装置的关系可以计算出冷却装置功率。3 套冷却装置额定功率分别为 550RT、550RT 和 235RT，即分别为 1934.35kW、1934.35kW、826.495kW。从实际数据中可以看出，当功率达到 176kW 时就会开启 2 台冷却装置，推测出冷却装置功率在额定功率的 5%左右时达到最佳制冷效果。因此，当优化的功率小于 40kW 时，开启装置 3，即 ch3stat＝1；当功率大于或等于 40kW 且小于 95kW 时开启装置 1 或装置 2，即 ch3stat＝1 且 ch1stat＝1；当功率大于或等于 95kW 且小于 135kW 时开启装置 1、3；当功率大于或等于 135kW 且小于 180kW 时开启装置 1、2；当功率大于或等于 180kW 时最好 3 台装置全部开启，以便达到最好的制冷效果。

其余的状态值都随着耗电量的变化而变化，因此根据各装置的转速确定状态值（假定相同设备的各个装置完全相同）。冷却塔风扇转速小于 9%时只开启 1 台装置，其他时候 2 台装置全部开启。由前面的分析可知，冷水泵应该是用二备二用的状态，所以长期开启 1 台装置，当转速高于 30%时同时开启 2 台装置。冷凝水泵长期开启 1 台装置，当转速高于 25%时同时开启 2 台装置，当转速高于 40%时同时开启 3 台装置。

模型求解部分实现代码如代码清单 5-8 所示。

代码清单 5-8　模型求解部分实现代码

```
    ##设置工作路径及读取数据，如前代码
    #加载非线性规划求解包
    library(Rdonlp2)
    ##读取数据
    mydata <- fread("mod_data.csv")
    ########工作日模型##########
    work_data <- mydata[mydata$C_day=="工作日",]
    nowork_data <- mydata[!mydata$C_day=="工作日",]
    table(work_data$dry_bulb)
    work_data$dry_bulb <- ifelse(work_data$dry_bulb<=25,24.8,work_data$dry_
bulb)
    work_data$dry_bulb <- ifelse(work_data$dry_bulb>25&work_data$dry_bulb<=
28,27,work_data$dry_bulb)
    work_data$dry_bulb  <-  ifelse(work_data$dry_bulb>28,30,work_data$dry_
bulb)
    ##工作日模型拟合
    ##工作日 0 点到 6 点模型拟合
    Hou1_data<- work_data[which(work_data$P_hour==1),]
    ##工作日 7 点到 17 点模型拟合
    Hou2_data<- work_data[which(work_data$P_hour==2),]
    ####工作日 18 点到 23 点数据
    Hou3_data <- work_data[which(work_data$P_hour==3),]
    # Hou1_data <- nowork_data[which(nowork_data$P_hour==1),]
```

```
    #Hou2_data<- nowork_data[which(nowork_data$P_hour==2),]
    ####工作日 18 点到 23 点数据
    #Hou3_data <- nowork_data[which(nowork_data$P_hour==3),]
    #总耗电量拟合
    sys_lm <- lm(sys_ch~chwp_pc+I(chwp_pc^2)+I(chwp_pc^3)+cwp_pc+I(cwp_pc^3)+
I(ct_pc^2)+ct_pc,data = Hou1_data)
    summary(sys_lm)
    ###提取拟合系数
    fit_sys <- as.data.frame(sys_lm$coefficients)
    colnames(fit_sys)<-"变量系数"
    fit_sys$变量名<- row.names(fit_sys)

    #冷却负载拟合
    l_lm_1 <- lm(loadsys~(chwp_pc+I(chwp_pc^2)+I(chwp_pc^3))*(dch+drybulb)-
    I(chwp_pc^2):dch,data = Hou1_data)
    summary(l_lm_1)
    fit_Load<- as.data.frame(l_lm_1$coefficients)
    colnames(fit_Load)<-"变量系数"
    fit_Load$变量名<- row.names(fit_Load)

    #冷凝负载拟合
    cw_lm_1 <- lm(conload~cwh+(cwp_pc+ct_pc):(drybulb+cwh)+ct_pc:rh,data =
Hou1_data)
    summary(cw_lm_1)
    fit_cw<- as.data.frame(cw_lm_1$coefficients)
    colnames(fit_cw)<-"变量系数"
    fit_cw$变量名<- row.names(fit_cw)

    ###冷却装置功率与冷却负载
    ch_lm <- lm(chkw~loadsys,data = Hou1_data)
    summary(ch_lm)
    fit_ch<- as.data.frame(ch_lm$coefficients)
    colnames(fit_ch)<-"变量系数"
    fit_ch$变量名<- row.names(fit_ch)

    plot(Hou1_data$loadsys,Hou1_data$chkw,xlim = c(0,0.3),ylim =c(0,0.3),
bty ="l",xlab = "冷却负载",ylab = "冷却装置功率" )
    abline(lm(chkw~loadsys,data = Hou1_data), lwd=3, col="blue")
    abline(lm(chkw~loadsys,data=mydata),lwd=3, col="red")
    legend("topright",c("全局数据","抽取数据"),lty=c(2,4),pch=c(19,5),col =
c("red","blue"),bty = "n")
    #####建立存放运行结果数据框
    optization<- as.data.frame(matrix(numeric(0),ncol=5))
    colnames(optization)<- c("TH","chwp_pc","cwp_pc","ct_pc","sys_ch")
    inputdata<-dry_bulb_1
    #######建立目标函数
    #####用函数求解
```

```
sol_function <- function(inputdata){
  p<-c(0.1,0.1,0.1)
  ##目标函数
  fn = function(x){
 0.02968011+0.09659753*x[1]+0.08985513*x[1]^2-0.04939328*x[1]^3
+0.07261181*x[2]+0.04699864*x[2]^3+0.08249669*x[3]+0.15499093*x[3]^2
  }
  par.l = c(0,0,0); par.u = c(1,1,1)##目标值域
  ##非线性约束
  ##公式
  nlcon1 = function(x){
-0.037900799-0.059350384*x[1]+0.424815030*x[1]^2-0.339391605*x[1]^3+
0.365575264*mean(inputdata[,36])+0.008596944*mean(inputdata[,43])+
0.477036765*mean(inputdata[,36])*x[1]+0.185724040*x[1]*mean(inputdata
[,43])-0.137589936*mean(inputdata[,36])*x[1]^3-.587973205*x[1]^2*mean
(inputdata[,43])+1.445216812*x[1]^3*mean(inputdata[,43])
  }
  ##公式
  nlcon2 = function(x){
-0.03136560+0.24125703*mean(inputdata[,37])+0.10925451*x[2]*mean(inputdata
[,43])+0.44426067*mean(inputdata[,37])*x[2]-.05983102*mean(inputdata[,37]
)*x[3]-.01665759*x[3]*mean(inputdata[,43])+0.03251517*mean(inputdata[,14]
)*x[3]
  }
  ##两个非线性约束的左右边
  nlin.l = c(mean(inputdata$loadsys),0.95*mean(inputdata$conload)) ;
 nlin.u = c(mean(inputdata$loadsys),1.05*mean(inputdata$conload))
  ##输入参数第一行：值域及目标函数
  ##输入参数第三、四行：非线性约束条件
  ret = donlp2(p, fn, par.u=par.u, par.l=par.l,
              nlin=list(nlcon1,nlcon2),
              nlin.u=nlin.u, nlin.l=nlin.l)
  ##输出结果
  d <- matrix(0,8,3)
  d[,1] <- as.numeric(fit_sys$变量系数)
  row.names(d) <- fit_sys$变量名
  d[,2] <- c(1,ret$par[1],ret$par[1]^2,ret$par[1]^3,ret$par[2],ret$par[2]^3,
ret$par[3]^2,ret$par[3])
  d[,3] <- d[,1]*d[,2]
  result <- data.frame(c(ret$par,sum(d[,3])))
  row.names(result) <- c("chwp_pc","cwp_pc","ct_pc","sys_ch")
  colnames(result) <- "value"
  return(result)
 }
 ####drybulb=24.8######
 dry_bulb_1 <- Hou1_data[which(Hou1_data$dry_bulb==24.8),]
 ####drybulb=27#####
```

```
    dry_bulb_2 <- Hou1_data[which(Hou1_data$dry_bulb==27),]
    ####drybulb=30#####
    dry_bulb_3 <- Hou1_data[which(Hou1_data$dry_bulb==30),]
    sol_function(dry_bulb_1)
    sol_function(dry_bulb_2)
    sol_function(dry_bulb_3)
    ####用循环语句求解并给出对应时间点的取值###
    for(i in (1:3)){
      inputdata<- NA
      inputdata <-get(paste0("dry_bulb_",i))
      p <- c(0.1,0.1,0.1)
      ##目标函数
      fn = function(x){
        0.02968011+0.09659753*x[1]+0.08985513*x[1]^2-0.04939328*x[1]^3+
0.07261181*x[2]+0.04699864*x[2]^3+0.08249669*x[3]+0.15499093*x[3]^2
      }
      par.l = c(0,0,0); par.u = c(1,1,1)##目标值域
      ##非线性约束
      ##公式
      nlcon1 = function(x){
-0.037900799-0.059350384*x[1]+0.424815030*x[1]^2-0.339391605*x[1]^3+
0.365575264*mean(inputdata[,36])+0.008596944*mean(inputdata[,43])+
0.477036765*mean(inputdata[,36])*x[1]+0.185724040*x[1]*mean(inputdata[,43])-
0.137589936*mean(inputdata[,36])*x[1]^3-1.587973205*x[1]^2*mean(inputdata[,43])+
1.445216812*x[1]^3*mean(inputdata[,43])
      }
    ##公式
      nlcon2 = function(x){
-0.03136560+0.24125703*mean(inputdata[,37])+0.10925451*x[2]*mean(inputdata
[,43])+0.44426067*mean(inputdata[,37])*x[2]-0.05983102*mean(inputdata
[,37])*x[3]-0.01665759*x[3]*mean(inputdata[,43])+0.03251517*mean
(inputdata[,14])*x[3]
      }
      ##两个非线性约束的左右边
      t1 <- c(summary(inputdata$loadsys)[2],summary(inputdata$loadsys)[5])
      l1 <- max(min(0.55*t1-0.006357)/0.95,min(0.55*t1-0.006357)/1.05)
      l2 <- min(max(0.55*t1-0.006357)/0.95,max(0.55*t1-0.006357)/1.05)
      nlin.l = c(mean(inputdata$loadsys),l1) ; nlin.u = c(mean(inputdata$
loadsys),l2)
      ##输入参数第一行：值域及目标函数
      ##输入参数第三、四行：非线性约束条件
      ret = donlp2(p, fn,par.u=par.u, par.l=par.l,
                   nlin=list(nlcon1,nlcon2),
                   nlin.u=nlin.u, nlin.l=nlin.l)
      ##输出结果
      d <- matrix(0,8,3)
      d[,1] <- as.numeric(fit_sys$变量系数)
```

```
    row.names(d) <- fit_sys$变量名
    d[,2] <- c(1,ret$par[1],ret$par[1]^2,ret$par[1]^3,ret$par[2],ret$par[2]^3,
ret$par[3]^2,ret$par[3])
     d[,3] <- d[,1]*d[,2]
    result <- data.frame(c(ret$par,sum(d[,3])))
    row.names(result) <- c("chwp_pc","cwp_pc","ct_pc","sys_ch")
    colnames(result) <- "value"
    result
    opt_data<- as.data.frame(matrix(numeric(0),nrow=length(inputdata),
ncol=5))
    opt_data[,1] <- inputdata[,1]
    opt_data[,2] <- result[1,1]
    opt_data[,3] <- result[2,1]
    opt_data[,4] <- result[3,1]
    opt_data[,5] <- result[4,1]
    optization <- rbind(optization,opt_data)
    }
  ##工作日 7 点到 17 点模型拟合#######
  Hou2_data <- work_data[which(work_data$P_hour==2),]
  ####工作日 18 点到 23 点数据
  Hou3_data <- work_data[which(work_data$P_hour==3),]
  #总耗电量拟合
  sys_lm <- lm(sys_ch~chwp_pc+I(chwp_pc^2)+I(chwp_pc^3)+cwp_pc+I(cwp_pc^3)+
ct_pc+I(ct_pc^2)+cwp_pc:ct_pc,data = mydata)
  summary(sys_lm)
  ###提取拟合系数
  fit_sys <- as.data.frame(sys_lm$coefficients)
  colnames(fit_sys) <- "变量系数"
  fit_sys$变量名 <- row.names(fit_sys)
  #冷却负载拟合
  l_lm_1 <- lm(loadsys~dch+(chwp_pc+I(chwp_pc^2)+I(chwp_pc^3))*dch-chwp_
pc,data = mydata)
  (summary(l_lm_1))
  fit_Load <- as.data.frame(l_lm_1$coefficients)
  colnames(fit_Load) <-"变量系数"
  fit_Load$变量名 <- row.names(fit_Load)
 #冷凝负载拟合
  cw_lm_1 <- lm(conload~cwh+(cwp_pc+ct_pc):cwh+cwp_pc:drybulb+cwp_pc:cwh,
data = mydata)
  (summary(cw_lm_1))
  (fit_cw <- as.data.frame(cw_lm_1$coefficients))
  colnames(fit_cw) <- "变量系数"
  fit_cw$变量名 <- row.names(fit_cw)
  ###冷却装置功率与冷却负载
  ch_lm <- lm(chkw~loadsys,data = mydata)
  summary(ch_lm)
  fit_ch <- as.data.frame(ch_lm$coefficients)
```

```
    colnames(fit_ch) <- "变量系数"
    fit_ch$变量名 <- row.names(fit_ch)
   ###################利用简单函数进行模型求解#########
   optization <- as.data.frame(matrix(numeric(0),ncol=5))
   colnames(optization) <- c("TH","chwp_pc","cwp_pc","ct_pc","sys_ch")
   ###求解 chwp_pc####
   f_load <- function(x){
-0.0875564+0.6045355*mean(inputdata$dch)-mean(inputdata$loadsys)+
1.9396542*mean(inputdata$dch)*x+(2.9496147-8.7345216*mean(inputdata$dch))*
x^2+(7.3301757*mean(inputdata$dch)-2.8837657)*x^3
   }
   chwp_pc_value <- polyroot(c(-0.0875564+0.6045355*mean(inputdata$dch)-
summary(inputdata$loadsys)[5],1.9396542*mean(inputdata$dch),2.9496147-
8.7345216*mean(inputdata$dch),7.3301757*mean(inputdata$dch)-2.8837657))
   x1 <- Re(chwp_pc_value) ###0.01747391####0.0314###0 点到 6 点
   #x1 <- 0.183#####0.755####7 点到 17 点
   #x1 <- 0.0566######18 点到 23 点

   cwp_pc_value <- function(x){
(-1*(-mean(inputdata$conload)-0.07959105+0.42990251*mean(inputdata$cwh)+
0.35766229*mean(inputdata$cwh)*x-0.06697342*mean(inputdata$drybulb)*x-
0.06727626*mean(inputdata$rh)*x)/(0.15338457*mean(inputdata$drybulb)+
0.88885543*mean(inputdata$cwh)))
   }
   sys_ch_value <- function(x){
0.02913082+0.40068095*x1-0.61571399*x1^2+0.47902389*x1^3+0.29109193*cwp_
pc_value(x)-0.03966961*(cwp_pc_value(x))^3+0.37971569*x-0.11842562*x^2
  }
   # curve(fn,c(0,1))
   # curve(x2,c(0,1))
   # x3 <- optimize(fn,c(0,1))
   #############非线性规划求解####
   for(i in (1:3)){
     inputdata <- get(paste0("Hou",i,"_data"))
     chwp_pc_value <- polyroot(c(-0.0875564+0.6045355*mean(inputdata$dch)-
summary(inputdata$loadsys)[4],1.9396542*mean(inputdata$dch),2.9496147-
8.7345216*mean(inputdata$dch),7.3301757*mean(inputdata$dch)-2.8837657))
     x1 <- Re(chwp_pc_value)[1]
     x1 <- ifelse(x1>0,x1,0)
     constant <- (-mean(inputdata$conload)-0.07959105+0.42990251*mean
(inputdata$cwh))
     con_yuesu_31 <- (0.35766229*mean(inputdata$cwh)-0.06697342*mean
(inputdata$ drybulb)-0.06727626 *mean(inputdata$rh))
     con_yuesu_41 <- (0.35766229*mean(inputdata$cwh)-0.06697342*mean
(inputdata$drybulb)-0.06727626*mean(inputdata$rh))
```

```
    con_yuesu_21 <- (0.15338457*mean(inputdata$drybulb)+
0.88885543*mean(inputdata$cwh))
    x3  <-  polyroot(c(0.29109193-0.03966961*3*constant^2/con_yuesu_21^2,
(-0.03966961*3*2*constant*con_yuesu_31/con_yuesu_21^2)+(-0.15338457*
mean(inputdata$drybulb)*(0.37971569-0.11842562*2)/con_yuesu_41)+(-0.88885543*
mean(inputdata$cwh)*(0.37971569-0.11842562*2)/con_yuesu_41),-0.03966961
*3*con_yuesu_31^2/con_yuesu_21^2))
    x3 <- Re(x3)[1]
    x2 <- cwp_pc_value(x3)
    sys_ch <- sys_ch_value(x3)
    ###保存数据到 optization###
    opt_data <- as.data.frame(matrix(numeric(0),nrow=nrow(inputdata),
ncol=5))
    opt_data[,1] <- inputdata[,1]
    opt_data[,2] <- x1
    opt_data[,3] <- x2
    opt_data[,4] <- x3
    opt_data[,5] <- sys_ch
    optization <- rbind(optization,opt_data)
  }
  optization$chkw <- mydata$loadsys*0.66+0.05
  write.csv(optization,"optization_data.csv",row.names = F)

  ##########状态值优化########
  optization <- fread("optization_data.csv")
  mydata <- fread("my_data.csv")
  optization$chwp_pc <- optization$chwp_pc*(max(mydata$chwp_pc)-min
(mydata$chwp_pc))+min(mydata$chwp_pc)
  optization$cwp_pc <- optization$cwp_pc*(max(mydata$cwp_pc)-min
(mydata$cwp_pc))+min(mydata$cwp_pc)
  optization$ct_pc <- optization$ct_pc*(max(mydata$ct_pc)-min(mydata$ct_
pc))+min(mydata$ct_pc)
  optization$chkw <- optization$chkw*(max(mydata$chkw)-min(mydata$chkw))+
min(mydata$chkw)
  optization$sys_ch <- optization$sys_ch*(max(mydata$sys_ch)-min(mydata$sys_
ch))+min(mydata$sys_ch)
  optization <- optization[order(optization$TH),]

  ##分析各状态取值与转速的关系
  mydata <- as.data.frame(mydata)
  chwpstat_data <- mydata[,c(grep("chwp[1:2:3:4]stat",colnames(mydata)))]
  mydata$chwpstat <- apply(chwpstat_data,1,sum)
  table(mydata$chwpstat)
  chstat_data <- mydata[,grep("ch[1:2:3:4]stat",colnames(mydata))]
  mydata$chstat <- apply(chstat_data,1,sum)
  table(mydata$chstat)
  cwpstat_data <- mydata[,grep("cwp[1:2:3:4]stat",colnames(mydata))]
```

```
mydata$cwpstat <- apply(cwpstat_data,1,sum)
table(mydata$cwpstat)
ctstat_data <- mydata[,grep("ct[1:2:3:4]stat",colnames(mydata))]
mydata$ctstat <- apply(ctstat_data,1,sum)
summary(mydata[which(mydata$chstat==2),]$chkw)
summary(mydata[which(mydata$ctstat==1),]$ct_pc)
summary(mydata[which(mydata$chwpstat==3),]$chwp_pc)
summary(mydata[which(mydata$cwpstat==2),]$cwp_pc)
summary(optization$chkw)
#####给状态赋值#######
optization <- as.data.table(optization)
optization[which(optization$chkw<40|(optization$chkw>=95&optization$ch
kw<135)),ch3stat:=1]
optization[which(optization$chkw>=40),ch1stat:=1]
optization[which(optization$chkw>=135),ch2stat:=1]
optization[which(optization$ct_pc>=9),ct1stat:=1]
optization$ct2stat <- 1
optization$chwp1stat <- 1
optization$cwp1stat <- 1
optization[which(optization$chwp_pc>30),chwp2stat:=1]
optization[which(optization$cwp_pc>25),cwp2stat:=1]
optization[which(optization$cwp_pc>50),cwp2stat:=1]
optization <- as.data.frame(optization)
optization[is.na(optization)] <- 0####将空值赋为 0
```

5.6 总结

在冷却负载不变的条件下，优化后系统的总耗电量与原有数据近似相等，但是在高耗电量的工作日 7 点到 17 点，节能率高达 17.5%。优化结果都是在全局数据拟合模型的基础上得到的，这说明数据分割不够细，可以从以下 3 点进行改进。

- 在不同时间段采用不同的拟合函数
- 选择更准确的定值，如为了简化运算，选择冷却负载的均值作为冷却负载值。
- 考虑数据采集的滞后性，冷却负载发生变化后，所有的设备状态都会随之改变。

除数据处理中的问题之外，在对水冷中央空调系统进行优化的过程中，还存在着对空调运行系统不熟悉，对各设备的作用及其相互关系不清楚，缺乏与专业人士的交流等问题，这些问题都可能破坏模型的准确性。应进一步与专业人士进行交流，结合数据特征，完善模型，将相关结果应用于实际空调运行系统。

另外，用 R 语言编写程序能够解决对应的问题，进一步优化程序，提高运算效率。特别是在模型求解部分，原本计划采用 Rdonlp2 包来进行求解，可该包对数据的初始值及迭代次数非常敏感，求解的结果非常不理想，最后不得不采用拉格朗日数乘法进行求解。

参考文献

[1] ADLER J．R 语言核心技术手册[M]．刘思等译．北京：电子工业出版社，2014．

[2] 钟震西．中央空调冷却水系统节能控制的研究[D]．上海：上海交通大学，2011．

[3] 王龙．中央空调系统的节能设计[D]．郑州：郑州大学，2013．

[4] 龚明启．中央空调系统动态运行节能优化策略研究[D]．广州：广州大学，2006．

[5] 吕崇花.水冷冷水机组集中空调系统的能流及能耗分析[D]．广州：广东工业大学，2015．

[6] KABACOFF R I．R 语言实战[M]．王小宁等译．北京：人民邮电出版社，2016．

第 6 章　电商评价文本的主题特征词分析

6.1　背景与挖掘目标

2017 年 8 月 4 日，中国互联网络信息中心（CNNIC）发布的第 40 次《中国互联网络发展状况统计报告》显示，截至 2017 年 6 月，中国网民规模达到 7.51 亿人，占全球网民总数的五分之一。2017 年上半年，商务交易类应用持续高速增长，网络购物、网上外卖和在线旅行预订用户规模同期分别增长 10.2%、41.6%和 11.5%。以互联网为代表的数字技术正在加速与经济社会各领域深度融合，不断推进我国的消费升级，越来越多的用户通过微博、微信、评论网站、论坛等平台发表自己对一些事件、商品的看法，特别是对商品的评价信息中包含着大量的用户个人情感色彩及情感倾向，如喜欢、愤怒、高兴及批评、赞扬等。潜在的用户通过浏览这些带有主观色彩的评论了解到大多数消费者对商品的评价，并通过这些评价发现商品的优势与不足，找到符合自己喜好的商品；生产厂家可以通过这些评论发现商品的缺点，进而改进商品质量，还可以发现优质商品及用户偏好，进而向用户推荐优质商品。

随着电子商务的发展，这类评论信息量迅速膨胀，仅靠人工的方法很难对这些信息进行搜集与处理，因此利用计算机帮助人们解决这类问题的技术——文本数据挖掘技术得到了广泛的关注。

本章为了介绍文本数据挖掘技术，从京东上爬取了苏泊尔电饭煲（https://item.jd.com/4033947.html）的 1000 条文本评论数据，原始评论如图 6-1 所示，爬取到的文本数据如图 6-2 所示。

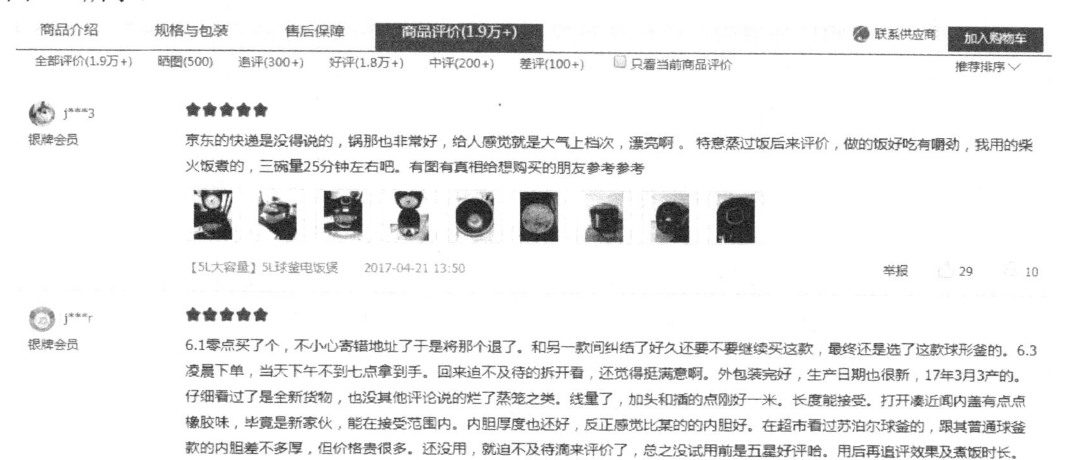

图 6-1　原始评论

客户名	评论	补充评论
云***8	真的很好用，的饭，真是好，下次还买	
j***3	京东的快递是没得说的，锅那也非常好，给人感觉就是大气上档次，漂亮啊 。特意蒸过饭后来评价，做的饭好吃有嚼劲，我用的柴火饭煮的，三碗量25分钟左右吧。有图有真相给想购买的朋友参考参考	
j***r	6.1零点买了个，不小心寄错地址了于是将那个退了。和另一款间纠结了好久还要不要继续买这款，最终还是选了这款球形釜的。6.3凌晨下单，当天下午不到七点拿到手。回来迫不及待的拆开看，还觉得挺满意啊。外包装完好，生产日期也很新，17年3月3产的。仔细看过了是全新货物，也没其他评论说的烂了蒸笼之类。线量了，加头和插的点刚好一米。长度能接受。打开凑近闻内盖有点点橡胶味，毕竟是新家伙，能在接受范围内。内胆厚度也还好，反正感觉比某的的内胆好。在超市看过苏泊尔球釜的，跟其普通球釜款的内胆差不多厚，但价格贵很多。还没用，就迫不及待窝来评价了，总之没试用前是五星好评哈。用后再追评效果及煮饭时长。希望不要失望。第一次评价这么长，也真服了我自己...配图大家自己看吧!	煮饭可以，少量煮大概放的水
S***g	大小合适，内锅有个小凸起可能不方便清洗。一杯有180克米？可以煮8杯，最少可以一杯，不过要放两杯水。不能少于最低水位线。有个蒸笼不错。	经过一个多月的使用，内锅清
睡***酒	买了一个多月了，最最后悔的是买早买贵了，十多天后*搞活动，足足比京东便宜了40块，而且还有另一种颜色选，要不是老娘手快收到就洗米下锅试了一下，我就退货了，唉........亏大了！！用起来还是蛮好用的，一个多月用也没什么问题，只是煮饭而已其他花俏的功能也没用过，还有就是中心凸起位置始终是歪的，大家可以看图	
肥***儿	看着不错，整体感觉很轻，不知道实体店卖的是什么样的，看到有评论说跟实体店不一样，今天收到的时候麻麻已经烧好饭了，明个儿用着试试看，京东配送速度简直666	
陈***的	煮的饭很香，汤煲的刚刚好。做工精细！煮的饭想要的口感可以调节，还可以做锅巴饭！吃起来特别香。胃不好的同学也可以弄2根筒子骨焖油汤。喝了特别养胃！	
axzhangxiaoy	有事评价晚了 锅很漂亮 主要的是好用 做饭很简单省事 我收到后就降价了 当时京东就把差价退给我了 京东买东西就是有保障 客服态度特好 物流快还送货上门 京东快递的员 也非常负责人当时没在家 过了里几天 还是给我送到家里了 非常感谢 有需要的还会来的 会一直支持京东的	
j***8	用了一次 还不错，口感很好	
6***6	苏泊尔电饭煲，质量好，用着不错。	
	宝贝到了，东东物流很给力，太快了，赞一个！搬新家买的，还没有用，包装很严实，用过再评！价格比超市便宜好多啊！老公夸我会过日	

图 6-2 爬取到的文本数据

通过爬取到的文本数据，提取出用户关心的电饭煲属性及情感信息，挖掘出该电饭煲的优点及不足，分析用户的情感倾向。

6.2 分析的方法及过程

有些电商平台为了鼓励用户进行有效评价，会对评价信息达到某种要求的用户给予一定的奖励，如京东会为用户的评论信息多于 10 个字而奖励京东豆，京东豆在购物时可以抵部分现金。也有些电商平台会为评论信息设置程序，当用户在一段时间内未评论时，系统会自动替用户对商品进行评论，而且多为好评，如淘宝。这就使得评论数据中有部分没有意义的数据，因此在进行分析之前，首先需要对评论数据进行预处理。

为了提取产品属性及情感信息，需要对文本进行分词处理。中文分词就是将一个汉字序列切分成一个一个单独的词，是将连续的汉字序列按照一定的规范重新组合成词序列的过程。例如，将“京东的快递是没得说的，锅那也非常好，给人感觉就是大气上档次，漂亮啊。特意蒸过饭后来评价，做的饭好吃有嚼劲，我用的柴火饭煮的，三碗量 25 分钟左右吧。有图有真相给想购买的朋友参考参考”这一评论分词后为“京东、的、快递、是、没、得、说、的、锅、那、也、非常好、给、人、感觉、就、是、大气、上档次、漂亮、啊、特意、蒸、过、饭后、来、评价、做、的、饭、好吃、有、嚼、劲、我、用、的、柴火、饭、煮、的、三碗、量、25 分钟、左右、吧、有、图、有、真相、给、想、购买、的、朋友、参考、参考”。

由分词结果可以看出，词语向量中含有部分没有实际含义的功能词，即停用词，这些词对于后面的分析没有实际价值，但是会占用存储空间，影响分析效率，所以需要扔掉这些停用词，即去停用词。除此之外剩下的词也不能全部作为文本的特征值，为了避免高维的数据为计算带来的负担，常采用评价函数，如信息增益、期望交叉熵、互信息、文本证据权和 TF-IDF 等对分词结果中的词进行评价以提取文本的特征值。

采用基于词典的中文情感倾向性分析算法分别以词、句、段为粒度对情感信息进行标注，分析得到商品各属性的情感极性，挖掘商品的特征，并分析用户的情感倾向。

综上所述，可以得到评论文本倾向性分析的基本流程，如图 6-3 所示，其分析过程主要包含以下内容。

- 利用爬虫工具爬取数据。
- 在运用模型之前，为了消除误差，需要对文本数据进行基本的预处理，包括文本去重、短句删除、中文分词、停用词过滤（去停用词）等。
- 利用模型提取出文本的特征词，并采用不同情感粒度对文本的情感倾向进行分析。
- 根据分析结果，给出商品特征属性词及情感评价，挖掘用户的关注热点及情感倾向。

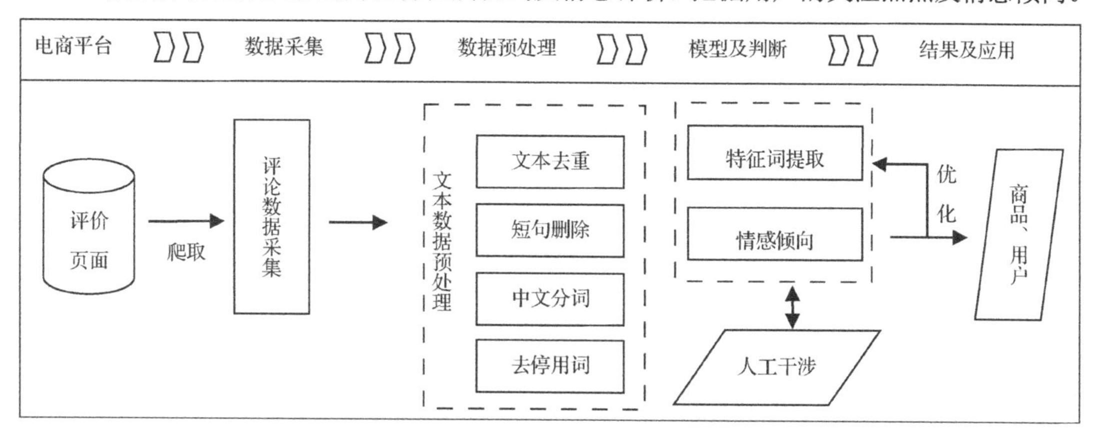

图 6-3　评论文本倾向性分析流程图

6.2.1　评论数据采集

目前市面上有不少数据采集软件，它们各有优缺点，场景不同选用的数据采集软件也有差异。综合考虑各种因素，对电商平台评论数据的采集采用八爪鱼采集器，八爪鱼采集器主要通过模仿用户的网页操作进行数据采集，只需指定数据采集逻辑和可视化选择采集的数据，即可完成采集规则的指定。八爪鱼采集器可以通过 http://www.bazhuayu.com/链接下载。

在八爪鱼采集器中新建任务，将 https://item.jd.com/4033947.html 设置为打开页面，如图 6-4 所示。打开页面主要是产品的介绍页面，下拉滚动条点击“商品评价”才会出现电饭煲超过 1.9 万条的评论数据，在八爪鱼采集器中打开的京东商品页面上点击“1.9 万+”条评论即可弹出点击操作界面，如图 6-5 所示，选择“点击这个元素”选项，进入评论页面。

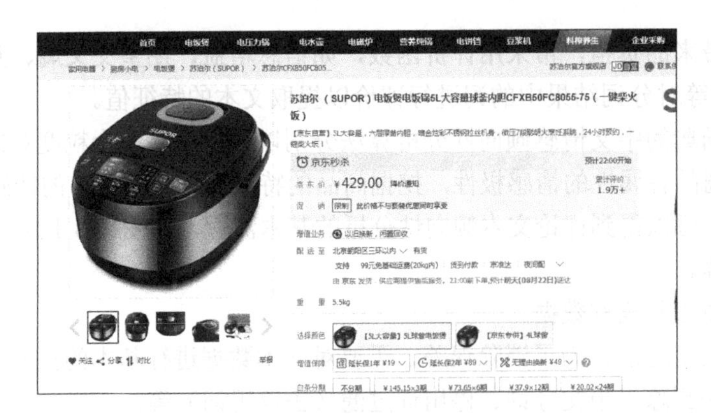

图 6-4　京东上某款苏泊尔电饭煲的页面

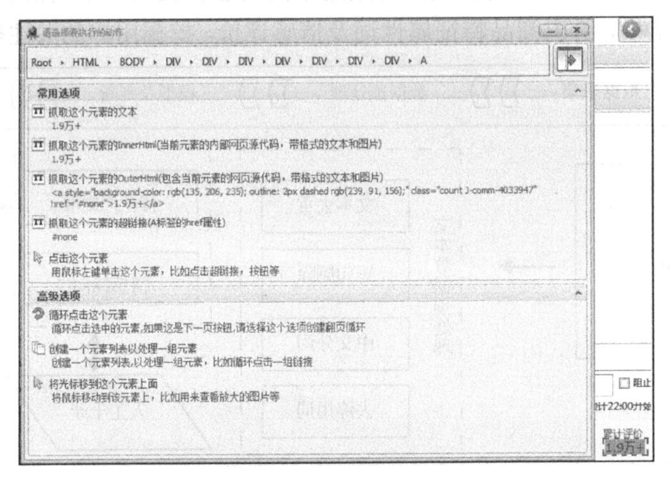

图 6-5　点击操作界面

该商品的评论呈多页显示，所以在抓取数据时需要制定翻页循环列表。在评论页面上选择要抓取的用户评论、用户名。根据以上分析，采集数据流程如图 6-6 所示，考虑到采集时间，仅用单机采集数据 1000 条。

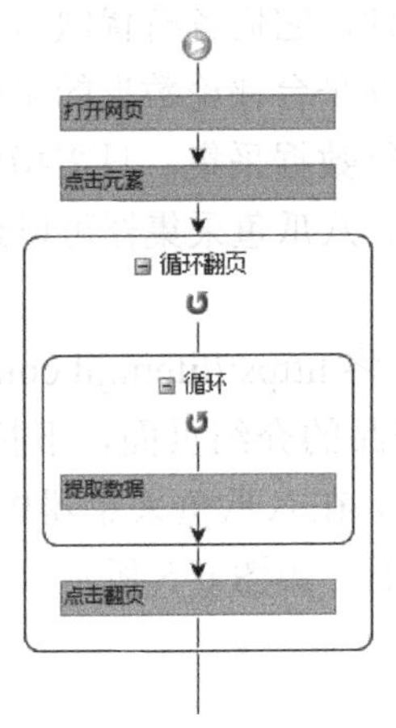

图 6-6　采集数据流程

除可以采用八爪鱼采集器采集数据之外，还可以利用 R 语言爬取评论数据，代码如代码清单 6-1 所示。

代码清单 6-1 利用 R 语言爬取评论数据的代码

```
rm(list=ls())
setwd("F:/文本数据挖掘")#设置工作空间
install.packages("RCurl")
library(RCurl)
#保存需要爬取的网页到 hfurl
getcoments <- function(i){
  productid <- '4033947'#商品 id
  t1 <- 'http://club.jd.com/comment/productPageComments.action?productId='
  t2 <- '&score=0&sortType=1&page='#按时间顺序
  t3 <- '&pageSize=1'#设置每页 1 条评论
  url <- paste0(t1,productid,t2,i,t3)
  web <- getURL(url, .encoding = 'gbk')
  comments <- substr(web,regexpr("comments", web)+10,regexpr
("referenceTime", web)-4)
  content  <-  substr(comments,regexpr("content",  comments)+10,regexpr
("creationTime", comments)-4)
  nickmame <- substr(web,regexpr("nickname",web)+11,regexpr("userClient",
web)-4)
  user <- c(nickmame,content)
}

comment <- c()
n <- 300#爬取评论条数
for(i in 0:(n-1)){
  comment <- rbind(comment,getcoments(i))
  print(i+1)
  Sys.sleep(1)
}
write.csv(comment,'jingdongcomment.csv')
```

6.2.2 文本数据预处理

在获取到评论数据后，首先需要对文本数据进行预处理。因为数据中可能存在大量价值含量低甚至没有价值的条目，对这些数据进行分析会对后面的分词、特征提取及情感分析造成很大的影响，得到的结果质量也存在很大的问题。文本数据预处理的目的就是去除这些没有价值的条目，主要包括文本去重、短句删除中文分词和去停用词。

6.2.2.1 文本去重

对于文本去重方法，根据算法原理的不同将其分为两类，一类是基于字符串的比较方法（基于语法的方法）。1994 年，sif 系统率先提出的“信息近似指纹”思想，使得在大规模文件系统中寻找内容相似的文件成为可能。另一类是基于词频统计的方法（基于语义的方法）。针对主流的基于语句比较的检测方法，将文本分解为树形结构，再利用向量点积法来比较文档相似度，有效地解决了检测速度慢及检测率低的问题。SimHash 算法重视语义的层面，对特征值进行有效的选取，是目前主流的文本去重算法。SimHash 算法从文本中抽取一些带有权重的特征集，通过这些特征集的叠加计算得到该文本的指纹，通过计算两个指纹间的距离来判断两个文本的相似度。

对电商评论文本的去重，主要考虑同一用户因为误操作多次发表同一评论的情况，这样的评论文本显然对于分析结果是有影响的。只要不是同一用户多次发表完全相同的评论，即便评论文本有些相同的描述，显然也是有价值的。所以这里的文本去重并没有采用任何的文本去重算法，而是直接删除两条完全相同的评论中的一条。文本去重实现代码如代码清单 6-2 所示。

代码清单 6-2　文本去重实现代码

```
rm(list=ls())
setwd("F:/文本数据挖掘")#设置工作空间
orgin <- read.csv('jingdongcomment.csv')
#删除两条完全相同的评论中的一条
orgin_un <- unique(orgin)
```

6.2.2.2　短句删除

一些电商平台为了避免客户长时间不进行评论，会要求客户在一段时间内进行评论，如果超过了规定时间，系统会自动做出评论，这种评论一般默认为“好评”，这种过短的文本并不是客户的主观评论，对后面的分析没有价值，需要对其做删除处理。这里我们只对字数少于 3 的评论进行删除。短句删除实现代码如代码清单 6-3 所示。

代码清单 6-3　短句删除实现代码

```
#合并补充评论与评论列
orgin_un$评论 <-  paste( orgin_un$评论,orgin_un$补充评论)
#删除补充评论属性
orgin_un <- orgin_un[,-3]
#转换评论属性为字符串属性
orgin_un$评论 <- as.character(orgin_un$评论)
#找到字数少于 3 的评论所在位置
del_n <- which(nchar(orgin_un$评论)<4)
#删除字数少于 3 的评论
orgin_un <- orgin_un[-del_n,]
```

6.2.2.3　中文分词

中文分词与英文分词有很大的不同，对于英文而言，一个单词就是一个词，词之间有明显的分界符——空格，而中文以字为书写单元，字之间没有明显的分割符，需要人为进行切分。利用计算机对中文文本进行词语识别的方法即中文分析，目前已经有大量的研究成果，根据算法不法可以分为基于词典与规则的方法、基于语料库的统计方法、规则与统计相结合的方法、人工智能分词方法四大类。

基于词典与规则的方法用待切分的字符串去匹配字典中的词条，如果匹配成功，则切分成一个词。目前最常用的是基于词典的字符串匹配方法，主要包括最大匹配法、全切分法、最短路径法等。最大匹配法又分为正向、反向、双向最大匹配三类，主要根据取词的方向来进行判断；全切分法利用词典进行匹配，获得句子所有可能的切分结果，当句子比较长的时候，往往要经过很长的时间才能遍历所有的切分路径；最短路径法是一种动态规划算法，主要的思想是选择一条词数最少的路径。

基于语料库的统计方法从语料库中通过统计得到各种概率信息来指导字符串的切分，主要借助比较成熟的概率模型来实现切分，不需要人工维护规则和复杂的语言学知识。目前常用的概率模型主要有 N 元语法模型、隐马尔可夫模型、互信息模型。N 元语法模型假设一个词出现的概率只与前面的 N-1 个词有关，与更早出现的词无关，利用语料库和三元语法模型可以提高切分的正确率。隐马尔可夫模型是 N 元语法模型的一种，可以形式化为状态值、观察值、转移概率、输出概率、初始状态分布五元组。隐马尔可夫模型是一个序列模型，在序列分析中由序列中的每个观察值去推测它的状态，被广泛地使用在语音识别、词性标注中。互信息模型主要通过两个字同时出现的频率与各自出现的频率之间的关系来描述两个字之间的结合强度。互信息的取值越大，两个字的联系越强；取值越小，两个字的联系越弱；如果取值小于 0，则可认为两个字有互补的关系。

规则与统计相结合的方法是目前最常用的切分方法，主要是先利用词典进行初切分，然后利用其他的概率统计方法和简单的规则进行加工。该方法既可以发挥语料库的作用，又可以弥补规则的不足。

人工智能分词方法又称为理解分词法，主要是对信息进行智能化处理的一种方法。人工智能分词方法主要有两种处理方式：一种是基于生理学的模拟方式；另一种是基于心理学的符号处理方式，由此产生了专家系统分词法与神经网络分词法。

这里选用 R 语言中的 Rwordseg 和 jieba 中文分词包，Rwordseg 中文分词包使用 rJava 调用 Java 分词工具 Ansj，Ansj 是基于中国科学院的 ICTCLAS 中文分词算法，以及隐马尔可夫模型的一个开源中文分词工具。Ansj 主要通过以下 5 个步骤实现分词：全切分，原子切分；N 最短路径的粗切分，根据隐马尔可夫模型和 viterbi 算法达到最优路径的规划；人名识别；系统词典补充；用户自定义词典的补充。还可以选择是否进行词性标注。jieba 中文分词包的原理与 Rwordseg 中文分词包的原理类似。中文分词包支持最大概率法、隐马尔可夫模型、索引模型、混合模型，还有词性标注、关键词提取、文本 SimHash 相似度比较等功能。Rwordseg 和 jieba 分词结果如图 6-7 所示，其实现代码如代码清单 6-4 所示。

原始评论	jieba分词结果	Rwordseg分词结果
真的很好用，的饭，真是好，下次还买	真的" "很" "好" "用" "的" "饭" "真是" "好" "下次" "还" "买"	真的" "很" "好" "用" "的" "饭" "真是" "好" "下次" "还" "买"
京东的快递是没得说的，锅那也非常好，给人感觉就是大气上档次，漂亮啊?。特意蒸过饭后来评价，做的饭好吃有嚼劲，我用的柴火饭煮的，三碗量25分钟左右吧。有图有真相给想购买的朋友参考参考	京东" "的" "快递" "是" "没得说的" "锅" "那" "也" "非常" "好" "给" "人" "感觉" "就是" "大气" "上档次" "漂亮" "啊" "特意" "蒸过" "饭" "后来" "评价" "做" "的" "饭" "好吃" "有" "嚼" "劲" "我用" "的" "柴火" "饭" "煮" "的" "三碗" "量" "25" "分钟" "左右" "吧" "有图" "有" "真相" "给" "想" "购买" "的" "朋友" "参考" "参考"	京东" "的" "快递" "是" "没" "得" "说" "的" "锅" "那" "也" "非常" "好" "给" "人" "感觉" "就" "是" "大气" "上档次" "漂亮" "啊" "特意" "蒸" "过" "饭后" "来" "评价" "做" "的" "饭" "好吃" "有" "嚼" "劲" "我" "用" "的" "柴火" "饭" "煮" "的" "三碗" "量" "25分钟" "左右" "吧" "有" "图" "有" "真相" "给" "想" "购买" "的" "朋友" "参考" "参考"
6.1零点买了个，不小心寄错地址了于是将那个退了。和另一款间纠结了好久还要不要继续买这款，最终还是选了这款球形釜的。6.3凌晨下单，当天下午不到七点拿到手。回来迫不及待的拆开看，还觉得挺满意啊。外包装完好，生产日期也很新，17年3月3产的。仔细看过了是全新货物，也没其他评论说的烂了蒸笼之类。线量了，加头和插的点刚好一米。长度能接受。打开凑近闻内盖有点点橡胶味，毕竟是新家伙，能在接受范围内。内胆厚度也还好，反正感觉比某的的内胆好。在超市看过苏泊尔球釜的，跟其普通球釜款的内胆差不多厚，但价格贵很多。还没用，就迫不及待滴来评价了，总之没试用前是五星好评哈。用后再追评效果及煮饭时长。希望不要失望。第一次评价这么长，也真服了我自己…配图大家自己看吧！ 煮饭可以，少量煮大概放的水，煮出来稍稍有点软锅巴，好吃。试了预约功能也不错。下班回来就有饭吃喽！煮粥也不会溢出来，原因是水不会大滚，粥好美味！也许是我加料加的太丰盛哈哈。缺点就是没有积水槽！这真的需要改进！水会直接流到平台的缝里，要用布或纸巾来吸干	6.1 "零点" "买" "了" "个" "不" "小心" "寄错" "地址" "了" "于是" "将" "那个" "退" "了" "和" "另" "一款" "间" "纠结" "了" "好久" "还要" "不要" "继续" "买" "这款" "最终" "还是" "选了" "这款" "球形" "釜" "的" "6.3" "凌晨" "下单" "当天" "下午" "不到" "七点" "拿到" "手" "回来" "迫不及待" "的" "拆开" "看" "还" "觉得" "挺" "满意" "啊" "外包装" "完好" "生产日期" "也" "很" "新" "17" "年" "3" "月" "3" "产" "的" "仔细" "看过" "了" "是" "全新" "货物" "也" "没" "其他" "评论" "说" "的" "烂" "了" "蒸笼" "之类" "线量" "了" "加头" "和" "插" "的" "点" "刚好" "一米" "长度" "能" "接受" "打开" "凑近" "闻内盖" "有" "点点" "橡胶" "味" "毕竟" "是" "新" "家伙" "能" "在" "接受" "范围" "内" "内胆" "厚度" "也" "还好" "反正" "感觉" "比" "某" "的" "的" "内胆" "好" "在" "超市" "看过" "苏泊尔" "球" "釜" "的" "跟" "其" "普通" "球釜款" "的" "内胆" "差不多" "厚" "但" "价格" "贵" "很多" "还" "没用" "就" "迫不及待" "滴来" "评价" "了" "总之" "没" "试用" "前" "是" "五星" "好评" "哈" "用后" "再" "追评" "效果" "及" "煮饭" "时长" "希望"	6 "1" "零点" "买" "了" "个" "不" "小心" "寄" "错" "地址" "了" "于是" "将" "那个" "退" "了" "和" "另" "一款" "间" "纠结" "了" "好久" "还" "要" "不" "要" "继续" "买" "这" "款" "最终" "还" "是" "选" "了" "这" "款" "球形" "釜" "的" "6" "3" "凌晨" "下" "单" "当天" "下午" "不" "到" "七点" "拿" "到" "手" "回来" "迫不及待" "的" "拆开" "看" "还" "觉得" "挺" "满意" "啊" "外包装" "完好" "生产" "日期" "也" "很" "新" "17年" "3月" "3" "产" "的" "仔细" "看" "过" "了" "是" "全新" "货物" "也" "没" "其他" "评论" "说" "的" "烂" "了" "蒸笼" "之类" "线" "量" "了" "加" "头" "和" "插" "的" "点" "刚好" "一米" "长度" "能" "接受" "打开" "凑近" "闻" "内" "盖" "有" "点点" "橡胶" "味" "毕竟" "是" "新" "家伙" "能" "在" "接受" "范围" "内" "内" "胆" "厚度" "也" "还" "好" "反正" "感觉" "比" "某" "的" "的" "内" "胆" "好" "在" "超市" "看" "过" "苏泊尔" "球" "釜" "的" "跟" "其" "普通" "球" "釜" "款" "的" "内" "胆" "差不多" "厚" "但" "价格" "贵" "很多" "还" "没用" "就" "迫不及待" "滴" "来" "评价" "了" "总之" "没" "试用" "前" "

图 6-7　Rwordseg 和 jieba 分词结果

代码清单 6-4　Rwordseg 和 jieba 分词的实现代码

```
  #读取文件
  orgin_un  <-  read.csv("orgin.csv",header  =  T,stringsAsFactors  =  F,
encoding = "utf-8")
  #中文分词
  library("rJava")
  library("Rwordseg")
  library("jiebaR")
  #Rwordseg 分词
  orgin_seg <- segmentCN(orgin_un$评论,nature = T)
  #逐行输出分词结果
  for (i in 1:978) {
    rowname <- paste0("seg",i)
    seg_t <- t(as.character(unlist(orgin_seg[i])))
    write.table(seg_t,"Rwordseg_C.txt",append = T,sep = " ",col.names =
F,row.names = rowname)
  }

  #jieba 分词
  seg  <-  worker(type  =  "mix",  dict  =  DICTPATH,  hmm  =  HMMPATH,  user  =
USERPATH,idf = IDFPATH, stop_word = STOPPATH, write = T, qmax = 20, topn = 5,
encoding = "UTF-8", detect = T, symbol = F, lines = 1e+05,output = NULL,
bylines =T, user_weight = "max")
  seg_jieba <- seg<=orgin_un$评论
  for (i in 1:978) {
    rowname <- paste0("seg",i)
    seg_t <- t(as.character(unlist(seg_jieba[i])))
    write.table(seg_t,"jieba.txt",append  =  T,sep  =  "  ",col.names  =
F,row.names = rowname)
  }
```

由分词结果可以看出，不管是 Rwordseg 分词还是 jieba 分词都没有将“好用”“有嚼劲”“球釜”等词分出，故可添加自定义词典，使分词结果更加准确。同时考虑到后面的情绪倾向性分析，采用知网词典中的评价词汇、情绪词汇、程度词汇，再添加与电饭煲相关的特殊词汇构成自定义词典，利用 Rwordseg 中文分词包对文本数据进行分词，分词结果如图 6-8（a）所示，其实现代码如代码清单 6-5 所示。

代码清单 6-5　自定义词典分词实现代码

```
    #自定义词典
    div <- read.table("nev.txt")#读取程度副词
    names(div) <- "term"
    #读取情绪词汇及评价词汇
    dic <- read.csv("posp.csv",stringsAsFactors = F,header = F)
    names(dic) <- c("term","weight")
    dic <- dic[!duplicated(dic$term),]
    dic_now <- unique(dic$term)
    dic_now <- as.data.frame(dic_now)
    div_def  <-  c("不小心","内盖","内胆","球釜","缺点","积水槽","煮粥","有嚼劲","没得说","煮的饭","做的饭","客服","不沾层","柴火饭","好吃","刮花","能效","溢水","煮汤","有没有","换货","高端","大牌","东东","煲仔饭")#与电饭煲相关的特殊词汇
    div_def<- as.data.frame(div_def)
    names(div_def) <- "term"
    names(dic_now)<- "term"
    dic_now <- merge(dic_now,div,all=T)
    dic_now <- merge(dic_now,div_def,all = T)
    dic_now <- (as.character(unique(dic_now$term)))#词典构建完成
    #Rwordseg 分词
    insertWords(dic_now)#引入自定义词典进行分词
    orgin_seg <- segmentCN(orgin_un$评论,nature = T)
    #逐行输出分词结果
    for (i in 1:978) {
      rowname <- paste0("seg",i)
      seg_t <- t(as.character(unlist(orgin_seg[i])))
      write.table(seg_t,"dic_seg.txt",append  =  T,sep  =  "  ",col.names  =  F,row.names = rowname)
    }
```

6.2.2.4　去停用词

分词结果中包含大量使用频率极高但无实际意义的词，如“的”“我”“了”“就”“是”等词，这些词对特征词的提取会产出极大的噪声，需要将这类词从分词数据中过滤掉，也就是去停用词。在去停用词时，为了更客观地反映商品属性，同时要去除“京东”“东东”这类关于爬取数据平台的词语。去停用词结果如图 6-8（b）所示，其实现代码见代码清单 6-6 所示。

```
seg1 "真的" "很" "好用 " "的" "饭" "真是" "好 " "下次" "还"
"买"
seg2 "京东" "的" "快递" "是" "没得说" "的" "锅" "那" "也" "
非常" "好 " "给" "人" "感觉" "就" "是" "大气" "上档次" "漂
亮" "啊" "特意" "蒸" "过" "饭后" "来" "评价" "做的饭" "好吃
" "有" "嚼" "劲 " "我" "用" "的" "柴火饭" "煮" "的" "三碗"
"量" "25分钟" "左右" "吧" "有" "图" "有" "真相" "给" "想" "
购买" "的" "朋友" "参考" "参考"
seg3 "6" "1" "零点" "买" "了" "个" "不小心" "寄" "错" "地址
" "了" "于是" "将" "那个" "退" "了" "和" "另" "一款" "间" "
纠结" "了" "好久" "还要" "不" "要" "继续" "买" "这" "款" "
最终" "还" "是" "选" "了" "这" "款" "球形" "釜" "的" "6"
"3" "凌晨" "下" "单 " "当天" "下午" "不" "到" "七点" "拿" "
到" "手" "回来" "迫不及待" "的" "拆开" "看" "还" "觉得" "挺
" "满意" "啊" "外包装" "完好 " "生产" "日期" "也" "很" "新
" "17年" "3月" "3" "产" "的" "仔细" "看" "过" "了" "是" "全
新" "货物" "也" "没" "其他" "评论" "说" "的" "烂" "了" "蒸
笼" "之类" "线" "量" "了" "加" "头" "和" "插" "的" "点" "刚
好" "一米" "长度" "能" "接受 " "打开" "凑近" "闻" "内盖" "
有" "点点" "橡胶" "味" "毕竟" "是" "新" "家伙" "能" "在" "
接受" "范围" "内" "内胆" "厚度" "也" "还" "好 " "反正" "感
觉" "比" "某" "的" "的" "内胆" "好 " "在" "超市" "看" "过"
"苏泊尔" "球釜" "的" "跟" "其" "普通" "球釜" "款" "的" "内
胆" "差不多" "厚 " "但" "价格" "贵" "很多" "还" "没用 " "就
" "迫不及待" "滴" "来" "评价" "了" "总之" "没" "试用" "前"
"是" "五星" "好评" "哈 " "用" "后" "再" "追" "评" "效果" "
及" "煮饭" "时" "长 " "希望" "不要" "失望 " "第一次" "评价"
```

(a)

```
云***8 "真的" "很" "好用 " "饭" "好 " "下次" "还" "买"
j***3 "快递" "没得说" "锅" "非常" "好 " "感觉" "大气" "
上档次" "漂亮" "特意" "蒸" "过" "饭后" "评价" "做的饭" "
好吃" "嚼" "劲 " "柴火饭" "煮" "三碗" "量" "25分钟" "图"
"真相" "想" "购买" "朋友" "参考" "参考" "还" "回来" "实"
"煮饭" "好" "香" "很" "好吃" "不错" "很" "好看" "摸摸" "
头" "正" "想" "问" "兔" "兔" "图" "www" "兔" "兔" "左" "
走向" "右" "走" "正品" "煮" "饭" "美" "好" "东西" "收到"
"不错 " "还"
j***r "6" "1" "零点" "买" "不小心" "寄" "错" "地址" "退"
"一款" "间" "纠结" "好久" "还要" "买" "款" "最终" "还" "
选" "款" "球形" "釜" "6" "3" "凌晨" "单 " "当天" "下午"
"七点" "手" "回来" "迫不及待" "拆开" "还" "挺" "满意" "外
包装" "完好 " "生产" "日期" "很" "新 " "17年" "3月" "3"
"产" "仔细" "过" "全新" "货物" "评论" "说" "烂" "蒸笼" "
线" "量" "加" "头" "插" "点" "一米" "长度" "接受 " "打开
" "凑近" "闻" "内盖" "点点" "橡胶" "味" "新" "家伙" "接
受" "内胆" "厚度" "还" "好 " "反正" "感觉" "内胆" "好 "
"超市" "过" "苏泊尔" "球釜" "球釜" "款" "内胆" "厚 " "价
格" "贵" "还" "没用 " "迫不及待" "滴" "评价" "试用" "前"
"五星" "好评" "哈 " "追" "评" "效果" "煮饭" "时" "长 " "
希望" "失望 " "第一次" "评价" "长 " "真" "服" "配" "图"
"煮饭" "少量" "煮" "放" "水" "煮" "稍稍" "有点" "软" "锅
巴" "好吃 " "试" "预约" "功能" "不错 " "下班" "回来" "饭
" "吃" "煮粥" "溢出" "原因" "水" "滚" "粥" "好" "美味 "
"也许" "加料" "加" "太" "丰盛" "缺点" "积水槽" "真" "改进
" "水" "流" "平台" "缝" "里" "用布" "纸巾" "吸" "干" "父
```

(b)

图 6-8 自定义词典分词及去停用词

代码清单 6-6　去停用词实现代码

```
#以客户名作为分词结果的标识
term <- unlist(lapply(orgin_seg, length))
id <- rep(orgin_un$客户名,term)
id <- as.character(id)
term <- unlist(orgin_seg)
orgin_test <- as.data.frame(cbind(id,term),stringsAsFactors = F)
#去停用词
stopwords <- read.table("stopword.txt",stringsAsFactors = F)
stopwords <- stopwords[!stopwords[,1] %in% dic_now,]
orgin_test <- orgin_test[!orgin_test$term %in% stopwords,]
#结果用列表输出
id_ta <- table(orgin_test$id)
sword_list <- list()
id <- orgin_test$id
id <- unique(id)
for (i in 1:length(id)){
  sword_list[[i]] <- orgin_test[orgin_test$id==id[i],2]
  rowname <- id[i]
  seg_t <- t(sword_list[[i]])
  write.table(seg_t,"stopword_seg.txt",append = T,sep = " ",col.names =
```

```
F,row.names = rowname)
   }
   names(sword_list) <- id
```

6.2.3　基于 LDA 主题模型的特征词分析

LDA 主题模型是 Blei 等人在 2003 年左右提出的生成式主题模型，又称为潜在狄利克雷分配（Latent Dirichlet Allocation）模型，是一个 3 层的贝叶斯概率模型，包含文档、主题、词 3 层结构。LDA 主题模型假设任意文本都是由一定数量主题下的某些词组成的，要生成一个文本需要先从 K 个相互独立的主题集合中选择主题 Z_i，再从各个主题 Z_i 中选择相互独立的词 w_{it}，直到找到文本中的所有词为止。

假设语料库中有 M 篇文档，第 i 篇文档记为 d_i（$i=1,2,\cdots,M$）。d_i 中的第 j 个词表示为 w_{ij}，文档 d_i 的词向量记为 $\overrightarrow{w_i}$，即 $\overrightarrow{w_i}=\{w_{ij}\}$。$w_{ij}$ 对应的主题为 z_{ij}，向量 $\overrightarrow{z_i}=\{z_{ij}\}$ 为文档 d_i 的主题向量。相关语料的所有主题组成的集合为 Z，即 $z_{ij}\in Z$，假设主题集 Z 为有限集，共有 K 个独立的主题，第 i 个主题记为 Z_i；主题 Z_i 对应的词可以分为相互独立的 V 类，第 i 类词用 W_i 表示，W_i 中含有 N 个相互独立的词，记为 w_{iVj}。

LDA 主题模型在生成文档的过程中，第一步从 Z 中选择主题 Z_i，显然 Z_i 服从多项式分布，即 $Z\sim\text{Mult}(\vec{p})$，其中 $\vec{p}$ 为各个主题被选取的概率向量，第二步从主题 Z_i 对应的词语中选取文档中的 w_{ij}，w_{ij} 也服从多项式分布。LDA 主题模型的重要作用是提取文档主题，主题分布中的 $\vec{p}$ 是提取主题的重要依据，也就是说 LDA 主题模型的关键问题是要得到 $\vec{p}$ 的后验分布。由狄利克雷分布与多项式分布的性质可知，$\vec{p}$ 的先验分布最好的选择是狄利克雷分布，即假设 $\vec{p}\sim\text{Dir}(\vec{\alpha})$。第二步中词类的选择也服从狄利克雷分布，即 $\vec{W}\sim\text{Dir}(\vec{\beta})$，由此可以得到 LDA 主题模型的结构，如图 6-9 所示。

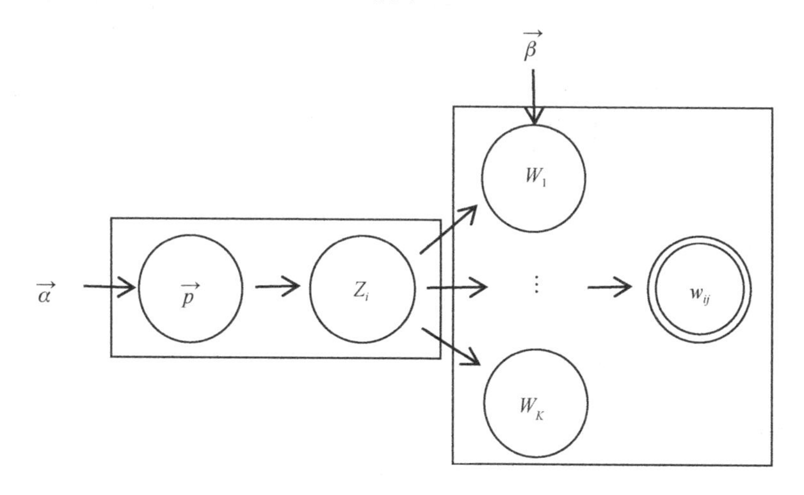

图 6-9　LDA 主题模型的结构示意图

通过多项式分布与狄利克雷分布的共轭结构，可以得到 $\vec{p}$ 的 Gibbs 抽样公式：

$$p\left(z_i = k \middle| \vec{Z}_{-i}, \vec{W}\right) \propto \frac{n_{m,-i}^{(k)} + \alpha_k}{\sum_{k=1}^{K} n_{m,-i}^{(k)} + \alpha_k} \cdot \frac{r_{k,-i}^{(t)} + \beta_t}{\sum_{t=1}^{V} r_{k,-i}^{(t)} + \beta_t}$$

式中，$n_{m,-i}^{(k)}$ 表示第 m 篇文档中去除下标为 i 的词后第 k 个主题的个数；$r_{k,-i}^{(t)}$ 表示第 k 个主题中去除下标为 i 的词后词 t 的个数；α_k 、β_t 分别为 $\mathrm{Dir}(\vec{\alpha})$ 、$\mathrm{Dir}(\vec{\beta})$ 中的第 k 个、第 t 个先验参数。

评价文本特征词如表 6-1 所示，LDA 主题模型实现代码如代码清单 6-7 所示。topic1 的词汇主要是对物流、快递的评价，可以看作物流主题，由评价词汇“很快”“满意”等可以看出顾客对该产品的物流，也就是京东的物流满意度比较高。topic2 的词汇主要是对电饭煲外观的评价，可以看作外观设计主题，由“漂亮”“不错”“好好”这些词汇可以看出该产品的外观设计受到顾客的好评。topic3 的词汇主要是对煮饭功能的评价，可以看作功能评价主题，由“好吃”“不错”等词汇可以看出顾客对该产品的功能也是比较满意的。

表 6-1　评价文本特征词

词　序	topic1	topic2	topic3
1	质量	买	不错
2	满意	外观	饭
3	物流	不错	煮
4	喜欢	好用	好吃
5	快递	好好	电饭煲
6	东西	锅	煮饭
7	挺	电饭锅	做
8	很快	希望	米饭
9	购物	漂亮	收到
10	值得	煮饭	感觉

代码清单 6-7　LDA 主题模型实现代码

```
##加载所需包
install.packages("tm")
install.packages("proxy")
library("tm")
library("proxy")
install.packages("topicmodels")
library("topicmodels")
##建立语料库
corpus  <- Corpus(VectorSource((sword_list)))
jieba.dtm <- DocumentTermMatrix(corpus,control=list(wordLengths=c(1,Inf)))
jieba.matrix <- as.matrix(jieba.dtm)
```

```
##建立 LDA 主题模型
gibb <- LDA(jieba.dtm,3,method = "Gibbs")
##提取主题
te <- terms(gibb,10)
```

与图 6-10 相对比，LDA 主题模型不仅提取了评价文本的特征词，还对其进行了分类，使特征词更具有指向性，特征词的情感倾向也与该商品的好评度 98%一致。

图 6-10　评价文本词云图

6.3　小结

本章从电商评价文本的获取、文本数据预处理、LDA 主题模型的简介及实现几个方面进行讨论，希望能简洁明了地说明文本数据挖掘的流程。文本数据挖掘是自然语言处理中的重要一环，是目前研究的热点，在本章讨论的基础上，可以引入情感词典对评价文本先进行简单的情感倾向性分析，再提取主题词，由得到的分析结果不仅能知悉评价主体对商品的喜好主题，还可以了解商品不多的缺陷主题，为进一步提高商品质量及服务品质提供依据。

参考文献

[1] 张良均，云伟标，王路，等. R 语言数据分析与挖掘实战[M]. 北京：高等教育出版社，2015.

[2] 张良均，谢佳标，杨坦等．R 语言与数据挖掘[M]．北京：高等教育出版社，2016．

[3] 高翔，李兵．中文短文本去重方法研究[J]．计算机工程与应用，2014，50（16）：192-197．

[4] 甘秋云．中文分词算法概述[J]．唐山师范学院学报，2013，35（5）：55-57．

[5] 悟乙己．R 语言|文本挖掘之中文分词包——Rwordseg 包（原理、功能、详解）[EB/OL]．[2016-04-04]．http://blog.csdn.net/sinat_26917383/article/details/51056068．

[6] 陈运文．一文详解 LDA 主题模型[EB/OL]．[2018-12-05]．https://zhuanlan.zhihu.com/p/31470216．

[7] 李洪波．马链 Monte+Carlo 算法中的 Gibbs 采样[D]．武汉：湖北大学，2008．

第 7 章　均线投资策略

7.1　背景及投资策略介绍

量化投资是指将投资策略规则化、变量化、模型化后，形成一套完整的、程序化的操作思路，通过计算机给出交易指令，以获得稳定收益的投资交易方式。它在证券市场较为发达的海外已有 30 多年的发展历史，尤其随着近十几年计算机和互联网技术的快速发展和普及，证券交易实现了全面的电子化，每时每刻产生的大量交易数据为量化投资提供了丰富的信息食粮。量化投资和传统的技术分析、基本面分析共同成为全球基金投资的三大主流方式。与传统的主观判断型交易策略相比，量化投资这种将数学理论、金融市场数据和信息技术三者结合起来的方式，具有明显的系统、准确、高效等优势。由于完全依赖于交易公式，因此确保了在相同信息输入的情况下能得出相同的结果，排除了在不同市场情况下的人为情绪影响，使交易更为客观、精准。

需要特别指出的是，量化投资策略并没有站在传统投资策略的对立面上，恰恰相反，量化投资模型的建立在很大程度上基于基本面因素、市场因素、技术因素，是这些内容数量化的一种投资方式。量化投资策略中的均线投资策略就是来源于传统投资策略的一种重要的技术分析方法。

技术分析主要是指通过预测股票未来价格趋势获利。技术分析的支持者们认为，股票的供求关系决定了它的价格，而供求关系的变化是可以通过对价格、时间、空间、成交量等反应在股票的历史价格变化上的信息进行分析获得的。经典的道氏理论认为，技术分析成立具有三大假设前提：一是股票的市场价格已经包含了该只股票的所有市场信息，包括市场参与者理性及非理性的行为、宏观政治、经济等各种信息，最终都反映在股票的价格中；二是股价最终是以趋势的方式进行演变的，股价的变化趋势主要分为短期趋势（持续数天至数个星期）、中期趋势（持续数个星期至数个月）、长期趋势（持续数个月至数年），在任何市场中，这三种趋势必然同时存在，但这三种趋势的运动方向可能相反；三是历史会不断重演。正是这三大假设前提，组成了技术分析的核心。

技术分析方法主要可分为两类：趋势跟踪及震荡捕捉。根据股价的移动平均线进行投资是股市中常用到的一种趋势型投资策略，也是最常用的技术分析方法之一，能反映过去一段时间内股价的平均变化情况，根据多种均线的表现，可以预测股价未来的变化趋势。不同均线之间的关系及均线与实际价格波动之间的关系，可以在行情的波动段找到有效的交易信号。均线投资策略作为股票交易中最为常见、简单且有效的策略，对股市操作具有不可忽略的指导作用，甚至在很多实际操作中，均线投资策略打败过很多主观投资策略，是炒股、期货买卖的基本工具。本章将从这一最为普遍、基础的投资策略——均线投资入手，利用 R 语言作为工具浅谈量化投资。

7.1.1 移动平均线相关理论介绍

7.1.1.1 动量效应和反转效应

动量效应和反转效应的研究始于 DeBondt 和 Thaler 在 1985 年对长期收益反转现象的研究。他们发现，过去一段时间（3～5 年）内表现突出（或不佳）的股票在之后的一段时间内趋向于表现不佳（或突出），出现长期均值复归的特征。现实中产生的超额利润来源于金融市场的非有效性，在实际操作中，投资者会对未预期到的重大信息做出过度反应，这一点 Robert Shiller 在非理性繁荣中也提到过，他认为人并非理性的，而会受到情绪的影响，导致市场存在泡沫。这也是为什么要用量化投资来代替传统投资，用纯理性的计算机和数学模型来替代人，剔除投资行为中会产生干扰的感性因素。市场的动量效应和反转效应是投资者对未预期信息的反应不足或过度反应的结果。动量效应，即惯性效应，是指股票收益率有延续原有运动方向的趋势，即前期获得高（低）收益的股票会在下一期继续获得显著的高（低）收益。反转效应则认为过去一段时间表现好的股票未来将有可能发生反转，即前期获得较高（低）收益的股票在下一期将获得显著低（高）收益。

7.1.1.2 移动平均线理论

移动平均线在股票交易软件中十分常见，它在显示出股价的历史变化趋势的同时能在一定程度上反映出股价未来的变化趋势。作为道氏理论中趋势分析的重要指标，移动平均线投资策略（均线投资策略）也是最有效、应用最为广泛的交易方法之一。

移动平均线的简便性和有效性特点，使得几乎每个投资者在学习之初都会应用该策略在市场中进行实际操作。均线投资策略的理论基础来源于道氏理论中的平均成本概念，即一段时间内的移动平均线代表了过去一段时间内投资者在该股票上交易的平均成本。

通常我们会将移动平均线按照平均周期长短的不同划分为长期均线、中期均线和短期均线，分别反映不同时间段内股价的变化趋势和该股票在这段时间内的平均交易价格，即平均交易成本。

7.1.1.3 交易规则

Joseph E.Granvill 在 1960 年其所著的《每日股票市场获最大利益之战略》一书中发表了八种法则（格兰威尔八大法则），以判定股票买卖的时机。这些法则根据艾略特波浪理论的股价循环法则，通过观察美国股价的结构，以 200 日为周期，预测股价未来的变化趋势，作为股票买卖的参考。这八大法则为投资者应该何时对股票进行买卖提供了参考，具体八大法则的基本形态如下。

买入时机图如图 7-1 所示。

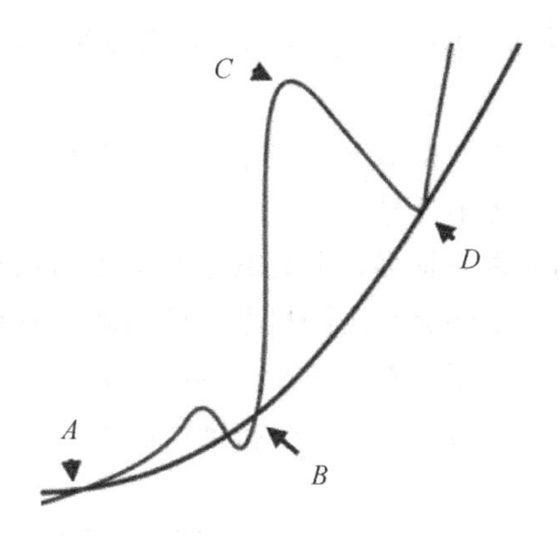

图 7-1　买入时机图

A 点：K 线自下而上穿越移动平均线，当移动平均线呈上扬或持平趋势时，可视为一个买入信号。

B 点：移动平均线总体趋势向上，K 线跌破移动平均线后迅速弹回至移动平均线上方，并未长期跌破，可视为买入信号。

C 点：K 线和移动平均线的距离突然拉得太大，造成正向乖离过大，股价可能被拉回，可视为买入信号。

D 点：移动平均线走势向上，K 线先下跌接近或触及移动平均线，但并未跌破移动平均线，而是呈新的上扬趋势，可作为买入点信号。

卖出时机图如图 7-2 所示。

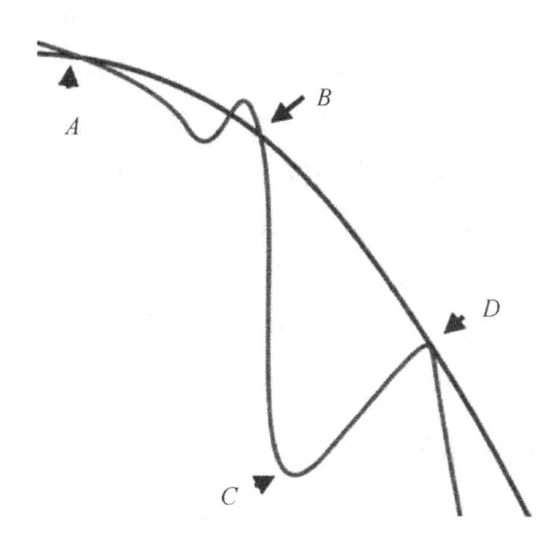

图 7-2　卖出时机图

A 点：K 线自上而下穿越移动平均线，当移动平均线呈下跌或持平趋势时，可视为一个卖出信号。

B 点：移动平均线总体趋势向下，K 线回升至移动平均线之上后迅速弹回至移动平均线下方，并未长期突破，可视为卖出信号。

C 点：K 线和移动平均线的距离突然拉得太大，造成负向乖离过大，股价可能被拉回，可视为卖出信号。

D 点：移动平均线走势向下，K 线先上扬接近或触及移动平均线，但并未突破移动平均线，而是再次下跌，可视为卖出信号。

由于市场上影响股价的因素有很多，并且其中有很多偶然和不可知的因素我们很难去察觉和探知，超短期内的股价走势会呈现随机游走的状态。移动平均线能够十分有效地消除这些偶然和不可知的因素在市场中对股价产生的噪声影响，从而更好地反映股价未来的变化趋势，这主要是由移动平均线的以下几个特征所决定的。

（1）追踪性。

移动平均线是股价在一段时间内的平均值，对股价变化趋势具有追踪的效果，可以消除股价在未知因素的干扰下产生的异常波动，减弱随机因素对股价总体变化趋势的影响，从而能保证股价总体变化趋势的稳定性。

（2）惯性。

当股价出现偶然性下跌的时候，移动平均线的走势却没有发生改变，移动平均线在一定程度上增强了股价的惯性。如果股价处于总体上涨的趋势，一旦股价突然震荡性下跌，小幅度突破了移动平均线，如图 7-1 中 *B* 点和 *D* 点所示，则移动平均线大多会变成支撑线，股价最终会回升。如果股价处于总体下跌的趋势，即使股价出现小幅度的上涨，突破移动平均线，如图 7-2 中 *B* 点和 *D* 点所示，则可将移动平均线视为压力线，股价最终又会保持下降趋势。

（3）滞后性和稳定性。

由于移动平均线是之前一段时间内股价的平均值，也就意味着当前股价的信息会在一段时间后才能完全反映在移动平均线中。相比于股价信息，移动平均线所反映的信息包含更多的历史意义，存在延迟和滞后性。也正是这个性质，使得移动平均线的波动相对于股价波动要小很多，稳定性大大提高，并且时间周期越长的移动平均线所表现出的稳定性也越强。

移动平均线的分类方法有很多，一般按时间长短分为短期均线、中期均线和长期均线 3 种。移动平均线以时间单位为基准，可以分为 5 日（周）均线、10 日（半月）均线、20 日（月）均线、60 日（季）均线、120 日（半年）均线和 240 日（年）均线等。不同周期的移动平均线为不同类型的投资策略提供了操作依据。

7.1.1.4 移动平均线理论相关研究

均线投资策略能否真正地从历史价格信息的角度去预测股价未来的变化趋势，从而在市场上获得显著的超额收益，一直是国内外学者讨论的重点，对此也存在诸多不一致的观点。

1992 年 Brock、Lakonishok 和 LeBaron 就利用均线投资策略对道琼斯指数做了研究。他们收集了 1897 年到 1985 年道琼斯指数的日收益率作为数据，利用短期均线和长期均线两类曲线进行股票买卖策略的构建。最终策略的结果显示，使用均线投资策略的收益要显著高于过去直接买卖持有股票的收益。1995 年，Bessembinder 和 Chan 继续沿用 Brock、Lakonishok 和 LeBaron 研究方法，对多个亚洲国家和地区的股市进行了研究，发现该策略在当时经济势头较好的中国香港、中国台湾、日本、韩国、马来西亚等的股市都能够获得较为显著的收益，存在较强的盈利能力。但当时的研究由于信息技术的落后和股市发展的不完善并不具有完全的参考意义。到 2014 年，Taylor 应用技术分析的方法分析了截至 2012 年的道琼斯工业指数数据，最终结果显示，在 20 世纪 60 年代到 80 年代这段时间内可以获得超额收益，但是收益率增长缓慢，并且在极大程度上受到投资者做空股票能力的影响。

在国内，由于我国股市发展时间较短，可研究的股票样本相较国外少了很多，所做的相关研究在时间上都较晚。曾劲松在 2005 年对深圳发展银行、深圳万科集团、鄂武商 A、中信国安、清华同方、方正科技、青岛海尔、苏州高新、华北制药、四川长虹这 10 只较知名且交投活跃的个股采用均线投资策略对市场的有效性进行验证，发现均线投资策略普遍可以取得正向超额收益，但随着我国证券市场的不断发展，该正向超额收益也在逐渐减少，这也从侧面印证了我国市场有效性正在不断地增强。2009 年，李平、曾勇和王志刚运用计算机制定量化投资策略，用前向人工神经网络的方法对我国股市技术分析做了相关的实证检验，证明了使用移动平均线理论构建的非线性模型预测能力高于其他非线性模型。陈标金、陈文杰在 2015 年用上证指数、沪深 300 指数和深证指数的数据作为研究样本对象，设计了均线投资策略，并在传统均线投资策略的基础上做了一些优化，在考虑交易成本的条件下获得了显著的超额收益，同时得出均线投资策略显现出明显的时变性这一结论。

7.1.2　名词及概念介绍

7.1.2.1　移动平均线

移动平均线（Moving Average，MA）是指移动平均，由于我们将其制作成线形，所以一般称其为移动平均线，简称均线。移动平均线最初由著名的美国投资专家 Joseph E.Granville 于 20 世纪中期提出，是当今最为普遍的技术指标之一，其计算公式为

$$\text{MA}=\frac{\left(C_1+C_2+\cdots+C_n\right)}{n}$$

式中，C 为收盘价；n 为移动平均周期数。例如，5 日均线（MA_5）计算公式为

$$\text{MA}_5=\frac{(\text{前4天收盘价}+\text{前3天收盘价}+\text{前天收盘价}+\text{昨天收盘价}+\text{今天收盘价})}{5}$$

在各大股票交易软件中，都会显示不同周期内股价移动平均的连成曲线，用来显示过去股价的历史波动情况，进而反映股价未来的发展趋势，由此可见这种分析方式具有普遍性。

移动平均线以时间长短可分为 3 种，即短期均线、中期均线和长期均线，其中 5 日和 10 日的短期均线，是短线操作的参照指标，称作日均线指标；30 日和 60 日的是中期均线指标，称作季均线指标；120 日和 240 日的是长期均线指标，称作年均线指标。

7.1.2.2 简单移动平均线

简单移动平均线（Simple Moving Average，SMA）又称移动平均线，是指对特定期间的收盘价进行简单平均化，一般我们提到的移动平均线指的就是简单移动平均线，本文中所用的算法模型也是基于简单移动平均线的。

7.1.2.3 加权移动平均线

加权移动平均线（Weighted Moving Average，WMA）是一种赶时间进行加权运算的移动平均线。时间离得越近，其价格的权重就越高。计算方式是对不同日期的股价乘上不同的权重，最新的股价权重最高，然后依次递减。加权移动平均线是对简单移动平均线的一种改良。

7.1.2.4 指数平滑移动平均线

指数平滑移动平均线（Exponential Moving Average，EMA）是以指数式递减加权的移动平均线，是在加权移动平均线的基础上做的进一步改良。它假设各指数的加权影响力随着时间而呈指数式递减，时间越近的股价的加权影响力越大。

7.1.2.5 黄金交叉点

当短期均线由下往上穿越中期均线时，短期均线在上，中期均线在下，这一时刻的交叉点就是黄金交叉点，说明该股票短期内的势头突破了其中期表现的势头，后市会有一定的涨幅空间，是对该股票做多（买进）的好时机。

7.1.2.6 死亡交叉点

当短期均线从上往下穿越中期均线时，短期均线在下，中期均线在上，这一时刻的交叉点就是死亡交叉点，说明该股票短期内的表现打破了其中期较为良好的表现，之后有可能价格持续下跌，是对该股票做空（卖出）的最佳时机。

7.2 基于移动平均线的投资策略

在常用的一些股票交易软件中，股价界面上显示的内容除标准的 K 线以外，还有另外 5 条移动平均线，分别表示 5 日均线、10 日均线、20 日均线、30 日均线、60 日均线，且颜色各不相同，通常周期越长，移动平均线越平缓。利用这 4 条移动平均线和 K 线之间的交叉，可以建立不同的均线模型。以平安银行（000001.SZ）股票的日 K 线图为例，如图 7-3 所示，可以看到两年内平安银行股票最低价格为 8.52 元，出现在 2016 年 6 月；最高价格为 13.38 元，出现在 2015 年 11 月。这段时间恰好经历了中国的股灾，股价在 7 个月内连续下跌，该趋势可以从波动最小的 60 日均线（MA60）中明显看出。

在图 7-3 中还可以明显看出，由于移动平均线平滑的特点，移动平均线与 K 线之间会有交叉，各移动平均线之间也有交叉，这些交叉点可以作为买卖交易股票的重要判断依据。

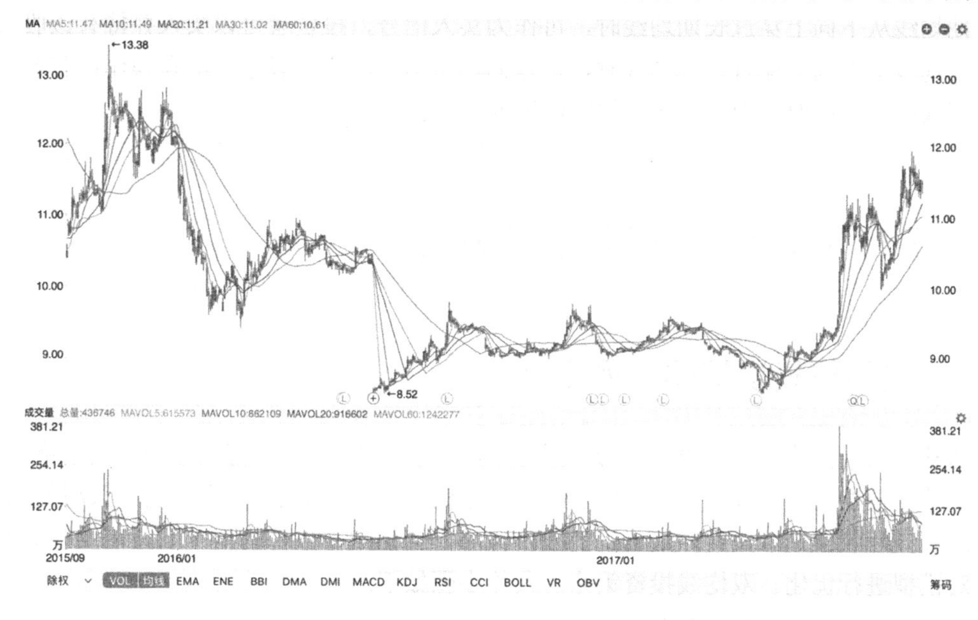

图 7-3　平安银行股票日 K 线图（2015 年 9 月 13 日至 2017 年 9 月 12 日）

7.2.1　单均线投资策略

单均线投资策略顾名思义就是只利用一条移动平均线进行股票交易的策略。这种交易策略因为在股票交易中具有简单、直观明了、易学易用等特点，颇受投资者的欢迎。

最简单也最常用的交易规则是：在不考虑做空的情况下，当股票 K 线从下向上穿过移动平均线时（交叉点为黄金交叉点），作为买入信号，此时投资者可以买入并持有该股票；当股票 K 线从上向下穿过移动平均线时（交叉点为死亡交叉点），作为卖出信号，此时投资者需要卖出仓内的股票；若前一日并未买入或卖出股票，则保持之前的操作不做改变。

单均线投资策略的原理：以股票 K 线作为市场价格的即时反应，来追踪市场价格的变动方向，并用移动平均线规避市场价格反转风险。在单均线投资策略中选择哪条移动平均线作为风险预警线显得尤为重要。因为 5 日均线和 10 日均线的反应都过于灵活，不太适合用来作为风险预警线，而 120 日均线和 240 日均线的反应又太过迟钝。因此，在单均线投资策略中，通常选择中期均线作为风险预警线。

7.2.2　双均线投资策略

双均线投资策略是利用两条不同时间的移动平均线进行股票交易的策略。与单均线投资策略相比，双均线投资策略能够很好地避免 K 线和单均线交叉产生的过多的虚拟交易信号。

双均线投资策略的交易规则与单均线投资策略的交易规则类似：将短期均线的走势作

为市场价格短期的变动趋势来追踪市场价格走向，而另一条中期或长期（后统称长期）均线的走势则用来规避市场价格的反转风险，两条均线分别追踪市场的动量效应和反转效应。当短期均线从下向上穿过长期均线时，可作为买入信号，投资者可以买入并持有该股票；当短期均线从上向下穿过长期均线时，可作为卖出信号，投资者进行清仓操作；若前一日并未买入或卖出股票，则保持之前的操作不做改变。

7.3 双均线投资策略实际应用

7.3.1 双均线投资策略总体流程

从基本面角度选取一只股票作为投资对象后，需要对该股票构建相应的投资策略模型。在投资策略模型构建完成后，对股票进行模拟交易，并进行回测以便观察投资策略的收益。最后通过实际收益选取短期内最合适的投资策略，当然在有条件的情况下还需要根据回测结果对模型进行优化。双均线投资策略的具体步骤如下。

（1）选取股票，并获得股票数据。

（2）构建双均线投资策略模型。

（3）进行模拟交易，观察投资策略的收益。

（4）选取最佳策略。

（5）策略优化。

7.3.2 数据获取

本节选择 IT 行业的苹果公司的股票数据作为研究对象，通过 R 从 Yahoo 金融进行下载。

R 为金融领域提供了很多金融计算框架和工具，只要具备基础的金融理论知识和市场经验就可以直接利用这些第三方工具包来构建自己的金融模型。通过访问 R 的官方网站，直接从 CRAN 上找到 Task Views 菜单中的 Finance 标签，查出所需的工具包。

这里需要用到的金融类工具包主要有 quantmod（数据下载和图形可视化）包和 TTR（技术指标）包，在其他量化投资策略模型的设计中可能会用到其他工具包。

首先利用 quantmod 包，通过互联网（默认为 Yahoo 金融）下载股票数据，并保存至本地，具体代码如代码清单 7-1 所示。

代码清单 7-1 数据获取代码

```
#加载所需工具包
library(ggplot2)
library(TTR)
library(plyr)
```

```
library(scales)
library(quantmod)
#获取苹果公司 2016 年 1 月 1 日起的股票数据
getSymbols("AAPL",from="2016-01-01",to=Sys.Date())
#对列名称进行重新命名
names(AAPL) <- c("Open","High","Low","Close","Volume","Adjusted")
#观察数据类型
class(PAYH)
[1] "xts" "zoo"
#查看前 6 行数据
head(AAPL)
    Open    High   Low  Close    Volume Adjusted
2016-01-04  106.198  109.055 105.567    105.35  67649400   101.79065
2016-01-05  109.448  109.551 105.991    102.71  55791000    99.23985
2016-01-06  104.076  105.950 103.362    100.70  68457400    97.29776
2016-01-07  102.131  103.631  99.802     96.45  81094400    93.19134
2016-01-08  101.996  102.576 100.143     96.96  70798000    93.68412
2016-01-11  102.431  102.524 100.744     98.53  49568300    95.20107
#保存数据至本地
write.csv(AAPL,"./AAPL.csv")
```

利用 quantmod 包中的 getSymbols()函数，可以直接通过默认的 Yahoo 金融开发的 API 下载数据，选择从 2016 年 1 月 1 日至 2017 年 9 月 12 日的苹果公司股票作为交易对象，该时间段内苹果公司股票的日交易量作为研究对象。所获取的数据为 xts 格式的时间序列，如代码清单 7-1 所示，共包含 7 列，用日期列作为索引，其他 6 列分别为股票的当日开盘价（Open）、最高价（High）、最低价（Low）、收盘价（Close）、交易量（Volume）和调整价（Adjusted）。

7.3.3　简单的 K 线图实现

直接使用 quantmod 包中的 chartSeries()函数达到可视化效果，画出简单的蜡烛图，如图 7-4 所示，简单蜡烛图实现代码如代码清单 7-2 所示。

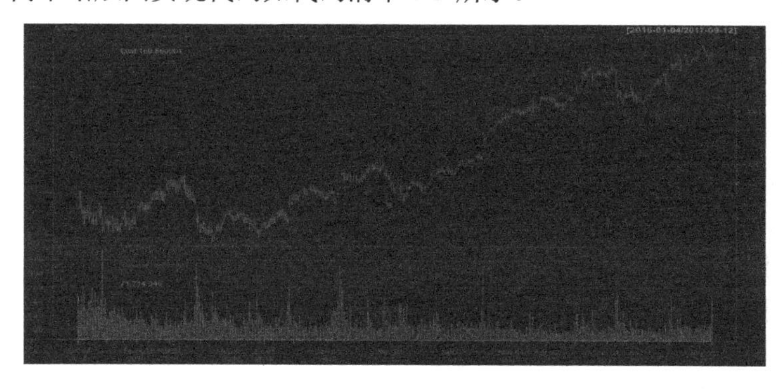

图 7-4　蜡烛图

代码清单 7-2 简单蜡烛图实现代码

```
    #AAPL 蜡烛图
    chartSeries(AAPL)
    #添加 Volume、SMA、Envelope（轨道线）、MACD（指数平滑移动平均线）、ROC 等指标
    chartSeries(AAPL,TA = 'addVo() ; addSMA() ; addEnvelope() ; addMACD() ;
addROC()')
```

如果想在蜡烛图上添加一些技术指标，让这些指标在蜡烛图上直观地表现出来，把追加函数以参数形式传到 chartSeries()函数中即可。

由以上结果可以看出，quantmod 包具有多功能性，只需通过一个简单的函数就可实现股票数据的可视化需求。但如果需要制定自定义的投资策略，观察一些自定义指标的可视化结果，以此进行一些数据探索的话，还是需要通过自己的代码来实现。带指标的蜡烛图如图 7-5 所示。自定义实现股票数据的可视化，可以通过 R 中的 ggplot2 包，具体实现方法和代码，在之后的内容中进行介绍。

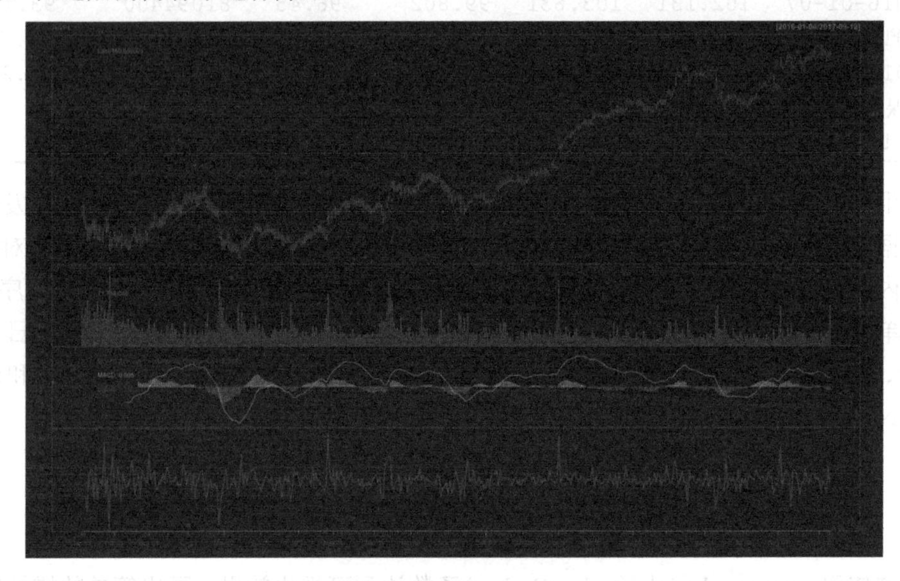

图 7-5 带指标的蜡烛图

7.3.4 均线模型

在构建均线模型之前，先通过自定义绘图来了解不同均线下的数据，R 中自定义绘图主要利用 ggplot2 包来实现。自定义股票均线数据的可视化需要通过以下 5 个步骤来进行。

- 以日期时间序列为索引。
- 以收盘价作为当日的价格参数。
- 交易过程中的交易成本设为交易金额的千分之三，只在卖出时收取。
- 取 2016 年 1 月 1 日至 2016 年 9 月 12 日的收盘价数据作为股票的行情数据。
- 画出 5 日均线图、20 日均线图、60 日均线图。

自定义股票均线数据的可视化实现代码如代码清单 7-3 所示。

代码清单 7-3　自定义股票均线数据的可视化实现代码

```
#自定义均线图
#移动平均计算函数
ma <- function(stock_data,mas = c(5,20,60)){
new_data <- stock_data
for(m in mas){
new_data <- merge(new_data,SMA(stock_data,m))
  }
new_data <- na.locf(new_data,fromLast = TRUE)
  names(new_data) <- c('Value',paste0('ma',mas))
  return(new_data)
}
#绘制均线图函数
drawLine <-
function(new_data,title="Stock_MA",sData=min(index(new_data)),eData=max(i
ndex(new_data))){
  g <- ggplot(aes(x = Index, y = Value),data = fortify(new_data[,1],melt
= TRUE))
  g <- g + geom_line()
  g <- g + geom_line(aes(colour = Series),data = fortify(new_data[,-
1],melt = TRUE))
  g <- g + scale_x_date(labels = date_format('%Y-%m'),breaks =
date_breaks('2 months'),limits = c(sDate,eDate))
  g <- g +xlab('') + ylab('Price') + ggtitle(title)
  g
}
#绘制均线图
stock_data <- AAPL$Close
title <- "Stock_APPLE"
sDate <- as.Date('2016-01-01')
eDate <- Sys.Date()
new_data <- ma(stock_data,c(5,20,60))
drawLine(new_data,title,sDate,eDate)
```

通过如图 7-6 所示的自定义均线图，可以明显地看出近两年内苹果公司的股价总体呈现上升趋势，偶尔存在震荡性的短暂下跌，如果能及时预测出几次股价的明显波动，就能把握住最佳的买卖时机进而从中获利。

由各移动平均线和 K 线的关系可以发现，5 日均线上下穿过一次 20 日均线恰好划分了股价几次明显的上涨或下跌的阶段，所以可以将 5 日均线和 20 日均线形成黄金交叉点与死亡交叉点，作为交易信号。

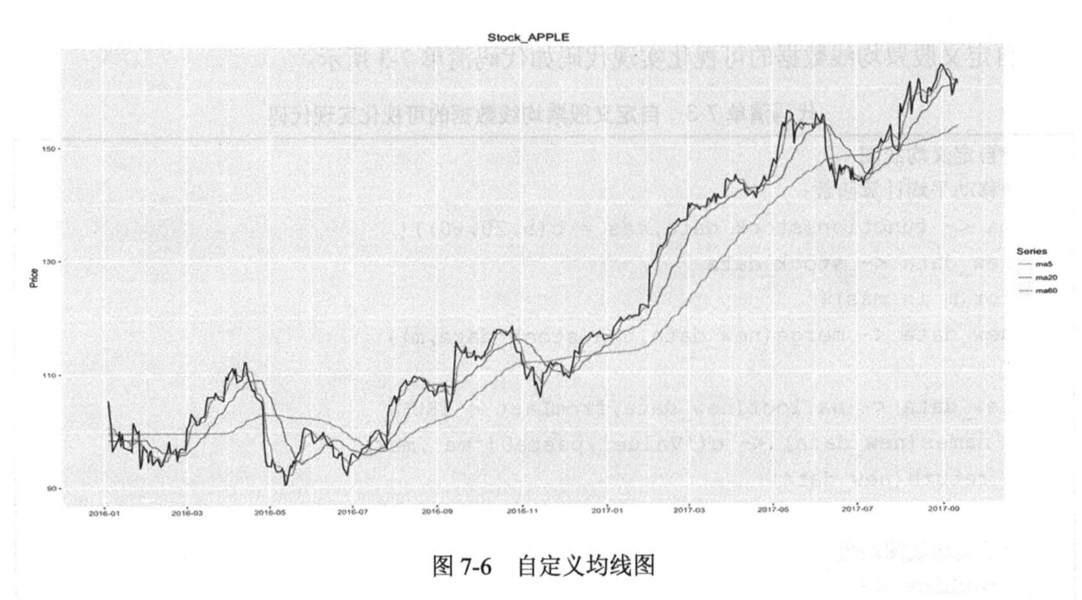

图 7-6　自定义均线图

为了更好地观察 5 日均线和 20 日均线与股价波动之间的关系，单独绘制出 5 日均线和 20 日均线图，如图 7-1 所示，代码如代码清单 7-4 所示。

代码清单 7-4　绘制 5 日均线和 20 日均线图的代码

```
new_data <- ma(stock_data,c(5,20))
drawLine(new_data,title,sDate,eDate)
```

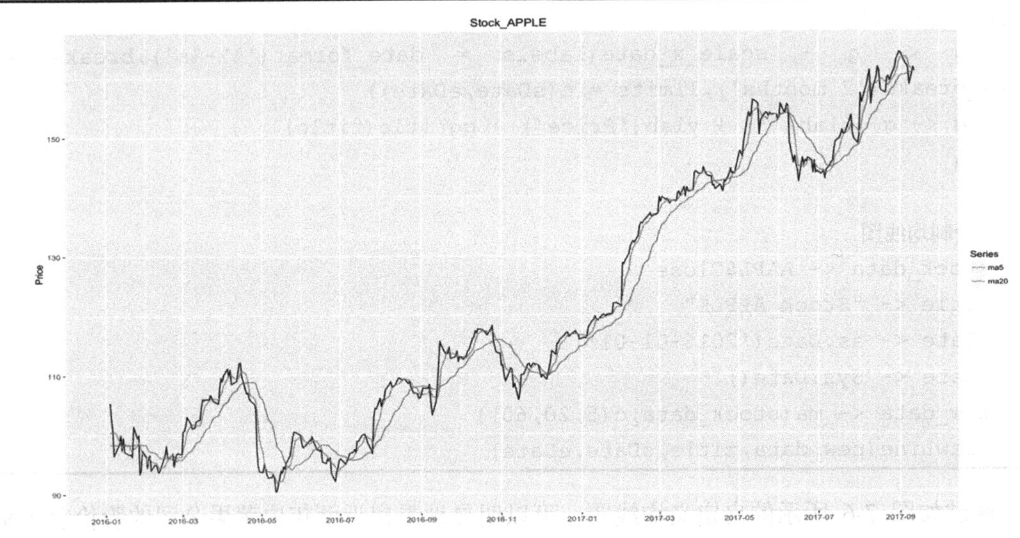

图 7-7　5 日均线和 20 日均线图

通过以上分析确定投资策略为：当 5 日均线高于 20 日均线时，对该只股票进行买入持有；当 5 日均线低于 20 日均线时，卖出该只股票，减少持有或清仓。以 20 日均线为标准线，绘制散点图，红色点表示做多信号，紫色点表示做空信号，代码如代码清单 7-5 所示，20 日均线交易信号图如图 7-8 所示。

代码清单 7-5　绘制 20 日均线交易信号图的代码

```
#将 20 日均线划分为高于 5 日均线和低于 5 日均线的两列数据，分别命名为 down 和 up
pdata <- merge(new_data$ma20[which(new_data$ma5-new_data$ma20>0)],
            new_data$ma20[which(new_data$ma5-new_data$ma20<0)])
names(pdata) <- c('down','up')
head(pdata,10)
 down     up
2016-01-04 98.329     NA
2016-01-05 98.329     NA
2016-01-06 98.329     NA
2016-01-07 98.329     NA
2016-01-08 98.329     NA
2016-01-11 98.329     NA
2016-01-12 98.329     NA
2016-01-13     NA 98.329
2016-01-14 98.329     NA
2016-01-15 98.329     NA

#将两列统一为一列
pdata <- fortify(pdata,melt = TRUE)
pdata <- pdata[-which(is.na(pdata$Value)),]
#按日期索引排序查看数据
head(pdata[order(pdata$Index),],10)
Index Series Value
1   2016-01-04   down 98.329
2   2016-01-05   down 98.329
3   2016-01-06   down 98.329
4   2016-01-07   down 98.329
5   2016-01-08   down 98.329
6   2016-01-11   down 98.329
7   2016-01-12   down 98.329
435 2016-01-13     up 98.329
9   2016-01-14   down 98.329
10  2016-01-15   down 98.329

#绘制均线+散点图
drawPoint <- function(new_data,pdata,title,sDate,eDate){
  g <- ggplot(aes(x = Index, y = Value),data = fortify(new_data[,1],melt
= TRUE))
  g <- g + geom_line()
  g <- g + geom_line(aes(colour = Series),data = fortify(new_data[,-
1],melt = TRUE))
  g <- g + geom_point(aes(x = Index, y = Value, colour = Series),data =
fortify(pdata,melt = TRUE))
  g <- g + scale_x_date(labels = date_format('%Y-%m'),breaks =
date_breaks('2 months'),
```

```
                    limits = c(sDate,eDate))
  g <- g + xlab('') + ylab('Price') + ggtitle(title)
  g
}
drawPoint(new_data,pdata,title,sDate,eDate)
```

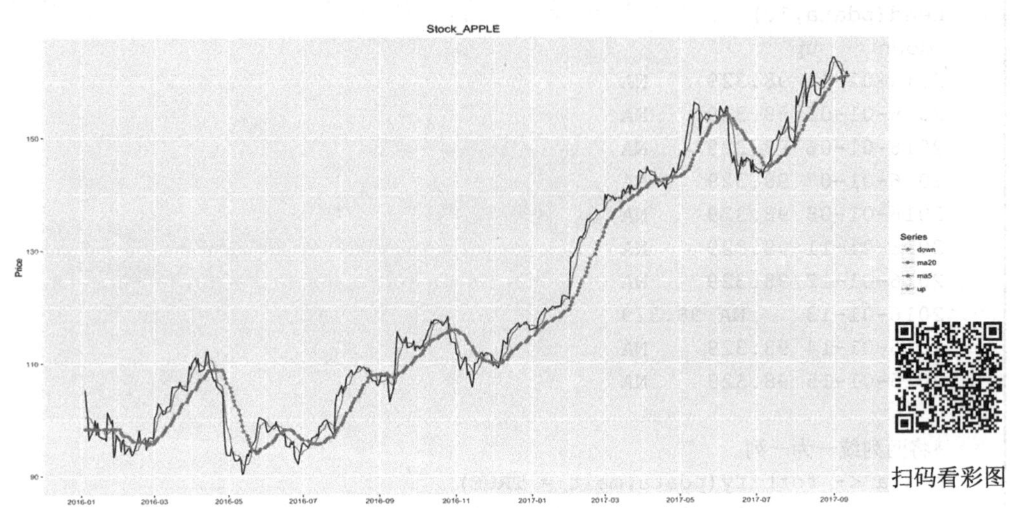

图 7-8　20 日均线交易信号图

从图 7-8 中可以看到，红色和紫色的色段交替出现。当色段交替时，第一个红色点出现时买入股票，第一个紫色点出现时卖出股票，以此为基本的交易信号。为了检验这样的交易信号在变幻莫测股市中的盈利能力，需要通过代码来实现这些交易信号点，并构建量化交易模型，代码如代码清单 7-6 所示。

代码清单 7-6　交易信号函数的代码

```
  #交易信号函数
  Signal <- function(stock_data,pdata){
  tmp <- ""
  trade_data <- ddply(pdata[order(pdata$Index),],.(Index,Series),
function(row){
  if(row$Series == tmp) return(NULL)
  tmp <- row$Series
    })
  trade_data <- data.frame(stock_data[trade_data$Index],
  op = ifelse(trade_data$Series=='down','B','S'))
    names(trade_data) <- c('Value','op')
    return(trade_data)
  }

  trade_data <- Signal(stock_data,pdata)
```

```
trade_data <- trade_data[which(as.Date(row.names(trade_data)) <eDate),]

#交易记录
nrow(trade_data)
[1] 21
```

通过运行代码清单 7-6 中的代码发现一共有 21 条交易记录，买入 11 次，卖出 10 次，股票交易记录如表 7-1 所示。

表 7-1 股票交易记录

交易时间	股价/美元	交易信号	交易时间	股价/美元	交易信号
2016-01-04	105.35	B（买）	2016-07-08	96.68	B
2016-01-13	97.39	S（卖）	2016-08-29	106.82	S
2016-01-14	99.52	B	2016-09-15	115.57	B
2016-01-19	96.66	S	2016-10-31	113.54	S
2016-01-26	99.99	B	2016-11-22	111.80	B
2016-01-27	93.42	S	2016-12-06	109.95	S
2016-02-19	96.04	B	2016-12-08	112.12	B
2016-04-20	107.13	S	2017-04-13	141.05	S
2016-05-23	96.43	B	2017-04-26	143.68	B
2016-06-16	97.55	S	2017-06-09	148.98	S

确定具体的交易信号后，利用这些交易信号可以进行模拟交易。在 R 中建立模拟交易函数，假设交易参数中的交易本金为 10 万美元，每次进行交易都满仓买入或卖出，交易手续费为 0.3%，模拟交易函数及交易结果代码如代码清单 7-7 所示。

代码清单 7-7 模拟交易函数及交易结果代码

```
#模拟交易
trade <- function(trade_data,capital = 100000,position = 1, fee =
0.003){
  #交易信号，本金，持仓比例，手续费比例
  amount <- 0#持股数量
  cash <- capital#现金
  ticks <- data.frame()
 for(i in 1:nrow(trade_data)){
   row <- trade_data[i,]
   if(row$op=='B'){
    amount <- floor(cash/row$Value)
    cash <- cash - amount*row$Value
   }
   if(row$op=='S'){
    cash <- cash + amount*row$Value*(1-fee)
    amount <- 0
   }
```

```
    row$cash <- cash
    row$amount <- amount
    row$asset <- cash + amount*row$Value
      ticks <- rbind(ticks,row)
    }
    ticks$diff <- c(0,diff(ticks$asset))
    #赚钱的操作
    rise <- ticks[c(which(ticks$diff>0)-1,which(ticks$diff>0)),]
    rise <- rise[order(row.names(rise)),]

    #赔钱的操作
    fall <- ticks[c(which(ticks$diff<0)-1,which(ticks$diff<0)),]
    fall <- fall[order(row.names(fall)),]

    return(list(
      ticks = ticks,
      rise = rise,
      fall = fall
    ))
  }
  result <- trade(trade_data)

  #查看每笔交易
  head(result$ticks)
  #查看盈利交易
  head(result$rise)
  #查看亏损交易
  head(result$fall)
  #查看最终资金情况
  tail(result$ticks,1)
```

由模拟交易函数模拟的每笔交易记录可以看出，在 10 笔交易中（买入卖出记为一笔交易），5 笔盈利，5 笔亏损，具体交易情况如表 7-2 所示。

表 7-2　5 日均线和 20 均线策略交易情况

交 易 日 期	股价/美元	交易信号	剩余现金/美元	交易量（股数）	手续费/美元	资产价值/美元	盈利情况/美元
2016-01-04	105.35	B	22.85	949	0.00	100 000.00	0.00
2016-01-13	97.39	S	92 168.69	0	277.27	92 168.69	−7831.31
2016-01-14	99.52	B	13.17	926	0.00	92 168.69	0.00
2016-01-19	96.66	S	89 251.82	0	268.52	89 251.82	−2916.88
2016-01-26	99.99	B	60.74	892	0.00	89 251.82	0.00
2016-01-27	93.42	S	83 141.38	0	249.99	83 141.38	−6110.43
2016-02-19	96.04	B	66.78	865	0.00	83 141.38	0.00

续表

交易日期	股价/美元	交易信号	剩余现金/美元	交易量（股数）	手续费/美元	资产价值/美元	盈利情况/美元
2016-04-20	107.13	S	92 456.23	0	278.00	92 456.23	9314.84
2016-05-23	96.43	B	76.29	958	0.00	92 456.23	0.00
2016-06-16	97.55	S	93 248.83	0	280.36	93 248.83	792.60
2016-07-08	96.68	B	49.31	964	0.00	93 248.83	0.00
2016-08-29	106.82	S	102 714.87	0	308.92	102 714.87	9466.04
2016-09-15	115.57	B	88.71	888	0.00	102 714.87	0.00
2016-10-31	113.54	S	100 609.76	0	302.47	100 609.76	−2105.11
2016-11-22	111.80	B	101.56	899	0.00	100 609.76	0.00
2016-12-06	109.95	S	98 650.07	0	296.54	98 650.07	−1959.69
2016-12-08	112.12	B	96.59	879	0.00	98 650.07	0.00
2017-04-13	141.05	S	123 707.59	0	371.95	123 707.59	25 057.52
2017-04-26	143.68	B	142.80	860	0.00	123 707.59	0.00
2017-06-09	148.98	S	127 881.22	0	384.37	127 881.22	4173.63
2017-07-13	147.77	B	60.17	865	0.00	127 881.22	0.00

设定初始本金为 10 万美元，利用交易信号数据进行模拟交易后，交易结果如表 7-2 所示，从 2016 年 1 月 4 日第一次买入到 2017 年 6 月 9 日最后一次卖出，剩余现金约为 12.8 万美元，也就是说在一年半的时间里收益率高达 28%，年化收益率约为 18.67%。事实上，仔细观察图 7-8 可以发现，第一笔交易（2016 年 1 月 4 日）受到数据长度的限制，并未从 5 日均线刚开始超过 20 日均线的时间点买入。如果要求每笔交易均开始于 5 日均线和 20 日均线的交叉点处，那么第一笔交易应于 2016 年 1 月 14 日开始，由此修正后的年收益率约为 25.89%。

资金曲线图的查看代码如代码清单 7-8 所示，5 日均线和 20 日均线策略现金曲线图如图 7-9 所示。

代码清单 7-8　资金曲线图的查看代码

```
#股价+现金流量
drawCash <- function(new_data,adata){
  g <- ggplot(aes(x = Index, y = Value),data = fortify(new_data[,1],melt
= TRUE))
  g <- g + geom_line()
  g <- g + geom_line(aes(x = as.Date(Index), y = Value, colour = Series),
                   data = fortify(adata,melt = TRUE))
  g <- g + facet_grid(Series ~ .,scales = 'free_y')
  g <- g + scale_y_continuous(labels = dollar)
  g <-  g  +  scale_x_date(labels  =  date_format('%Y-%m'),breaks =
date_breaks('2 months'), limits = c(sDate,eDate))
  g <- g + xlab('') + ylab('Price') + ggtitle(title)
  g
}
```

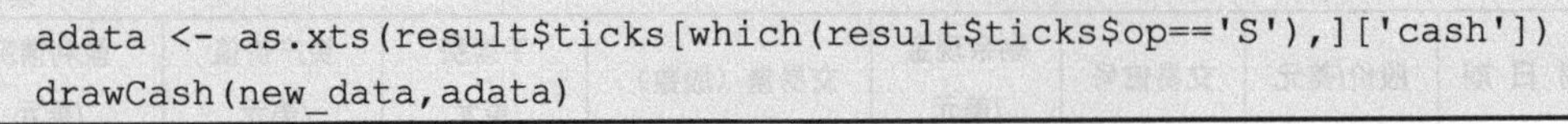

```
adata <- as.xts(result$ticks[which(result$ticks$op=='S'),]['cash'])
drawCash(new_data,adata)
```

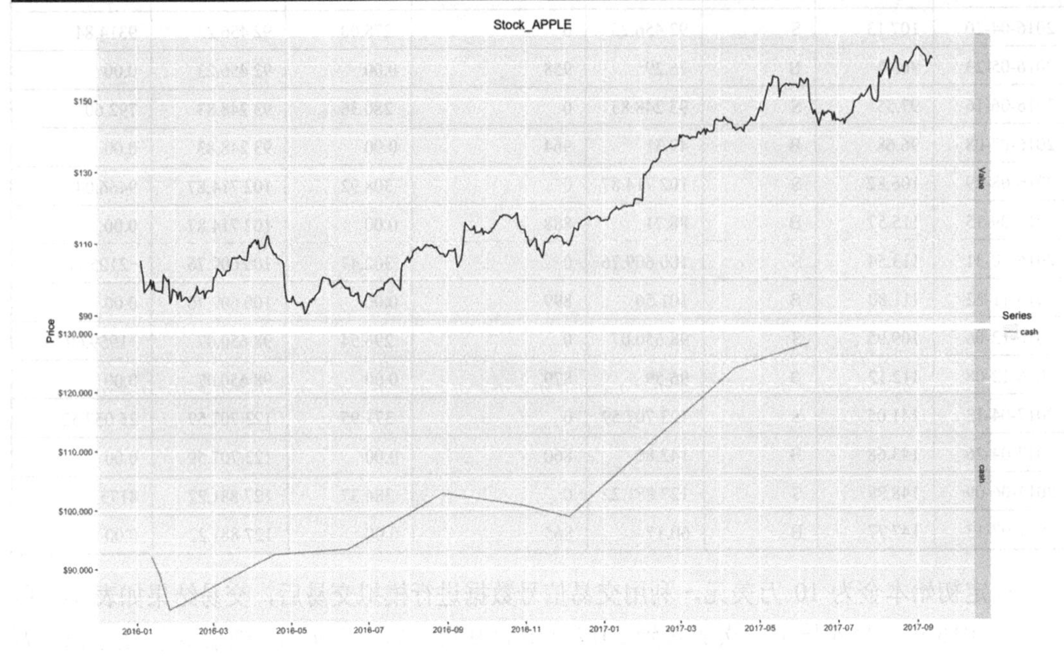

图 7-9　5 日均线和 20 日均线策略现金曲线图

7.3.5　其他双均线策略的收益

前面介绍的双均线投资策略基于 20 日均线和 5 日均线构建模型，当然也可以利用 5 日均线和 60 日均线、20 日均线和 60 日均线等组合构建投资策略。为了比较不同的均线组合所获收益，这里只给出 5 日均线和 60 日均线、20 日均线和 60 日均线投资策略交易情况，分别如表 7-3 与表 7-4 所示，实现代码类似于 20 日均线与 5 日均线的代码，这里不再赘述。

表 7-3　5 日均线和 60 均线投资策略交易情况

交易日期	股价/美元	交易信号	剩余现金/美元	交易量（股数）	手续费/美元	资产价值/美元	盈利情况/美元
2016-01-04	105.35	B	22.85190	949	0.0000	100 000.00	0.000
2016-01-11	98.53	S	93 247.306 04	0	280.5149	93 247.31	−6752.694
2016-03-04	103.01	B	23.25423	905	0.0000	93 247.31	0.000
2016-04-28	94.83	S	85 586.942 59	0	257.4635	85 586.94	−7660.363
2016-07-14	98.79	B	34.80172	866	0.0000	85 586.94	0.000
2016-11-04	108.84	S	94 007.471 95	0	282.7663	94 007.47	8420.529
2016-12-13	115.19	B	12.43031	816	0.0000	94 007.47	0.000
2017-06-15	144.29	S	117 399.842 70	0	353.2219	117 399.84	23 392.371
2017-07-19	151.02	B	57.299 59	777	0.0000	117 399.84	0.000

表 7-4　20 日均线和 60 均线投资策略股票交易情况

交易日期	股价/美元	交易信号	剩余现金/美元	交易量（股数）	手续费/美元	资产价值/美元	盈利情况/美元
2016-01-04	105.35	S	100 000.000 00	0	0.0000	100 000.00	0.000
2016-03-16	105.97	B	70.289 06	943	0.0000	100 000.00	0.000
2016-05-06	92.72	S	87 242.945 12	0	262.3049	87 242.95	12 757.055
2016-07-20	99.96	B	77.825 99	872	0.0000	87 242.95	0.000
2016-11-17	109.95	S	95 666.594 18	0	287.6292	95 666.59	8 423.649
2016-12-22	116.29	B	76.213 36	822	0.0000	95 666.59	0.000
2017-06-29	143.68	S	117 826.852 74	0	354.3149	117 826.85	22 160.259
2017-08-03	155.57	B	60.357 44	757	0.0000	117 826.85	0.000

由表 7-5 可以看出，5 日均线和 20 日均线投资策略的收益率要明显高于另外两种均线组合，所以对于苹果公司的股票而言，由 5 日均线与 20 日均线所构建的双均线投资策略更为适用。一般来说，实际量化投资的操作中并不会针对个别股票构建投资策略，更多时候会选择符合大盘走势和主要股票的价格走势的策略进行策略构建与选取。

表 7-5　三种均线组合收益率对比

均 线 组 合	收益/美元	年 收 益 率
（5，20）	27 881.22	18.59%
（5，60）	17 399.84	11.60%
（20，60）	17 826.85	11.89%

7.4　主要结论及展望

7.4.1　结论

以移动平均线理论为基础构建的双均线投资策略在美国上市公司苹果公司的试验操作中表现极为出色，但是该策略仍然存在以下的局限与不足。

（1）移动平均线的局限性。

移动平均线是股价定型后才产生的，这决定了它在时间上的价格表现滞后于股价真正的走势且只适用于日间交易，在现实操作中不能获取及时的买卖信息，可能会错过最佳的交易时间点。此外，移动平均线不能反映股价在一天内的变化曲线及成交量的大小，不能及时跟踪股价在一天内的走势及其所映射的市场走向，即对于一天内高频交易的股票并不适用。移动平均线是趋势型模型，就像对苹果公司股票（AAPL）的分析一样，对于股价整体变化趋势明显、波动并不剧烈的公司，该模型表现较为优异。如果股价波动剧烈，则无法运用该模型对股票进行价格分析。

（2）有效市场假说是否成立。

有效市场假说是由尤金·法玛于 1970 年提出的，有效市场假说是否成立影响技术分析能否在市场中获取超额收益。

在弱式有效市场假设中，证券的市场价格已经完全反映了其历史价格中所包含的收盘价、开盘价和成交量等在内的价格信息。若该假设成立，则技术交易策略是无效的。

在半强式有效市场假设中，证券的市场价格除反映上述信息以外，还囊括了与公司经营相关的包括财务、基本面及市场预期等在内的信息。若该假设成立，则技术分析和基本面分析均是无效的。

在强式有效市场假设中，证券的市场价格是市场上所有信息的反映，该假设甚至将未公开的信息，如内幕交易信息等都囊括在内。若该假设成立，则没有任何方法可帮助任何类型的交易者获得超额收益。

如果有效市场假说成立，那么市场上的所有信息将会立刻体现在股价上，人们将无法通过技术分析对股价做出预测，因为股价已经体现了所有的市场信息，通过股票的历史价格来预测未来趋势的技术分析将毫无用处。由此可见，技术分析和有效市场假说几乎可以说是相互对立的。有效市场假说是否成立，目前尚无定论，这还是学术界的一个争论热点。

7.4.2 后续策略的展望

在实际的投资操作中，双均线投资策略过于简单，面对变幻莫测的市场还可以从以下几个方面进行改进。

第一，在交易策略方面可尝试结合趋势型指标和震荡型指标。双均线投资策略是典型的趋势型指标，其特征是低胜率、高盈亏比。低胜率问题的解决方法通常是通过引入新的移动平均线等方式设置过滤信号，但实际操作中往往将有用的信号也过滤了，新的解决方法就是从震荡型指标中寻找新的交易信号。

第二，在研究方法方面可从线性模型进一步拓展至非线性模型。尽管研究表明，ARMA 模型和 GARCH 模型可在一定程度上捕捉到双均线投资策略的超额收益来源，但整体来看这一捕捉效果有限。技术分析的超额收益率或源于非线性模型，后续研究可尝试利用支持向量机、人工神经网络、机器学习等非线性方式建模。

第三，在研究对象方面可尝试扩大检测的样本，以增强策略的有效性。单一样本难以说明投资策略的普遍适用性，未来的研究可尝试从指数样本股出发，检验投资策略的有效性。

第四，在研究视角方面本章只运用了技术分析中的移动平均线理论，通过均线指标来判断交易信号，在此基础上，可以结合其他技术分析指标及公司的财务指标、宏观经济指标等基本面指标来更为准确地判断交易信息。

第五，在投资组合方面为了避免单只股票带来的风险，可以选取不同行业中的股票，对马科维茨模型和国债等其他产品进行组合，将风险分散以实现有效的资产管理。将不同的资产赋予不同的权重，组合出风险最小、收益最高的投资组合达到资产的最优配置。

参考文献

[1] 杜云峰．基于移动平均线的投资策略研究[D]．成都：西南财经大学，2016．

[2] 李子睿．量化投资交易策略研究[D]．天津：天津大学，2013．

[3] 邓永盛．趋势量化投资模型在中国证券市场的应用分析[D]．成都：云南财经大学，2015．

[4] 叶文辉．基于沪深 300 全收益指数的双均线交易策略有效性研究[D]．广州：广东外语外贸大学，2016．

[5] 田伟．鉴于均线预测的股票市场投资策略构建及其实证[D]．成都：中国电子科技大学，2009．

[6] 张丹．R 的极客思想：高级开发篇[Z]．北京：机械工业出版社，2015．

[7] 邓传海．均线解说[J]．决策参考，2002（6）：28．

致谢

本书的撰写由重庆第二师范学院数学与信息工程学院的蔡银英、韦鹏程共同完成，并得到了儿童大数据重庆市工程实验室、交互式教育电子重庆市工程技术研究中心、重庆市计算机科学与技术重点学科、重庆市计算科学与技术一流专业、重庆市高校“儿童教育大数据分析关键技术及其应用研究”创新研究群体、重庆市教育委员会科学技术研究计划重点项目资助（N0. KJZD-K201801601）、教育部学校规划建设发展中心重庆第二师范学院儿童研究院课题项目（CRIKT201902）、重庆市教育科学“十三五”规划课题（2018-GX-018）及重庆第二师范学院重大委托项目（2017XJZDWT04）的支持。

本书在撰写的过程中得到了广州泰迪智能科技有限公司及其员工的大力支持，获得了多个案例所需的数据，该公司的周东平、徐梦园、陈廷杆、郑廷和为本书的撰写提供了大量的帮助，在此向该公司及其员工致以深深的谢意。